海绵城市建设背景下的市政工程技术

祁熙鹏　张　晖　张健春◎主编

湖南大学出版社
·长沙·

图书在版编目(CIP)数据

海绵城市建设背景下的市政工程技术/祁熙鹏,张晖,张健春主编.--长沙:湖南大学出版社,2025.6.

ISBN 978-7-5667-4145-5

Ⅰ.TU990.05

中国国家版本馆 CIP 数据核字第 2025UH2298 号

海绵城市建设背景下的市政工程技术

HAIMIAN CHENGSHI JIANSHE BEIJING XIA DE SHIZHENG GONGCHENG JISHU

主　　编: 祁熙鹏　张晖　张健春

责任编辑: 廖　鹏

印　　装: 长沙雅捷印务有限公司

开　　本: 787 mm×1092 mm　1/16　**印　　张:** 13　**字　　数:** 333 千字

版　　次: 2025 年 6 月第 1 版　**印　　次:** 2025 年 6 月第 1 次印刷

书　　号: ISBN 978-7-5667-4145-5

定　　价: 52.00 元

出 版 人: 李文邦

出版发行: 湖南大学出版社

社　　址: 湖南·长沙·岳麓山　**邮　　编:** 410082

电　　话: 0731-88822559(营销部),88821315(编辑室),88821006(出版部)

传　　真: 0731-88822264(总编室)

网　　址: http://press.hnu.edu.cn

编委会

主　编　祁熙鹏（陕西正诚路桥工程研究院有限公司）
　　　　　张　晖（深圳市市政设计研究院有限公司）
　　　　　张健春（深圳市市政设计研究院有限公司）

副主编　任清波（中交四航局第七工程有限公司）
　　　　　程　龙（中交四航局第八工程有限公司）

编　委　沈春山（贵阳建筑勘察设计有限公司）
　　　　　黄玲芳（厦门市政管廊投资管理有限公司）
　　　　　傅兴安（长江勘测规划设计研究有限责任公司）

前　言

建设海绵城市是近年来我国大力倡导的一种新型建设理念，是实现生态环境保护与修复、城市建设和谐发展的新时代中国城市建设的重要内容。2015年发布的《国务院办公厅关于推进海绵城市建设的指导意见》(国办发〔2015〕75号)，旨在修复城市水生态、涵养水资源，增强城市防涝能力，扩大公共产品有效投资，提高新型城镇化质量，促进人与自然和谐发展。而市政工程是指城市建设中的各种公共交通设施、给水、排水、燃气、热力、城市防洪、环境卫生及照明等基础设施建设的总称。这些设施是城市生存和发展必不可少的物质基础，也是提高人民生活水平和促进对外开放的基本条件。

海绵城市理念与市政工程在雨水利用与管理、绿色基础设施建设、城市内涝防治、水污染治理与预防以及政策资金保障等方面存在紧密的关联。这种关联不仅体现为技术层面的创新融合，更延伸至制度设计、投融资机制和社会共治等深层次领域。

本书秉承求实的指导原则，以国家标准规范为指引，用具体翔实的技术数据说话，形成了可操作、可复制、能推广的工程措施与生态手段集成的技术方案。将海绵城市功能要素有机植入市政工程建设，提升城市水环境涵养能力，既能避免“单打一”的建设引起的重复投入，又能提高城市综合承载能力，还探究了市政基础设施建设与海绵城市建设相结合的路径。

本书共八章，包括海绵城市概述、市政工程概述、海绵城市规划设计、海绵城市市政工程雨水控制与利用技术、城市道路工程、城市给排水工程、海绵城市集雨型绿地工程、海绵城市背景下的市政工程建设实践等内容。写作中结合了一些典型的实践案例进行分析，其中西安高新区中央创新区核心区海绵城市建设案例依托陕西省重点研发计划“两链”融合企业(院所)联合重点专项(项目编号：2022LL-JB-16)。全书介绍了海绵城市建设背景下的市政工程技术，以期为从事市政工程与海绵城市建设的工作者或相关专业学生提供参考。

本书在编写过程中参阅、引用了国内外大量参考文献，在此向原著(编)者表示衷心感谢。由于作者水平有限，以及编写时间仓促，书中难免存在疏漏和不足之处，恳请广大读者批评指正。

编者

2025年2月

前言

目 录

第 1 章　海绵城市概述

1.1　海绵城市基本介绍

1.1.1　海绵城市的兴起背景

改革开放以来，我国经济长期处于高速发展的状态，城市建设有了长足的进步，城镇化率从 1978 年的 17.92%提高到了 2015 年的 56.1%，部分地区已超过 70%，这足以证明我国已经由农业大国转型成了城市化的工业大国。然而，随着我国城市群的崛起和城镇化的快速发展，立足于工业化时代的传统城市建设模式暴露出越来越多的弊端，生态环境问题日益凸显，其中城市水患问题更是成为许多城市发展的最大制约因素。

通常，降雨量的 70%～80%会形成径流，然而由于城市中屋面、地面和道路建设形成的下垫面硬化，所以只有 20%～30%的雨水渗入地底。硬化的下垫面不仅破坏了自然生态的本底，还削弱了城市“海绵体”功能，从而导致城市频现“逢雨必涝、雨后即旱”现象，水资源、水生态和水环境受到污染和损害，水安全保障面临挑战。

为应对城市发展所面临的严峻的水患问题，国际上进行了将海绵城市作为重点研究的探索，实行有规则的、地域性的规划设施建设。自 2000 年以来，我国提出了许多建设中国特色海绵城市的设想，对我国城市的水患问题及其雨水资源的合理利用问题进行了深入的研究和探索。为大力推进海绵城市建设，国家和地方政府部门相继出台一系列政策法规，鼓励探索中国特色海绵城市道路，并在若干城市优先试行，为在国内全面推广海绵城市建设积累经验，进而从整体上提升我国城市水利用与处理能力。

国务院办公厅、水利部、住房和城乡建设部、生态环境部、国家发展和改革委员会(下称“国家发展改革委”)等单位在对城市的排水防涝难点、城市内涝难点以及低影响发展雨水体系建设难点等问题充分调研的基础上，陆续发布了一系列文件并出台了有关政策。增加生态利用和雨水的收集，符合可持续发展理念，能够缓解城市的内涝，有助于恢复城市吸收雨水的功能。从 2001 年开始，住房和城乡建设部和国家发展改革委一同开展国家节水型城市建设的工作。近年来，我国先后颁布了《国务院关于加强城市基础设施建设的意见》(国发〔2013〕36 号)和《国务院关于实行最严格水资源管理制度的意见》(国发〔2012〕3 号)等文件，明确要求建立节水型城市并加快建设步伐，并把节水纳入政府的考核内容。

在相关行业和学术领域对城市雨洪综合管理利用这一先进理念的呼吁下，以及政府对新型城镇化建设的生态思想指导下，我国多个省市先后出台了相关的海绵城市建设计划。

“海绵城市”概念第一次提出是在“2012 低碳城市与区域发展科技论坛”上。2013 年 12 月，习近平总书记在中央城镇化工作会议上指出：“提升城市排水系统时要优先考虑把有限的雨水留下来，要建设自然积存、自然渗透、自然净化的海绵城市。”2014 年 3 月，在中央财经领导小组第五次会议上，习近平总书记提出了新时代的治水策略，就是“节水优先、空间均衡、系统治理、两手发力”，进一步强调要有“建设海绵家园、海绵城市”的思想。

1.1.2 海绵城市的内涵与特征

1. 海绵城市的内涵

海绵城市顾名思义，即城市在适应水环境变化和应对水患等自然灾害时，能够像海绵一样，具有良好的“弹性”，在下雨时吸收水分、储存水分、渗出水分、净化水分，当有需要时，会将蓄存的水“释放”并加以利用。

随着我国城镇化进程的不断加快，快速发展伴生的消极影响也逐步显现。传统快排模式的雨洪管理方式已经不能满足城市的需要，大范围、高频率、深程度的城市内涝问题凸显。因此，迫切需要创新城市管理方式来改善频发的城市内涝问题，“海绵城市”这一结合国外雨洪管理经验的中国表达开始进入人们的视野。

在梳理国外对于此类城市雨水管理系统的相关理论和实践中发现，人们对此种雨洪管理体系的称呼不尽相同，但核心理念基本一致，即一种新型的城市雨水管理系统。这种管理体系建立在尊重自然的前提下，目的是推动城市的可持续发展，减少城市内涝的发生。

我国在定义这种城市雨水管理或雨洪管理形式时，将城市生动地比喻成“海绵”，强调其弹性和调蓄能力。经过系统性建设，城市成为一块巨大的“海绵体”——在城市雨水资源丰富的时候吸收储蓄水分，在城市水资源较少时将丰水期存储的水“缓释”，在此过程中逐步实现“重塑城市水生态、涵养城市水资源、改善城市水环境、提高城市水安全、复兴城市水文化”的多重目标。

结合政府文件和学界的定义，下面对“海绵城市”概念做出如下界定：海绵城市是指通过城市规划管理等顶层设计，综合采用渗、滞、蓄、净、用、排的方式，利用低影响开发等工程技术，充分发挥城市基础设施及其自身的生态系统对雨水的吸纳、蓄渗和缓释作用，实现自然积存、自然渗透、自然净化的城市发展方式。

2. 海绵城市的特征

(1)水资源循环性

海绵城市建设的出发点是更好地进行生态保护，做到人工与自然的有机结合，所以在海绵城市建设过程中十分注重对自然水文系统的保护，将雨水循环系统融入城市整体水循环体系，又不至于破坏原有的城市水循环和生态体系。依靠城市自然环境的综合利用来吸收、存储大气降水和地下水，通过雨水资源的净化再利用，最大程度地发挥作为可再生资源的雨水在城市生态中的作用。

(2)城市建设复合性

海绵城市作为一种新兴的城市建设理念，在该理念提出之初，就充分考虑到作为建设主体的城市所需要包含的环境保护、灾害控制以及城市自身所需要的景观塑造与城市设计等问题。

(3)设定目标可达成性

海绵城市的设定是从现阶段的城市发展状况出发的，与以往的园林城市发展模式不同。它通过合理的设计与规划，结合景观设计、工程建设和管理等具体手段，所以具有很强的可行性。

(4)资源利用集约性

海绵城市建设与新型城镇化发展深度融合，致力于缓解城镇化进程中资源供需矛盾，有利于实现可持续发展。同时，海绵城市强调土地的合理再开发，注重提高土地开发强度和增加附加功能，通过合理的设计和规划管理，融合集约发展的理念，实现生态型雨水管理。

1.1.3 海绵城市的相关概念

1. 弹性城市

弹性城市源于"弹性"的相关研究，并在此基础上衍生发展而来。在生态学领域，生态弹性研究始于20世纪70年代，主要研究生态恢复力的稳定性、抵抗力和恢复时间。当弹性理论被引入城市系统时，它极大地扩展了视野，并形成了新的研究内容。阿尔韦蒂(Alberti)与马兹卢夫(Marzluf)在2004年将弹性城市定义为：在一系列结构和过程变化之前，城市可以吸收和解决的变化能力与程度。威尔班克斯(Wilbanks)与萨斯耶(Sathaye)在2007年将弹性城市定义为城市系统准备、响应和恢复对特定威胁的能力。与传统城市面对自然灾害等外部干扰时的脆弱性相比，弹性城市在防灾、适应气候变化、风险管理等方面更具综合性和前瞻性。

2. 生态城市

生态城市的思想直接起源于1898年Ebenezer Howard(埃比尼泽·霍华德)提出的应该建设一种兼具城市和乡村优点的理想城市——"田园城市"的理念。1971年，联合国教科文组织首次提出生态城市的概念，将其定义为："从自然生态学和社会心理学的角度出发，创造一个可以充分融合技术、自然与人类的活动，诱导人类创造力和生产力以及提供高水平的物质和生活方式的最佳环境。"1981年，苏联城市生态学家尼茨基提出了生态城市的理想模式是技术和自然的充分融合。1999年，国内学者黄光宇教授在其《论城市生态化与生态城市》一文中提出了"人、自然、环境相互融合，互惠共生"的生态城市理念。海绵城市属于生态城市的类别，它是生态城市功能的可视化，实现人类水资源利用与水环境的和谐共存，达到城市资源可持续发展的效果。

3. 低影响开发(low impact development，LID)雨水系统

低影响开发雨水系统是一种旨在从源头控制雨水径流、减少城市开发对自然水文循环干扰的雨水管理策略。其核心思想是通过分散的、小规模的源头控制措施，如绿色屋顶、透水铺装、雨水花园、生物滞留设施等，模拟自然水文过程，减少雨水径流的产生，提高雨水下渗、滞蓄、净化和利用的能力。LID策略强调在城市规划和建设过程中，尽可能保持场地的自然水文特征，减少对自然水循环的破坏，从而实现城市水资源的可持续利用和生态环境的保护。海绵城市理念与LID策略紧密相连，海绵城市的建设往往依赖于一系列LID措施的实施，以实现城市雨水的综合管理。

1.2 海绵城市理念

1.2.1 海绵城市理念的应用优势

(1)提升城市水资源利用率

在雨季，海绵城市能够收集并利用大量的雨水资源。这些雨水经过处理后，可用于农业灌溉、工业生产、城市绿化等多个领域，从而减少对地下水和地表水的过度开采，实现水资源的循环利用。同时，在干旱季节，海绵城市可以利用之前存储的雨水资源，为城市提供稳定的水源，确保城市生活和生产的正常运行。通过海绵城市系统，雨水的储备和净化功能得以发挥，有效解决了雨季雨水的排放问题，实现了水资源的合理二次利用。

(2)改善城市生态环境

海绵城市的建设往往伴随着绿地的增加和生态修复。这些措施能够提高城市绿化水平，提高城市空气质量，改善城市微气候。同时，海绵城市还能促进生物多样性的提升，为城市居民提供更加丰富多样的生态环境。在海绵城市中，由于路面能够渗透雨水，减少了雨水在冲刷道路过程中携带垃圾汇入径流的可能性，从而保护了地球的生态环境。

(3)补充地下水与净化水质

我国城市地下水资源匮乏，这主要是由过度开采及城市内部道路的渗透性较差引起的。海绵城市道路设计通过渗透性材料的科学、合理应用，使雨水能够通过道路渗入地下，并在渗透过程中被层层过滤，从而补充了城市地下水资源，并保证了其洁净度。同时，海绵城市内部设置的雨水过滤层能够有效地吸附或清理水源中的污染物，避免雨水中的污染物随着雨水汇集到地下水中，造成地下水污染。

(4)提升城市防灾减灾能力

在暴雨等极端天气条件下，海绵城市能够通过分散存储和排放雨水，减少城市排水系统的负荷，降低城市发生洪涝灾害的风险。此外，海绵城市还能通过生态修复和绿化建设等措施，提高城市的抗灾能力，为城市居民提供更加安全的生活环境。设计具有科学性的海绵城市排水系统可以减缓极端天气带来的不利影响，恢复城市生活的正常秩序。

(5)促进城市经济可持续发展

通过提升城市水资源的利用率和改善城市生态环境，海绵城市能够吸引更多的投资和人才，推动城市产业的升级和转型。同时，海绵城市的建设也能带动相关产业的发展，如绿色建筑、环保技术等，为城市经济的可持续发展注入新的活力。此外，海绵城市的建设还能提升城市综合品质，提高居民的幸福指数，为城市居民提供更加安全、舒适的生活环境。

1.2.2 海绵城市理念应用的“六字方针”

(1)渗——强化城市雨水渗透能力

①在市政道路、广场、停车场等区域推广使用透水混凝土、透水沥青等铺装材料，构

建具有渗透功能的市政道路网络，增强道路对雨水的渗透能力，减少地表径流。

②利用低洼地形建设下沉式绿地，结合雨水花园设计，通过植被、土壤和地形设计，模拟自然水循环，增加雨水下渗量，提升城市雨水吸纳能力，同时美化城市景观。

③加强城市绿地系统建设，保护城市自然植被，提升绿地系统的雨水渗透能力，形成城市中的绿色“海绵”。

(2)滞——减缓雨水径流速度

在公园、小区等区域建设雨水公园，同时在市政道路旁、建筑周边等区域建设生态滞留池，利用植被和土壤的自然净化能力，有效收集并暂时存储雨水，减缓雨水径流速度，降低城市排水系统压力，减少内涝风险。

(3)蓄——增加城市雨水蓄存能力

在合适的地点建设雨水蓄水池，加强城市水系湿地的保护和管理。利用水系的自然蓄存能力，增加城市雨水的蓄存量，为雨水资源化利用提供基础。

(4)净——提升雨水净化能力

建立完善的雨水净化与处理体系，包括雨水花园、生态滞留池等自然净化设施，以及人工湿地、生物滤池等人工处理设施，对收集的雨水进行净化处理，确保水质安全，为雨水资源化利用提供保障。

(5)用——促进雨水资源化利用

在建筑物、市政道路等区域推广雨水收集系统，结合绿色建筑中的雨水收集系统、绿色屋顶、雨水花园等元素，提升建筑的节水能力并产生生态环境效益。将净化后的雨水用于城市绿化、道路清洗、公厕冲洗等非饮用水需求，实现雨水资源的最大化利用。

(6)排——优化城市排水系统与防洪排涝体系

对城市排水系统进行改造和优化，实施雨污分流，提高排水效率。同时，加强城市防洪排涝体系建设，特别是在城市低洼区域、河道沿岸等易涝区域，通过建设防洪排涝设施，提升城市的防洪排涝能力，确保城市在极端天气条件下的安全。

1.2.3　海绵城市理念的实现路径

1. 规划引领

海绵城市建设的首要任务是做好顶层设计，明确建设目标和任务。这包括：

①制定海绵城市建设专项规划，将海绵城市建设的理念、目标和任务纳入城市总体规划。

②在规划过程中，应充分考虑城市的自然条件和现状，合理确定海绵城市建设的目标和指标。

③应加强对规划实施的监管和评估，确保规划的有效实施。

2. 生态优先

海绵城市建设应遵循生态优先的原则，注重保护和恢复城市的自然生态空间。这包括：

①加强对城市中的山体、河湖、湿地、耕地、林地和草地等自然生态空间的保护和管理。

②应积极推动城市绿化和景观建设，增加城市的绿色空间和水生态空间。通过建设生态公园、湿地公园等方式，提升城市的生态品质和环境质量。

3. 设施选型与建设

海绵城市建设需要选择合适的海绵设施进行建设，如透水铺装、雨水花园、生物滞留带、绿色屋顶等。

在设施选型过程中，应充分考虑城市的自然条件和现状，以及设施的功能和效果。同时，应注重设施的美观性和实用性相结合，确保设施在城市中的有效实施和长期运行。

4. 运行维护与评估

海绵城市建设完成后，需要建立完善的运行维护机制，确保设施的正常运行和长期效果。这包括：

①定期对设施进行检查和维护保养，以及对其效果进行评估和监测。

②应加强对市民的宣传和教育，提高市民对海绵城市建设的认知度和参与度。通过市民监督推动海绵城市建设的持续优化。

1.3 海绵城市建设

1.3.1 海绵城市建设的条件、意义与发展前景

1. 海绵城市建设的条件

海绵城市建设应因地制宜，综合考虑地区的自然条件、城市规划、政策支持和技术水平等因素。在适用条件下，积极推进海绵城市建设，有助于提升城市的水资源利用效率和生态环境质量；在限制条件下，则需探索适合当地特点的城市雨洪管理策略，以实现城市的可持续发展。

(1)适用条件

海绵城市建设作为一种先进的城市雨洪管理理念，旨在通过一系列措施增强城市对雨水的吸纳、蓄渗和缓释能力，从而有效应对城市内涝、水资源短缺及生态环境退化等问题。其适用条件主要包括以下几个方面：

①气候条件适宜：海绵城市建设在降雨量适中或偏多的地区效果更佳。这些地区雨水资源丰富，通过合理地收集和利用，可以显著提高城市水资源的自给率。此外，适宜的降雨条件有利于海绵设施(如透水铺装、生物滞留设施等)的正常运行和维护。

②地质条件稳定：海绵城市建设要求地基稳定，土壤渗透性良好。在地质条件稳定的地区，雨水可以顺利渗透至地下，补充地下水，减少地表径流。此外，稳定的地质条件有利于海绵设施的施工和长期稳定运行。

③城市规划与建设需求匹配：海绵城市建设应与城市规划紧密结合，确保各项设施与城市功能布局、交通网络、绿地系统等相协调。在新城区建设中，可以更容易地融入海绵城市理念，实现雨水的自然积存、渗透和净化；而在老城区改造中，则需结合实际情况，

灵活应用海绵设施，提升城市排水防涝能力。

④政策支持与资金投入：政府层面的政策支持是推动海绵城市建设的关键因素。通过制定相关规划、标准和政策，可以引导社会资金投入海绵城市建设。同时，充足的资金保障也是确保海绵设施顺利建设和长期维护的基础。

(2)限制条件

尽管海绵城市建设具有诸多优势，但并非所有地区都适合进行此类建设。以下是一些主要的限制条件。

①湿陷性黄土等特殊地质条件：湿陷性黄土地区由于土壤结构疏松、遇水易塌陷，不适合直接建设海绵设施。在这类地区进行海绵城市建设时，需进行特殊的地质处理和技术创新，以确保设施的稳定性和安全性。然而，这往往会增加建设成本和技术难度，限制海绵城市在这些地区的广泛应用。

②极端气候条件：在极端干旱或极端湿润的地区，海绵城市建设的适用性也会受到限制。极端干旱地区因缺乏雨水资源，海绵设施难以发挥预期效果；极端湿润地区则可能因雨水过量导致海绵设施超负荷运行，甚至引发新的城市内涝问题。

③城市空间限制：一些高密度城市化地区因土地资源紧张，难以腾出足够的空间用于建设海绵设施。此外，现有城市基础设施的改造和升级也可能受到空间的限制，影响海绵城市建设的推进。

④技术与管理水平：海绵城市建设需要先进的技术支持和管理经验。在一些技术水平相对落后的地区，可能难以有效建设和维护海绵设施。同时，缺乏专业的管理团队和人才，也是制约海绵城市建设的重要因素。

2. 海绵城市建设的意义

(1)经济意义

近些年来，各地不断出现洪水内涝现象，不仅造成了严重的经济损失，甚至出现了人员伤亡的情况。海绵城市采取了一系列的雨水管理措施，能够有效地减少地表径流，滞后洪峰时间，使地表雨水能够有效地下渗，减轻市政排水管网的压力，同时对雨水进行净化、吸收，有效地补充地下水源。从防洪减灾的角度来看，海绵城市能够与雨洪和谐共存，具有“弹性适应”自然灾害的能力，减少洪涝灾害产生的经济损失。

(2)社会意义

海绵城市的建设具有很强的社会意义。海绵城市建设涉及的领域众多，无论是新城建设还是老城改造，都与海绵城市的建设息息相关。海绵城市建设涉及的范围很广，包括公共建筑、居住区、道路、广场、绿地、城市水系统等。加强海绵城市的建设不仅可以有效地改善居民的生活环境，也可以带动相关产业的发展。

(3)生态意义

从生态环境的角度，海绵城市的建设，可以保护自然的水生态环境，维持生态平衡，调节生态气候，减少热岛效应；可以含蓄水源，调节雨洪，促进自然界水循环的平衡。

3. 海绵城市建设的发展前景

海绵城市在建设过程中涉及市政规划、水利、土地利用、道路、建筑、给排水、环境工程、景观、园林绿化等诸多专业。在海绵城市的建设过程中，大到一个城市的整体规划，小到一个花园、一个住宅小区的建设，都需要政府行政牵头。先是规划审批，各建设管理部门审核把关。再由设计院做出具体设计，将海绵城市的理念落实于图纸中。建筑由图纸到建成，需要施工、监理，以及投资、质量检测等部门的参与。在运行管理过程中，需要借助在线监测数据和模拟仿真技术，检验各个项目是否达到海绵城市规划目标的要求。监测海绵城市的长期运行效果，及时发现运行风险及问题。同时需要对海绵城市规划建设的全过程信息进行有效记录，支持海绵城市建设全生命周期的管理，为海绵城市的建设、运行、考核提供依据，保障海绵城市的持续运营。由此可知，海绵城市建设几乎关系到工程建设的方方面面，是一项需要多专业、跨领域协作的大型工程。海绵城市建设规模巨大、涉及面广，是一项涉及全国、涉及全民的工程理念和行动。

目前，我国海绵城市试点范围不断扩大。从 2015 年 4 月第一批国家海绵城市试点开始，到 2020 年年初，全国范围内已经有超过 370 个城市开展了海绵城市规划的相关工作。国家级海绵城市试点达到 30 个。此外，江苏省、浙江省等十余个省份开展了海绵城市省级试点，已筛选出 90 个省级试点城市。

近年来，海绵城市试点取得了局部突破性成果，如上海临港滴水湖、金华燕尾洲公园、天津桥园公园等项目成效显著。以上成功案例在社会上获得了良好的反响，丰富了城市公共开放空间，构建了绿色宜居的生态环境，缓解了水资源供需矛盾，从而起到了提升城市品质与城市整体形象的作用。

1.3.2 海绵城市建设与传统城市排水防涝的区别与关系

(1)理念差异

传统城市排水防涝主要依赖管道排水系统来快速排走雨水，这种方式虽然可以迅速排除积水，但往往忽视了雨水的资源化利用和生态效应。相比之下，海绵城市则强调通过自然和人工措施相结合的方式来实现雨水的自然积存、渗透和净化。这种理念不仅注重城市排水防涝的功能性，还强调对雨水资源的合理利用和对生态环境的保护，从而实现了从“快排”到“渗、滞、蓄、净、用、排”的转变。

(2)措施差异

在措施上，传统城市排水防涝主要依赖管道和泵站等设施，存在容量有限、维护成本高等问题。而海绵城市则采用了更加多元化的技术措施，如透水铺装、雨水花园、生物滞留带、绿色屋顶等。这些措施可以相互补充和协同作用，共同构建一个综合性的雨水管理系统，不仅提高了城市对雨水的吸纳和净化能力，还美化了城市环境，提升了城市的生态价值。

(3)效果差异

传统排水系统和海绵城市在降雨量较小的情况下都能有效地防止城市积水。然而，在降雨量较大的情况下，海绵城市能够更好地应对城市内涝问题，减轻城市排水系统的压力。此外，海绵城市的建设还能通过增加城市绿地面积、改善城市微气候等手段来提升城市的生态环境质量。

(4)关系探讨

海绵城市建设与传统城市排水防涝并不是相互替代的关系，而是共存互补的关系。传统排水系统在城市防涝中仍然发挥着重要作用，尤其是在应对极端天气条件时，管道和泵站等设施能够迅速排出大量雨水，减少城市积水。而海绵城市则通过一系列自然和人工措施，提高了城市对雨水的吸纳和净化能力，减轻了城市排水系统的压力，同时提升了城市的生态环境质量。

因此，在城市建设中，应综合考虑传统排水系统和海绵城市各自的优势，将两者有机结合，形成一个更加完善、高效的雨水管理系统。这不仅可以提高城市的防涝能力，还能促进城市的可持续发展和生态环境的改善。同时，政府应加强对海绵城市建设的政策支持和资金投入，推动海绵城市建设的广泛应用和推广。

1.3.3　国内外海绵城市建设现状

1. 国外海绵城市的建设现状

1)美国的《纽约市绿色基础设施规划》

(1)规划目标

纽约市超过60%的管道系统属于合流制，覆盖5个行政区的3 330多英里(1英里≈1 609.3 m)的下水道。降雨量较大时，雨水直接通过合流制雨水排水系统排入水体，这将直接导致大部分港区水质恶化，丧失原有的娱乐价值。

因此，纽约市环保局在2010年制定了《纽约市绿色基础设施规划》，旨在从源头上解决合流制溢流污染问题。《纽约市绿色基础设施规划》的目标是到2030年实现10%的透水面层消纳1英寸(1英寸＝25.4 mm)的降雨，减少合流制溢流污染。

(2)规划思路

①绿色基础设施建设。

规划的核心部分是绿色基础设施的建设。规划拟在纽约市52%的用地(包括街道、停车场、公园、居住区、学校、其他公共建筑及开敞空间等)中改造建设绿色基础设施，可选择的源头分散型设施包括蓝绿屋顶、雨水花园、雨水桶、湿地及树池等。

②建设低成本、高效益的灰色基础设施。

在加强绿色基础设施建设的同时，纽约市还通过建设低成本、高效率的灰色基础设施，进一步减少了汇流溢出。这类设施主要包括管道曝气系统、污水处理厂的升级改造、河道疏浚工程等。

③优化现有排水系统。

优化现有排水系统，扩大其排水容量，也是减少合流制溢流量的重要措施之一。生活污水管将废水输送至处理厂，而雨水管则将雨水径流通过单独的管道直接输送至当地的供水管道。纽约市的独立下水道系统包括2 220英里的下水道和1 820英里的雨水管。纽约市还有138英里的截污干管，将雨水和废水输送到处理厂。

(3)建设策略

纽约市实施和促进特定绿色基础设施工作的策略如下：

①在道路和绿地上布置绿色基础设施，并根据集水区面积进行设计。

②在新地块中布局绿色基础设施，并通过减少和免除排污税等政策措施鼓励绿色基础设施的建设。

③绿色基础设施的修建将扩展到现有的区划，政府将以投资和减免排水税两种方式促进设施的建设。

2)澳大利亚水敏感城市设计

(1)规划目标

水敏感城市设计的目的是通过城市不同空间尺度的规划和设计，将供水、污水、雨水、地下水等设施结合起来，使城市规划和城市水循环管理有机结合并达到最优化。其核心目标包括以下四个方面：在城市开发中保护自然系统，保护水质，将雨水处理与景观相结合，控制雨水径流的峰值流量。

(2)规划思路

水敏感城市设计将“水”作为贯穿城市设计全过程的核心理念，构建涵盖水资源利用、储存和再利用的可持续框架。水敏感城市设计的实现途径如图 1.1 所示。

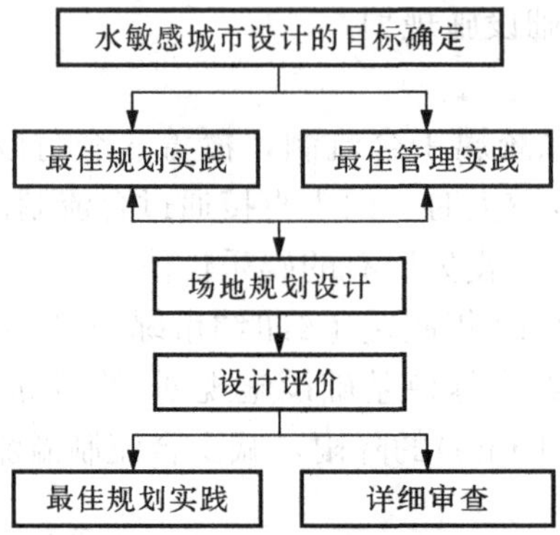

图 1.1　水敏感城市设计步骤示意图

(3)规划案例

Pirrama 公园位于澳大利亚悉尼市水滨。项目主旨为恢复从哈里斯街走到海边的通道，并设计供人使用的滨水社区设施。其创新的、可持续的设计包括太阳能利用和暴雨排水系统。在暴雨排水系统部分，通过低势绿地、植草旱沟、生物滞留池、生态坡岸等多种水敏感型措施对地表雨水径流进行污染消减和净化，极大地降低了雨水径流对海湾内海水的污染风险。

在公园的植物设计中，设计者并没有采取过多品种的搭配和复杂的层次设计，而是更重视植物品种的功能性——每种植物的选择和分布都与暴雨排水系统有机结合。大面积疏林草坡的设计既满足了市民活动休闲的需求，又为整个排水系统提供了更多的收水与汇水面积，使其成为功能突出的滨水公园设计典范。

3)美国高点社区的低影响开发规划

高点社区位于美国华盛顿州西雅图市，因包含西雅图市海拔最高点(海拔 160 m)而得名。高点社区地处费罗流域，域内朗费罗溪长 6.4 km，流域面积为 696 hm^2。该流域为三文鱼洄游的敏感流域，是西雅图市最珍贵的资源之一。

(1)规划目标

①缓解合流制溢流污染，有效防治内涝。

②清理沉积物，降低雨水污染。

③保护溪流栖息地和濒危动物，防止气候变化。

(2)开发措施

①减少不透水路面，建造透水铺装。

将街道宽度由 9.75 m 缩减到 7.62 m，不透水路面的面积减少了 22%。为减少雨水径流，高点社区采用多孔混凝土铺装技术覆盖了 2 个城市街区、50%的人行道、大量停车场和住宅区配套道路。

②建造雨水花园与生态公园。

雨水花园可以收集和吸收屋顶或地面的雨水。通过添加填料以增强污染物的去除效果和渗透性，改善了花园下部的土壤质量。同时，西雅图公用事业局还打造了大量的多功能开放空间，包括一个新建的水池公园、多个小型公园，以及供儿童玩耍的场地。这些开放空间不仅可以用作文娱设施和休憩用地，还可充当地下水库。

(3)效果评价

改造后的高点社区，新建树木 3 000 棵，修建植被洼地和植草沟 15 300 个，修建透水铺装路面长度 3.96 km。其中，耐旱景观植物每年可节约用水量 3.8 万 m^3。监测数据显示，改造后的自然排水系统在半年一遇的暴雨中可以发挥较好的水质处理作用，实现两年一遇的 24 h 暴雨无外排。储水池的滞蓄能力可抵御西雅图地区百年一遇的强降水。对高点社区中改造后的街道的监测结果表明，该地的径流量比开发前减少了 99%。

4)新加坡的 ABC 水计划

近些年来，新加坡为充分发挥水基础设施的作用，其国家水务局在 2007 年发布了“ABC Water Programme(ABC 水计划)”，即活力(active)、美丽(beautiful)、清洁(clean)水计划。这是一种新的用于管理可持续雨水应用的水敏感城市设计方法。通过系统整治水渠及其周边环境，ABC 水计划项目致力于发挥所有水体的潜能，提高水资源质量，创造优美洁净的水源、河流和湖泊，以及风景如画的社区空间。在这个计划的推动下，新加坡发展了一个遍布全岛的水渠网络，包括 32 条河流，长达 8 000 km 的水道以及 17 个水库。

(1)规划目标

项目预计在 2030 年全部完成。在此期间，洪水多发区的面积从 1970 年的 3 200 hm^2 变成 2014 年的 34 hm^2。具体目标如下：

①发挥现有基础设施的最大潜力。

②促进沟、渠、河、水库等雨水元素与周围城市环境全面整合。

③提升水质，移除污染物，保护下游水生生物。

④提高生活品质，实现洁净亲水社区的建设。

(2)规划思路

新加坡的 ABC 水计划与新加坡绿廊系统结合进行建设，具体的思路如下：

①结合水上运动，增设滨海餐饮休闲区，将人们的活动与水结合起来，美化沿江景观。

②过滤上游河流地表径流中的粗砂和其他污染物，同时借助植被浅沟、生物滞留池等设施处理地表径流中的污染物。

③采取一系列措施，防止施工现场的泥沙等污染物进入水体。

(3)规划案例

加冷河-碧山公园是新加坡“ABC 水计划”的一项典型工程。该公园改造工作主要解决公园自身翻新以及因雨水径流导致加冷河混凝土渠道急需改造等问题。

①河流改造：将 2.7 km 的垂直排水系统改建为 3 km 的流水系统，增强市民与公园水体的互动关系，增加生物多样性，提供娱乐空间，从而提高市民保护水资源的意识。

②材料的循环利用：运用生态技术加固河岸，回收利用木材为公园建造游乐设施、餐厅等，新建的人行道与河流平行，宽敞的环境可满足大流量的徒步旅行者、骑行者和溜冰者的使用需求。

③生态多样性：天然河流孕育生命，通过土壤生态工程技术创造生物环境，进一步增加生物多样性。

④生态净化群落：展示了新加坡首个生态净化群落。该群落既能净化水质，又能维护自然且美观的环境。

5)英国的可持续排水系统管理

20 世纪末期，英国通过对《国家可持续发展战略》和《21 世纪议程》进行升级改革，提出在城市排水系统中融入自然因素和社会因素，以便妥善地处理以往排水系统之下出现的城市内涝、水污染以及自然生态损毁等问题。这个新的城市排水系统被称为可持续排水系统。

新的可持续排水系统与以往保守的排水系统有所不同。以往的排水系统主要关注水流的排放问题，而新型排水系统更加注重让水流能够在系统之内处于循环利用状态，以此达到可持续发展的目的。在注重水流循环处理时，还需要尽可能从水流源头处理径流和潜在污染，这样最大程度地保护城市水资源。

可持续排水系统在进行设计和建设的时候，要统筹考虑城市水环境与景观环境，改善只考虑排水设施优化的传统做法，从更高的层面，即整个区域乃至整个城市的角度出发，从雨水管理、城市污水处理等多方面着手，打造城市整体水循环体系，优化城市水系统。

6)日本的雨水贮留渗透计划

日本由于水资源极度匮乏，对雨水资源极为珍惜，会采取各种手段进行雨水的收集和利用。早在 20 世纪 80 年代，日本政府就已经提出了雨水的截留方案，并将其用于实际建设中。日本政府在 1992 年正式印发的《第二代城市用水总体规划》中提出，要把能够进行雨水渗透的植物沟渠和路面纳入城市总体规划中，还指出必须在新建设的公共建筑和改建的建筑中增加雨水渗透的技术设施。日本还成立了类似“雨水贮留渗透技术协会”这类民间组织，这些组织在较大程度上促进了日本雨水资源利用与管理计划的实施。

日本在雨水储存利用的前提下，主要采取以下雨水利用措施：首先，将城市绿地、活动场地以及建筑周围空地的高度降低；其次，在建设道路、广场以及停车场时多采用透水性较高的材料，并在适当情况下增设雨水渗透井，从而达到加快降雨时雨水渗透速度的目的；再次，在大型、综合的公共场所和建筑地下预留较大空间用于储存雨水；最后，在城市河流两旁修建排水渠道等。

其中，最具代表性的手段就是基于以往功能单调的雨水调节池，开发出建设标准高于传统设施、投资回报效率更高、规模更大的具有多元化功能的综合调蓄设施。这些设施不仅有利于雨水的收集利用，也具备休闲娱乐等多种功能。这类设施在日本得到了广泛应用，并取得了显著成效。

7)国外海绵城市规划经验借鉴

(1)流域尺度的管理

海绵设施的布局与雨水径流路径和汇流方向直接相关。同时，将海绵城市建设的考量分解到流域尺度，更便于各区域独立管理，统筹协调。

(2)源头控制应对合流制溢流污染

纽约的绿色基础设施规划对国内海绵城市的建设有很大的借鉴意义。在源头布置海绵设施，吸收和利用初始雨水，以减少组合系统溢流的降雨量，这是解决合流制溢流污染问题的关键措施。

(3)因地制宜选择措施

在澳大利亚水敏感设计的案例研究中，其水敏感措施(同国内海绵措施或低影响措施)的选择，以因地制宜为优先原则。最终选用的水敏感措施，都是综合考虑项目所在地的气候、降雨、地形、地貌、场地用途后权衡的结果。

(4)生态优先、绿色低碳的景观营造理念

设计团队在项目开始之前便对整个场地的地势做了调查，利用场地现有的条件和特点进行设计。无论是园林内部还是外部设计，都充分尊重并合理利用当地生态环境，将创作灵感融入多元景观构建之中。我国海绵城市建设可参考这种经验做法，通过绿色基础设施网络的搭建减少碳排放，以基础设施和开放空间相结合营造绿色生态的人居环境。

(5)注重对水资源进行再利用

国外水资源管理理论经验基于气候变化、水资源匮乏的历史背景产生，在实际推行过程中尤为注重对水资源的再利用。每一处水资源设施都有对过滤、净化后的水进行再利用的装置或相应的考量，时刻提醒人们水资源的宝贵和来之不易。对于部分国内城市存在的“水质性缺水”问题，如何把处理后的水恰如其分地用起来是海绵城市建设需要思考的问题。

2. 国内海绵城市的建设现状

1)我国海绵城市相关政策文件、标准与图集

这些年来，我国在海绵城市建设领域推出了一系列旨在促进城市可持续发展和有效应对城市内涝问题的政策文件、标准与图集。

(1)政策文件

①《海绵城市建设技术指南——低影响开发雨水系统构建(试行)》(建城函〔2014〕275 号)。

作为我国首部关于海绵城市建设的纲领性技术文件，该指南涵盖了规划、设计、建设、管理等全过程的技术要求。它为海绵城市的实践提供了全面、系统的指导。

②《中华人民共和国国民经济和社会发展第十四个五年规划和 2035 年远景目标纲要》。

该规划文件中明确提出要系统化、全域推进海绵城市建设，以优化城市空间结构和提升城市品质。这一政策将海绵城市建设纳入国家发展战略，体现了国家对海绵城市建设的高度重视。

③《国务院办公厅关于推进海绵城市建设的指导意见》(国办发〔2015〕75 号)。

该意见明确了海绵城市建设的核心目标，即通过实施“渗、滞、蓄、净、用、排”六字方针，实现城市降雨的有效管理和利用。该意见强调减少城市开发建设对生态环境的影响，并设定了具体的目标比例(70%的降雨就地消纳和利用)，旨在提升城市防洪排涝能力，促进城市可持续发展和人与自然和谐共生。

④《关于开展系统化全域推进海绵城市建设示范工作的通知》(财办建〔2021〕35 号)。

“十四五”期间，财政部、住建部、水利部决定开展系统化全域推进海绵城市建设示范

工作。通过竞争性选拔，确定部分基础条件好、积极性高、特色突出的城市开展典型示范，中央财政对示范城市给予定额补助。该政策进一步推动了海绵城市建设的全面深化和拓展。

⑤《关于进一步明确海绵城市建设工作有关要求的通知》(建办城〔2022〕17号)。

该通知明确了海绵城市建设的具体要求，强调以问题为导向，致力于提升城市在极端天气条件下的“弹性”和“韧性”。这一政策为海绵城市的进一步建设和优化提供了明确的方向和指导。

(2)标准

①《海绵城市建设评价标准》(GB/T 51345—2018)。

该标准规范了海绵城市建设效果的评价方法，包括年径流总量控制率、雨水资源利用率等关键指标，并考虑了地下水埋深变化、城市热岛效应等地方特色因素。这一标准为海绵城市的评价提供了科学依据。

②《海绵城市建设设计标准》(DB11/T 1743—2020)。

这是北京市的地方标准，旨在规范和系统化推进北京市海绵城市建设。该标准包括总则、术语、基本规定、建设目标、总体设计等多个章节，强调海绵城市建设应坚持系统谋划、蓝绿融合等原则，采用“渗、滞、蓄、净、用、排”等技术措施，实现自然积存、自然渗透、自然净化的城市发展方式。

③《海绵城市建设工程施工及验收标准》(DB37/T 5134—2019)。

该标准适用于山东省海绵城市建设工程的施工和验收，包括截污、净化、渗透、调蓄、转输和质量验收等多个方面，旨在确保海绵城市建设工程的施工质量。

④《海绵城市建设技术规范》(DB4102/T 023—2021)

这是开封市的地方标准，主要规定了海绵城市建设的源头控制、过程控制、系统控制等技术要求。该标准适用于开封市域范围内新建、改建、扩建项目的海绵城市建设，旨在通过加强城市规划建设管理，实现雨水的有效控制和利用。

⑤《海绵城市建设项目施工、运行维护技术规程》(DB4403/T 25—2019)

这一标准适用于深圳市域范围内新建、改建、扩建项目源头管控类海绵设施的施工、运行和维护。它详细规定了海绵设施施工、运行维护的技术要求和管理措施，以确保海绵设施能够长期稳定运行并实现设计目标。

⑥《陕西省海绵城市规划设计导则》(DBJ61/T 126—2017)

这是陕西省的工程建设地方标准，旨在指导和促进陕西省海绵城市的规划建设。该导则包括总则、术语、控制目标、规划指引、设计指引等多个部分，强调海绵城市建设的系统性、整体性和可持续性，为陕西省海绵城市的规划设计提供了科学依据和技术指导。

(3)图集

①《城市道路与开放空间低影响开发雨水设施》(15MR105)。

该图集聚焦于城市道路与开放空间中的低影响开发雨水设施，旨在指导如何在这些区域构建符合海绵城市建设理念的雨水系统。

②《海绵城市建设设计示例(一)》(22HM001－1)。

该图集通过一系列的设计示例，详细阐述了海绵城市建设的理念和要求。它涵盖了建筑与小区、城市道路等多个方面，为海绵城市的专项规划和设计提供了全面的指导。

③《海绵城市设计图集》(DB4403/T 24—2019)。

该图集为深圳市发布的地方标准图集，旨在规范海绵城市的设计和建设。该图集包含了丰富的设计元素和细节，为设计师提供了在海绵城市建设中应遵循的标准和指南。同时，它也展示了深圳市在海绵城市建设方面的先进经验和成果。

④《关中地区市政道路海绵城市建设技术标准图集》(陕 2018TJ041)。

该图集专门针对陕西关中地区的市政道路海绵城市建设而编制，提供了详细的技术标准和设计指导。它涵盖了典型道路横断面、生态滤沟、植草沟及雨水花园等多种海绵城市设施，为关中地区的海绵城市建设提供了有力的技术支撑。

2)我国海绵城市建设进展

(1)海绵城市建设的生态技术途径

生态优先是海绵城市建设中最为重要的基本原则，生态问题是海绵城市建设中始终要重点考虑的对象。由于我国类似海绵城市这样的研究起步相对较晚，许多研究学者最初都借鉴国外的低影响开发(lowimpact development，LID)等理论，并结合我国海绵城市建设理论基础，对我国海绵城市进行规划和设计。2014 年，《海绵城市建设技术指南——低影响开发雨水系统构建(试行)》的出台，在实现海绵城市建设与我国法规政策和标准规范有效衔接的同时，明确了我国海绵城市建设的基本原则、规划目标、技术框架、内容、要求、方法等。车伍等人对《海绵城市建设技术指南——低影响开发雨水系统构建(试行)》中涉及的一系列新的基本概念、参数、方法及控制目标进行了介绍，提出构建 LID、绿色雨水基础设施(green stormwater infrastructure，GSI)及传统技术相结合的综合蓄排系统，是缓解我国城市雨洪问题、提高雨水资源利用率、改善城市生态环境的有效途径。袁再建等人将海绵城市技术归纳为规划目标分解落实技术、模拟技术、材料技术、工程技术四类。车生泉等人将海绵城市构建途径与技术归纳为水生态系统功能主题保护与修复(包括识别水资源保护生态斑块、保护水系网络及生态系统、修复已破坏的水生态斑块及网络)、源头管理与控制技术(包括截流技术、促渗技术、调蓄技术)两大类。鲁长安等人对海绵城市的绿色要义进行了阐述，提出海绵城市的主要技术是低影响开发雨水系统，实质是建设生态弹性城市。

(2)海绵城市建设应用实践

在总结国内外经验的基础上，自 2015 年开始，我国实施了首批 16 个海绵城市试点工作，2016 年又增加了 14 个海绵城市试点。试点力度的不断加大，掀起了我国海绵城市建设的高潮。海绵城市已然成为现代化生态城市建设的重要抓手和创新手段，相关应用实践经验也为其他城市开展海绵城市建设提供了有益的参考。

如武汉市作为首批海绵城市建设试点城市，按照“四水共治”战略思维和建设模式，采取源头、中途、末端三位一体的技术体系，通过建立地块滞蓄、管网提标、湖泊调蓄、外排泵站能力提升以及优化排涝调度的综合体系，对海绵社区实施全面分流改造、雨水入口的生态改造及水域生态修复等，协同解决城市内涝和水环境问题，初步达成“以滞促渗、以渗促净、以净促蓄、以蓄促用和以蓄促排”的海绵城市目标。厦门市马銮湾片区作为海绵试点片区，通过新建、改造绿色屋顶和可渗透路面，建设下沉式绿地、植草沟、人工湿地及调蓄池，实施内河湖水域生态保护、恢复与改造，以及雨污管网改造等，不仅有效减少了源头径流、降低了雨洪峰值、减少了城市内涝的风险，还有效缓解了建设区水资源短缺的问题。陕西西咸新区沣西新城则通过“地形竖向”设计、改良原状土下渗及滞蓄能力、研发全透式沥青路面等，逐步探索并形成一套四级雨水管理系统，打造出“一心一廊双环多带多园”的城市生态基地。

3)我国海绵城市建设中存在的问题

(1)海绵城市建设中的法律问题

①海绵城市规划的法律依据层级不高。

在国家法律法规层面，以“海绵城市建设”命名的相关规划立法仍属空白。作为我国城乡规划法律法规体系中主干法的《中华人民共和国城乡规划法》，是其他规章政策制定的前提，对各级城乡规划规章与政策等的制定具有约束性与规范性，但其中并没有对海绵城市相关因素作出规定。

横向来看，由于城市规划涉及多个部门，是一项系统性工程。海绵城市建设规划包含水资源、土地资源、城市基础设施等要素，其法律依据不仅包括《中华人民共和国城乡规划法》等专业法律法规，还应涵盖与之配套的相关法律，如《中华人民共和国环境保护法》《中华人民共和国防洪法》《中华人民共和国水法》《中华人民共和国水污染防治法》《中华人民共和国土地管理法》等。但上述法律中对于海绵城市的直接表述尚存空白，尚未为海绵城市建设提供有效保障。

总体来看，国家层面的海绵城市规划法律制度缺失，不仅没有专门的立法予以参考，与其配套的法律法规也未完善，还缺乏层级较高的综合法律体系。在国家颁布的一系列海绵城市相关政策文件中，虽有部分提及海绵城市规划，但多为简要表述。如住房和城乡建设部 2014 年发布的《海绵城市建设技术指南——低影响开发雨水系统构建(试行)》第三章专设“规划”章节，对于规划的基本要求、控制目标以及各层次规划中目标的落实均有规定；《国务院办公厅关于推进海绵城市建设的指导意见》(国办发〔2015〕75 号)也确立了“规划引领”的基本原则。而住房和城乡建设部发布的《海绵城市专项规划编制暂行规定》(建规〔2016〕50 号)虽对海绵城市专项规划的组织编制进行了规范(共四章二十条内容，原则性、概括性规定较多)，但该文件既不属于法律，又非行政法规，层级不高，对地方层面海绵城市专项规划的指导作用有限。地方层面在海绵城市建设规划方面的法律法规体系也不健全。目前还有部分海绵城市试点城市，对于海绵城市规划方面的规制以政策性文件与地方政府规章为主，没有层级较高的地方性法规支撑。地方政府各部门颁布的总体规划、专项规划等在规划依据、规划内容、规划主体等方面也存在诸多问题。因此，海绵城市规划立法亟须高层级立法引领，海绵城市规划法律体系亟待完善。

②海绵城市规划的立法理念未深入转变。

过去我国经济发展过程中，大多数城市在规划建设时遵循“先污染后治理”模式，法律层面也多侧重于污染后治理与末端控制。虽然海绵城市的相关立法并未完善，但防治城市内涝的相关立法多以“事后治理”为主，预防性立法的相关内容很少。在工程建设中，“重地上，轻地下”“重面子，轻里子”的现象较为普遍。这同时体现了典型的“人类中心主义”思想。

在海绵城市建设中，“重工程，轻规划”的现象普遍存在，无论是在试点城市还是在其他城市，新建的基础设施都占有较大的比重，雨水排放规划仍以传统的“快排”为主，并未完全贯彻海绵城市指导文件所指出的低影响开发理念，盲目大兴建设。

在海绵城市试点城市专项规划中，部分项目虽使用“海绵城市”概念，但实际建设方式与一般工程无异，忽视了海绵城市本身的特点，用共性掩盖个性。除此之外，由于海绵城市规划涉及多个要素，在实际管理中涉及多个部门，因此综合治理思想尚未贯彻，规划碎片化现象依旧突出。

③海绵城市规划监管的法律责任体系不健全。

根据《中华人民共和国城乡规划法》中关于规划责任的条文，规划行为承担的法律责任多为内部监察责任、行政处分责任等。其中第六章"法律责任"中，对行政机关的处罚多以"责令改正，通报批评"为主，并对有关人民政府负责人和其他直接责任人员依法给予处分。处分的幅度和对应方式没有较为详细的规定。城乡规划编制单位、建设单位或者个人承担的法律责任以罚款为主，其他方式涉及得不多，且不同主体承担刑事责任的规定并未细化。

在各试点城市的政策规章中，对于海绵城市的监管内容较少，大多为此类表述：海绵城市建设行政管理部门负责监督、奖惩等办法的制定和实施；任何单位和个人，有下列行为之一的，由住房和城乡建设、环境保护、城管等部门根据各自职责，责令其停止违法行为，并承担相应的法律责任。在海绵城市建设的全过程中尚未形成全域监管机制。

④海绵城市规划依据中对城市"生态本底"的忽视。

在海绵城市规划中，应当首先识别城市"生态本底"，详细了解城市天然"海绵体"的位置、现状及分布情况，并基于此开始编制海绵城市各层级规划。

而在海绵城市各试点城市的规划实践中，多注重规划目标、主体、编制程序、内容、分区等方面的规范，对于海绵城市规划的依据却较少有详细的规定。

许多试点城市在规划前对于城市基础状况的了解，大多直接参考当地比较成熟的道路规划、排水规划等。而海绵城市建设作为绿色发展方式，应当在摸清城市"生态本底"，并识别城市"海绵基底"的基础上进行规划。

⑤海绵城市各层级规划数量多，"碎片化"问题突出。

由于规划主体的不同，各地海绵城市建设存在大量规划差异。整体呈现规划层级混乱、内容详略不一、碎片化、未形成完整规范的体系、各规划之间内容衔接性不强等问题。

在海绵城市规划建设中，水，既是治理的重点，又是规划的重要环节，贯穿规划的始终。水受到季节更替等"天时"方面因素的影响，在城市规划中也受"地利"方面因素的限制。因此，在海绵城市规划建设中应构建完善体系，优化内容，以实现有效治理。具体分析海绵城市试点城市中各层级规划，发现存在下列问题。

a. 规划层级混乱，并未完全实现分层次、分阶段规划。

《中华人民共和国城乡规划法》等法律法规将城市规划分为总体规划和详细规划。根据《国务院办公厅关于推进海绵城市建设的指导意见》(国办发〔2015〕75号)中"规划引领"一节的内容，海绵城市建设的科学编制规划包含城市总体规划、控制性详细规划以及海绵城市相关专项规划。海绵城市规划体系由于涉及多部门、多方面，是一个较为综合的体系。海绵城市专项规划在规划体系中的层次以及与其他规划的关系尚不明确。

缺乏系统的专项规划，不利于指导海绵城市的规划建设。海绵城市建设的低影响开发包含源头削减、中途转输、末端调蓄等多种手段，需要依据不同阶段进行细化。

b. 各层级规划数量多，措施"碎片化"突出。

在海绵城市建设试点中，一些城市由于不善于对城市综合问题进行梳理，仅考虑了城市排水管道排水能力的提高，而忽略了与其他城市规划的统筹协调；在没有编制系统方案的条件下将重点分别放在建设项目中，导致顾此失彼，未达到预定效果。

例如，一些城市编制了雨水利用规划，但是并未与城市总体规划同步，影响城市整体水资源的利用与循环。这反映出综合性、多目标的雨水控制利用专项规划的缺乏。海绵城市专项规划涉及多个部门，由于缺乏交流机制，不同部门制定的规划有所交叉，甚至脱节，阻碍海绵城市的建设。

c. 规划内容尚不完善。

海绵城市建设是一种创新的城市发展方式，从《中华人民共和国城乡规划法》到各级城市规划的编制办法，对规划中如何具体落实海绵城市规划尚无明确、统一的要求。尤其是在作为各层次规划总纲的城市总体规划中，如何落实海绵城市建设的相关内容要求，亟待明确规范。城市规划中很少涉及排水规划的方法，也较少涉及排水、道路、用地等内容的权重和次序。另外，重交通规划和用地规划而轻其他市政规划的常规做法也是不可取的。

d. 规划内容存在不合理之处。

规划中的各项指标互相制约、互相影响。在控制性指标体系中，一些指标的选取并没有考虑到城市雨水排放的需求，导致地块开发以后对城市排水系统造成排水压力。

e. 各规划之间内容的衔接性不强。

由于规划措施碎片化现象突出，整体性、全局性规划的缺失使得各规划之间有的相距甚远，无法统一建设。例如，我国现行规划体系中与海绵城市建设相关的两种规划——排水规划、防洪规划，二者相互独立编制，而内容又相互渗透、相互交叉，在实际建设中容易出现矛盾，阻碍海绵城市的建设步伐。

(2)海绵城市建设中的管理体制问题

①海绵城市管理的立法层级不高。

现阶段我国国家层面虽然制定了关于海绵城市管理的相关政策文件，但尚无系统的城市水环境管理的统一法典。有关水资源利用管理的法律法规散见于环境保护法等相关法律、法规和城市管理条例中。这些法律由不同主管部门起草，分别规定，其中直接关于海绵城市建设与管理的法律规定缺失，因此海绵城市建设缺乏相应的法律支撑。

由于海绵城市的建设与规划涉及的行业与部门跨度大、范围广，当前我国针对海绵城市规划建设与管理缺乏整体专门的立法，例如，住房和城乡建设部、水利部、财政部等各有针对海绵城市的政策法规，落实到海绵城市试点城市或地区，甚至更广泛地区的对应部门时，各部门执行上级的政策法规，"各自为政"，导致海绵城市建设与管理难以统一口径。

作为海绵城市试点城市之一的池州，于 2020 年 1 月 1 日开始实施我国首部海绵城市建设地方性法规——《池州市海绵城市建设和管理条例》，该法规第五条明确了海绵城市的主管部门，并对规划、设计、建设、管理、运营和维护等都进行了约束。但多数试点城市仍以地方政府规章为主，立法层级不高，协同性较差。

②海绵城市管理机制有待健全。

依照海绵城市各试点城市的政策规定和政府规章，国家级海锦城市试点都成立了"海绵办"这一专门负责海绵城市建设管理的机构。其称呼大同小异，例如，镇江市海绵城市建设管理办公室、池州市海绵城市建设试点领导小组、珠海市海绵城市建设工作领导小组等。这是由于海绵城市建设本身具有综合性，需要水利、环保、市政、交通、生态、财政、城建、国土等许多部门合作参与。而在大多数城市的规章政策中，各部门的职责尚未细化，部门之间的相关规定无法有效衔接，缺乏协调沟通，容易导致管理“碎片化”。

目前我国多数城市的防洪由水利部门负责，排涝由市政部门负责，环境与生态由环保部门负责，景观由园林部门负责，城市道路由市政部门负责。因此，城市的供水、用水和水污染的防治管理并非由专门部门统一管理，而是被纳入不同的职能部门，各部门之间形成了一种“各自为政”的状态。各部门间亟须建立常态化的沟通交流机制，利用整体性的思维进行海绵城市管理机构的建构。

③海绵城市管理中的考核、监管内容缺乏。

海绵城市监管体制不够完善会对海绵城市建设工作的进展产生不利影响。目前，我国海绵城市管理体制中存在监管主体不明确的问题，例如，《国务院关于加强城市基础设施建设的意见》(国发〔2013〕36号)提出“住房城乡建设部会同有关部门加强对城市基础设施建设的监督指导”，但“有关部门”的监管范围不明确、监管措施不对等、监管程序不规范。由于海绵城市管理涉及的部门多，因此监管措施存在偏差且没有统一的标准。除此之外，地方政府的责任落实不到位，也反映出监管措施的部分缺失。大部分对海绵城市进行管理的地方政府尚未将海绵城市建设管理工作纳入政绩考核。

4)我国海绵城市建设过程中要考虑的问题

(1)要做好充分的思想准备

在正式进行海绵城市的建设工作之前，各个部门的相关人员都要做好充足的思想准备，要全面认识到海绵城市的建设不是短期内就可以实现的，在建设的过程中会遇到很多难题。而且每个城市都有着不同的生态环境和地理位置特点，所以要根据每个城市不同的情况制订不同的规划方案。海绵城市的建设目标是将那些被破坏的生态环境和水资源系统修复好。由于这些生态环境、水资源系统以及城市内部的绿化等设施受到了不同程度的破坏，严重影响了城市居民的生活和需求，故在海绵城市的建设过程中，需要做到海绵城市建设和城市水土保持工作的统一，避免城市的生态环境受到破坏。

(2)要考虑自然环境带来的影响

我国的国土面积非常辽阔，南方地区和北方地区的地理位置、生态环境、气候变化、风俗习惯等方面存在着一定的差异。因此在规划设计过程中，就要充分考虑到这些方面的差异。比如，南方地区的气候比较湿润，年均降雨量较大，城市洪涝灾害出现的概率大，严重影响了城市居民的正常工作和生活；大多数北方地区城市的气候都比较干旱，年均降水量较少，这种情况下就不能只考虑城市的排水问题，而要重点考虑雨水的储存和循环利用，最大程度地节约水资源。所以，海绵城市建设过程中会受到自然环境的影响，规划设计时要根据不同地区城市的实际情况制订合理的方案，做到因地制宜。

(3)要考虑海绵城市建设中出现的困难

海绵城市的建设具有全面性和政策性，建设时间也相对较长，属于城市建设的系统性工程。海绵城市在规划、建设、维护、管理等环节都存在一定的困难。规划方面的难点主要体现在规划控制的目标选择，以及低影响开发的具体设施和相关组合的选择；建设方面的难点主要体现在建设资金的落实、建设计划和开发方案等方面；维护方面的难点主要体现在低影响开发设施系统如何经受时间的考验方面；管理方面的难点在于市政设施和城市建筑的建设。

海绵城市建设在具体的内容上包含了住宅和公共建筑等项目，这些项目在雨水控制上都需要把重心放在降低场地内外的雨水量上，只有这样才能有效缓解市政雨水管理的压力，减少城市出现洪涝灾害的概率。这种方式虽然在实施过程中会遇到很多困难，但是对城市的发展能起到良好的推动作用。

第 2 章　市政工程概述

2.1　市政工程的概念与内容

2.1.1　市政工程的概念

市政工程是指城市(镇)公共基础设施建设工程。在我国，市政设施是指在城市市区、镇(乡)规划建设范围内，基于政府责任和义务设置的为居民提供有偿或无偿的公共产品和服务的各种建筑物、构筑物、设备等。市政工程属于国家基础设施建设，是城市生存和发展必不可少的物质基础，是提高人民生活水平和对外开放的基本条件。

2.1.2　市政工程的内容

市政工程建设的内容包括以下几个方面。

(1)道路交通与桥梁隧道工程

①城市(镇)道路：包括主干道、次干道、广场、停车场、非机动车道、人行道、盲道等，以及道路标志、标线、信号灯等交通设施。

②道路交通设施：涵盖地铁、轻轨等城市轨道交通设施，以及立交、交通信号系统等，构建城市交通网络，保障交通顺畅和安全。

③桥涵隧道：包括各种结构的桥梁、涵洞、隧道，如人行天桥、立交桥、高架桥、跨线桥、地下通道等，以及桥梁的养护与维修。

(2)河湖水系与给排水工程

①河湖水系：涉及河道、引(排)水渠、泵站、闸桥等水工构筑物，用于合理调配水资源和改善水环境。

②给水排水：包括城市(镇)区的主干线、次干线，以及雨水收集与排放系统、中水回用系统、分质供水系统等，确保城市供水与排水的安全与高效。

(3)地下管线与能源供应

①地下管线：涵盖供水、排水、供电、通信、供气、供热等管线，确保城市的正常运行。

②能源供应：包括燃气工程、热力工程，以及太阳能、风能等可再生能源的利用，满足城市能源需求。

(4)城市轨道交通

①地铁系统：包括进站口、出站口、地下站台、隧道、轨道及电力工程，以及地铁车辆段的规划与建设。地铁作为城市内部的主要轨道交通形式，提供高效、便捷的出行服务。

②其他城市轨道交通：涵盖轻轨、有轨电车等多种形式的轨道交通，这些形式通常连接城市内部或服务于特定区域，共同构成城市及区域交通网络。

(5)照明与绿化工程

①照明工程：包括城市路灯照明工程，以及公园、广场、商业街区等公共场所的照明服务，采用节能技术提升城市夜间景观。

②绿化工程：通过种植行道树、灌木、草坪等绿化植物，美化城市环境，提升居民生活质量。

(6)环境卫生与公共设施

①垃圾处理：负责城市垃圾的收集、运输和处理，包括垃圾填埋场、焚烧厂、堆肥厂等垃圾处理设施。

②环境卫生：完善城市环境卫生设施，确保城市的清洁与卫生。

③公共设施：包括教育、医疗卫生、文化体育等公共设施的建设，满足市民的文化生活需求和基本需求。

2.2 市政工程及其施工的特点

市政工程具有建设先行性、服务性和开放性等特点，在国家经济建设中起着重要的作用。它不但解决城市交通运输、给水排水等问题，促进工农业生产，而且大大改善了城市环境卫生，提高了城市的文明程度。有的国家称市政与环境工程为支柱工程、骨干工程。市政工程又被称为“血管工程”，它既输送着经济建设中的“养料”，又排除“废物”，连接着城乡物质交流，对于促进工农业生产及科学技术的发展，改善城市面貌，对国家经济建设和人民物质文化生活水平的提高，具有极为重要的作用。

2.2.1 市政工程的特点

①产品具有固定性。工程设施建成后位置固定，无法移动。

②工程投资巨大。一般工程在亿元左右，较大工程在十亿元以上。

③工程类型多，工程量大。市政工程包括道路、桥梁、隧道、自来水厂、污水处理厂、泵站等工程，分为点型(如桥梁、泵站)、线型(如道路、管道)、片型(如自来水厂、城市污水处理厂)。

④结构复杂。每个工程的结构不尽相同，桥梁、污水处理厂等工程更是复杂。干线、支线配合，系统性强。例如，管网工程作为一个系统，干线要解决支线的流量问题，否则会互相堵截，造成排水不畅。

2.2.2　市政工程施工的特点

①施工生产的流动性：产品的固定性决定了必须流动施工。

②施工生产的一次性：产品的类型不同，设计形式和结构不同，施工生产也各有不同。

③工期长，投入的人力、物力、财力多：工程结构复杂，工程量大，从开工到最终完成交付使用的时间较长，一项工程往往要施工几个月，甚至要施工几年才能完成。

④施工的连续性：工程开工后，必须根据施工程序连续进行，不能间断，否则会造成很大的损失。

⑤协作性强：需要地上、地下工程的配合，统筹构建材料供应、水源、电力、交通运输等资源保障体系，并建立工程所在地政府、参建单位与社会公众的多主体协同机制。

⑥露天作业：产品的特点决定施工生产需要露天作业。

⑦季节性强：气候条件对工程施工的扰动显著。

在建设项目的安排和施工操作方面，特别是在工程投资或造价的确定方面，都必须尊重市政工程建设的客观规律，严格按照程序办事。

2.3　海绵城市理念下的市政工程建设

2.3.1　海绵城市目标对市政工程功能的拓展

海绵城市是环境生态的活化，是生态文明建设的重要内容，既是我国城市建设的重要任务，又是城镇化建设的必经阶段。海绵城市是建立在灰色与绿色基础设施上的生态型城市，市政工程设施作为城市基础设施的重要组成部分，在海绵城市构建中占有重要地位。其特殊性主要表现在：市政工程设施是雨水径流及径流污染产生的主要场所，且设施中大量的硬化地表破坏了雨水自然渗透、截留通道，地表径流增加，加重了城市水系及排水系统的负担。面对城市化建设过程中市政工程带来的水环境污染、水文环境破坏等负面影响，市政工程设施的海绵体构建对海绵城市建设具有重要的意义。下文主要从城市道路、城市河道、城市绿地与广场中涉及的市政工程设施海绵功能的建设进行简要的阐述。

1. 城市道路

城市道路设施是城市空间的重要组成部分，是城市的生命线。城市道路是雨水径流产生和排放的源头，是海绵城市建设的重要组成部分。通过海绵城市建设，发挥城市道路在内涝防治等方面的重要作用。道路硬化用地面积占城市建设用地面积15%～20%。雨水通过路面汇集，一部分直接排入管网系统，一部分经过LID设施消纳后再排走。通过城市道路改造，选用优质环保透水路面材料，减少地表水污染，建设地表水调蓄系统，最大限度地保留雨水，是海绵城市建设的重点。

城市道路设施的设计应从海绵城市的角度出发，结合当地的水文地质条件、水资源状况等要求，合理选用技术措施，通过对路网和所有城市道路的规划设计，提高对雨水的净化、渗透、调蓄、利用和排放能力，以恢复城市道路良好的水文循环。

海绵城市道路设施系统包括道路横断面组成部分(包括机动车道、非机动车道、人行道、分车带、绿化带、设施带、路缘石、雨水口、路肩、边沟)，道路交叉，停车场，广场，等等。海绵城市道路系统包括城市内所有道路、交叉口、停车场以及广场等。

城市道路低影响开发设施的选择应因地制宜、经济有效、方便易行。在城市道路设计中，在不影响道路安全和功能的前提下，根据道路的空间条件、纵横坡度等合理选择和若干 LID 设施的布置，结合道路绿化和道路红线外绿地，优先设计下沉式绿地、生物滞留带、雨水湿地等。

对于新建或改建的道路工程，在保证交通安全和功能的情况下，采用 LID 设施进行合理的规划设计，以防止内涝、水资源流失、环境污染等问题的发生。对于已建设的传统城市道路，在保证交通安全和功能的情况下，利用城市道路红线外的用地，采用 LID 技术和设施，解决城市道路排水、污染等问题。

城市道路设计原则：最大限度地减少道路的不透水面积；最大程度地保持自然水文条件；最大限度地利用下渗和滞留，延长汇流时间，达到错峰的目的。

在城市道路设计中，在不影响道路安全和功能的前提下，从海绵城市的角度出发，根据道路的空间条件、纵横坡度等合理选择和布置若干 LID 设施，如植草沟、生物滞留设施或雨水湿地等，可以恢复城市道路良好的水文循环，提高雨水的净化、渗透、调蓄、利用和排放能力，保持或者恢复城市的“海绵”功能。

2. 城市河道

城市，因水而起，因水而繁荣、发展。绝大多数的历史城市依水而建，其历史文化积淀往往与河道、滨海和湿地等水域环境紧密关联。因此，城市水系是城市生态环境的重要组成部分，在排水、防涝、防洪及改善生态环境中发挥着重要作用。城市河道是城市水循环过程中的重要环节，是超标雨水径流排放的直接受纳体以及调蓄空间，与低影响开发系统密不可分。

城市河道是雨水径流排放的重要通道。城市河道应根据其不同的功能定位、水体现状、岸线利用现状及滨水区现状等，进行合理保护、利用和改造，在满足雨季泄洪要求的前提下，从生态和景观两个方面考虑，结合低影响开发设施，进行复层绿化建设，可以实现相关规划提出的低影响开发控制目标及指标要求，并与城市雨水管渠系统和超标雨水径流排放系统有效衔接。

海绵城市系统中城市河道的开发应明确划定水系保护范围，针对水生态敏感区设立相应的低影响开发设施加强保护，确保开发建设后的水域面积不小于开发前，已破坏的河道应逐步恢复。保持城市水系的完整性，优化城市水系布局，通过低影响开发设施的设置强化水系对雨水的自然渗透、净化与调蓄功能，实现雨水的自然、有序排放与调蓄，同时与城市总体规划、排水防涝规划同步协调。根据低影响开发控制指标，优化水域、岸线、滨水区及周边绿地布局。

城市河道系统中的低影响开发设施宜根据水文条件、径流雨水的水质等进行选择。可选用的低影响开发措施有湿塘、雨水湿地、植物缓冲带、植草沟、下沉式绿地、生物滞留区、调节塘、人工滤池等。

此外，城市黑臭水体整治是城市水环境综合改善过程中重要的阶段性工作，与海绵城市建设息息相关。城市黑臭水体治理应遵循“控源截污、内源治理；活水循环、清水补给；水质净化、生态修复”等基本技术路线，治理过程中应树立“黑臭在水里，根源在岸上，关键在排口，核心在管网”的意识。各地应结合黑臭水体污染源和环境条件的调查结果，系统分析黑臭水体污染成因，合理确定水体整治和长效保持的技术路线。整治方案应按照“山水林田湖”生命共同体的理念，从系统性、长效性、环境适应性等方面出发，实施黑臭水体治理工程，综合考虑城市生态功能的恢复。整治工程针对黑臭水体实施水质净化、清水补给措施，实现治理后水质满足指南“无黑臭”的指标要求；整治工程针对黑臭水体实施清淤疏浚技术措施，应安全处理和处置底泥，防止二次污染。

3. 城市绿地与广场

城市绿地是建设海绵城市、构建低影响开发雨水系统的重要场地。城市绿地与广场的规划设计应根据周围环境特征、城市现状和总体规划的要求，确定其性质和规模，统一规划、统一布局，使多个城市广场相互配合，共同形成城市开放空间体系。在海绵城市系统中，在满足绿地生态防护、游憩娱乐、文化教育、环境美化和其他基本功能的前提下，城市绿地与广场通过合理地预留或创造空间条件，对其自身及周边硬化区域的径流进行渗透、调蓄、净化，与城市雨水管渠系统、超标雨水径流排放系统相衔接，可以有效地辅助城市水利设施处理城市雨洪问题，发挥出城市绿地系统更大的潜力。城市绿地系统的构建也会反过来影响海绵城市体系的规划，使海绵城市体系的结构布局更为合理、构建过程更为流畅、作用效果更为明显。海绵城市体系的构建不要求大规模地调整城市绿地系统，而是在现有的城市绿地系统基础上选择适宜的建设方式。

我国现行的城市绿地与广场分类标准，将城市绿地分为五大类，分别是公园绿地、生产绿地、防护绿地、附属绿地及其他绿地，将城市广场分为市民广场、纪念性广场、生活广场、文化广场、游憩广场、交通广场和商业广场等。不同类型的城市绿地在海绵城市体系中可承担不同的功能，不同类型的广场也有一定的主导功能，具有综合性和多样性。海绵城市系统中绿地与广场的建设应根据绿地的类型和特点，明确各类绿地的低影响开发规划建设目标、控制指标和适用的低影响开发设施类型。应统筹水生态敏感区，优化生态空间和绿地空间布局，可通过有效的低影响开发措施实现城市绿地与周边汇水区域的有效衔接，充分发挥绿地的渗透、调蓄和净化功能。

城市绿地与广场广泛、均匀地分布于城市之中，它们在海绵城市体系中可承担一定的角色。城市绿地与广场作为生态系统的一部分以及城市用地的一种类型，自身承担着改善生态环境、美化城市风貌的职能。城市绿地与广场是径流污染产生的场所之一。城市绿地、广场及周边区域的径流雨水通过低影响开发设施有组织地汇流与转输，经初期雨水弃流、沉淀、截流等预处理措施，对进入系统内的雨水进行渗透、储存、调节以及净化等处理。海绵城市系统下的城市绿地与广场能有效消纳自身及周边区域的径流雨水，并衔接区域内的雨水管渠系统和超标雨水径流排放系统，提高区域内涝防治能力。

海绵城市体系具有区域适应性，以城市绿地与广场为主要载体构建海绵城市体系应根据区域内的水资源分布情况合理地引导系统的低影响开发措施的建设，城市绿地与广场宜选用的低影响开发措施有沉淀池、前置塘、湿塘、雨水湿地、生态堤岸、透水铺装、生物滞留设施与植草沟等。

2.3.2 建设海绵城市对市政工程的相关要求

(1)排水设施的改造与提升

海绵城市建设需要对市政排水设施进行全方位的改造和提升，以适应新的雨水管理需求。在排水措施方面，可以采取以下提升手段：

①增加透水铺装面积：铺设透水砖、透水混凝土等透水材料，增强城市地表的透水性能，减少雨水径流，提高雨水下渗率。

②优化排水管网布局：根据城市地形、地貌和雨水流向，科学规划排水管网，确保雨水能够顺畅排放至指定的调蓄设施或水体。

③建设雨水调蓄设施：在关键区域建设雨水调蓄池、雨水花园等，以储存和净化雨水，减少城市内涝风险。

④引入智能排水系统：利用物联网、大数据等技术，实时监测排水管网的水位、流量等参数，智能调控排水设施的运行状态，提高排水效率。

在改造过程中，应充分考虑设施的功能、效果及其与城市环境的协调性。同时，应注重设施的长期运行和维护保养，确保其效果的持久性。

(2)道路铺装质量的提升措施

在海绵城市建设中，道路铺装也是关键的一环。为了提升道路铺装对雨水的吸纳和缓释能力，可以采取以下措施：

①推广透水铺装：在市政道路中广泛应用透水铺装材料，如透水沥青、透水水泥混凝土等，提高道路的透水性能。

②优化道路横断面设计：通过调整道路横断面的设计，增加绿化带和雨水花园等绿色空间，以吸纳和净化雨水。

③加强道路排水设施建设：在道路两侧或中央设置排水沟、雨水口等排水设施，确保雨水能够顺畅地排入排水管网。

(3)绿化的相关要求

海绵城市建设强调绿化与景观的融合，以构建具有雨水吸纳和缓释作用的绿色空间。在绿化方面，应满足以下要求：

①树种选择：根据城市的气候条件和土壤类型，选择适应性强、生长迅速、根系发达的树种，以提高绿地的雨水吸纳能力。

②植被搭配：注重植被的多样性和层次性，通过乔、灌、草相结合的绿化方式，形成多层次、多功能的绿色空间。

③绿化布局：结合城市规划和道路设计，优化绿化布局，确保绿地充分发挥其雨水吸纳和缓释作用。

同时，应兼顾景观设施的美观性和实用性，以提升城市的生态环境质量。

(4)智慧手段在海绵城市建设中的应用

智慧手段在海绵城市建设中发挥着越来越重要的作用。通过引入物联网、大数据、人工智能等先进技术，可以实现海绵城市建设的智能化和精细化管理。具体措施和应用包括：

①建立智能监测系统：利用物联网技术，实时监测城市雨水排放、水质、水位等参

数，为海绵城市的管理和决策提供数据支持。

②构建智能预警系统：通过大数据分析和人工智能技术，对城市雨水排放情况进行预测和预警，及时发现并解决潜在问题。

③推广智能排水设施：利用智能传感器和控制器等技术，实现排水设施的智能化运行和调控，提高排水效率和管理水平。

在协同工作时，应建立有效的沟通机制和协作平台，加强各专业之间的交流和合作。同时，应建立信息共享平台，实现信息的实时更新和共享，以提高工作效率和决策水平。通过智慧手段的应用，可以进一步提升海绵城市建设的整体性和系统性。

2.3.3　海绵城市理念下的市政工程建设思路

(1)加强规划引领，确保全局统筹

在市政工程中落实海绵城市建设理念，首要任务是加强规划引领。这要求我们在城市规划的初期阶段，就将海绵城市建设的理念、目标和任务纳入市政工程的总体规划中，确保市政工程与海绵城市建设的目标相协调。

规划过程中，需全面考虑城市的自然条件、地理特征、水资源状况以及市政工程的具体特点和需求。通过科学的数据分析和合理的预测，制定符合城市发展需求的海绵城市建设专项规划。同时，应加强对规划实施的监管和评估，确保规划内容得以有效实施，并对实施效果进行持续跟踪和评估，及时调整和优化规划方案。

此外，规划过程中还应注重多部门、多专业的协同合作，形成合力，共同推动海绵城市建设。通过跨部门的信息共享和资源整合，提高规划的科学性和可操作性。同时，在规划阶段就应融入技术创新与生态设计的理念，确保后续工程实施中的技术先进性和生态友好性。

(2)推广先进技术，融合生态设计

在市政工程中落实海绵城市建设理念，需要积极推广和应用先进技术，并融合生态设计理念。这包括透水铺装、雨水收集系统、绿色屋顶、生态护坡等多种类型的先进技术措施。

在推广先进技术的过程中，应充分考虑技术的可行性和经济性，确保其能够在城市环境中得到有效应用。同时，应关注技术的创新和改进，不断提升其效果和性能，以适应城市发展的需求。尤其要加强技术创新，引入新材料、新工艺，提高海绵设施的建设效率并延长其使用寿命。

在生态设计融合方面，应注重与自然环境的和谐共生，模拟自然水循环过程，实现雨水的自然渗透、蓄存、净化和利用。设计生态滞留池、雨水花园等绿色基础设施，既美化城市环境，又增强城市的雨水吸纳和缓释能力。同时，生态设计还应考虑城市生物多样性的保护，促进城市生态系统的健康发展。

此外，技术创新与生态设计应相互促进，形成良性循环。技术创新可以为生态设计提供更多的可能性，生态设计则可以为技术创新提供实际的应用场景和验证平台。

(3)完善管理制度，保障工程实施

在市政工程中落实海绵城市建设理念，需要完善管理制度。这包括加强对市政工程的监管、建立有效的维护机制等措施。

在完善管理制度的过程中，应充分考虑制度的可行性和有效性，确保制度能够在实际操作中得到有效执行。同时，还应注重制度的创新和改进，不断提升其适应性和灵活性，以适应城市发展的变化。

此外，应加强对市政工程质量的监管和评估。通过建立健全的质量管理体系，确保市政工程质量符合海绵城市建设的要求。同时，加强对工程实施过程的监督和检查，及时发现和解决问题，确保工程建设顺利进行。

(4)加强公众参与，实现共建共治

在市政工程中落实海绵城市建设理念，需要加强公众参与。这要求我们通过宣传教育、社区活动等方式，提高市民对海绵城市建设的认知度和参与积极性。

在加强公众参与的过程中，应充分考虑市民的需求和意见，尊重市民的知情权和参与权。通过举办听证会、座谈会等活动，广泛征求市民的意见和建议，确保市政工程建设符合市民的期望和需求。同时，加强与市民的沟通和互动，及时回应市民的关切和诉求，提高市民的满意度和获得感。

此外，应注重培养市民的环保意识和节水意识。通过举办环保宣传活动、节水知识讲座等，提高市民对水资源保护和节约用水的认识，形成全社会共同参与海绵城市建设的良好氛围。

2.3.4 国内外海绵城市理念在市政工程中应用的相关技术进展

1. 国外海绵城市理念在市政工程中应用的相关技术

(1)先进的雨水收集与利用系统

①英国。

英国不仅鼓励居民家庭安装雨水收集系统，还在大型公共项目中实施复杂的雨水回收和再利用策略。伦敦奥林匹克公园通过建设大规模的雨水收集池和净化设施，实现了雨水的全面收集、处理和再利用，显著降低了对自来水的依赖，同时增强了公园的自我维持能力。

②德国。

其“洼地-渗渠系统”已成为国际典范，该系统通过结合自然洼地和人工渗渠，有效提升了城市排水和雨水渗透能力。此外，德国还积极推广“绿色屋顶”，这些屋顶不仅美观，还能有效吸收和储存雨水，减轻城市排水系统的压力。

③新加坡。

新加坡以其高效的雨水管理和利用系统闻名，通过建设深隧道排污系统和滨海堤坝等大型基础设施，能够高效收集和储存雨水，用于农业灌溉、城市清洁等。

(2)创新的城市排水与防洪技术

①法国。

巴黎的排水系统被誉为“城市的良心”，其庞大的地下排水网络不但能够有效排除雨水，而且可以通过智能控制系统调节水流，防止城市内涝。里昂则通过建设雨水花园和生态滞留池，增强了城市对雨水的自然吸纳和净化能力。

②美国。

在干旱地区，如加州，研究者们正在探索将雨水转化为饮用水和灌溉用水的创新技术。这些技术包括雨水收集、净化和储存系统，以及高效的灌溉系统，旨在提高水资源的利用效率。

2. 国内海绵城市理念在市政工程中应用的相关技术

(1)广泛应用的下沉式绿地与透水铺装

在国内许多城市，下沉式绿地已成为城市绿化的重要组成部分。这些绿地通过降低地面高度，增加土壤含水量，有效地减少了雨水径流。同时，透水铺装材料，如透水砖、透水混凝土等也被广泛应用于人行道、停车场等区域，提高了雨水的下渗率，减轻了城市排水系统的负担。

(2)多样化的雨水花园与植被草沟

雨水花园作为一种生态友好的雨水管理措施，在国内得到了广泛应用。这些花园通过种植本土植物和设置雨水收集设施，实现了雨水的自然净化和储存。植被草沟则通过在地表沟渠中种植植被，形成自然的雨水过滤系统，提高了雨水的净化效率。

(3)生态滞留带与湿地系统的构建

在城市规划和建设中，生态滞留带和湿地系统被视为提升城市生态品质的重要手段。通过构建这些系统，城市能够有效吸纳和净化雨水，减少城市洪涝灾害的发生。同时，这些系统还为城市提供了丰富的生物多样性和休闲空间。

(4)智能技术与监测系统的融合

随着智慧城市的发展，智能技术与海绵城市理念的融合成为新的趋势。通过运用大数据、物联网等先进技术，城市管理者可以实时监测城市的水文状况、排水系统运行情况等关键信息，为科学决策提供有力支持。此外，智能预警系统和应急响应机制的建设也提高了城市应对极端天气和突发事件的能力。

3. 市政工程技术发展趋势

(1)更加注重环保和可持续发展

随着全球对环境保护和可持续发展关注度的不断提高，市政工程技术将更加注重环保和可持续发展理念的融入和实践。在工程设计和施工过程中，将更多地采用环保材料和技术手段，减少对环境的负面影响。

(2)技术创新与升级

市政工程技术将不断创新和升级，以适应城市发展过程中的各种需求和变化。例如，采用预制技术和模块化建筑可提高建设效率和工程质量；利用智能化和数字化技术可提升城市管理的效率和便利性。

(3)多元化发展

市政工程技术将不再局限于传统的道路、桥梁、排水等领域，而不断扩展到新能源、环保技术等多个领域。这将为市政工程行业提供更多的发展机遇和更广阔的市场空间。

(4)国际化合作

随着全球化进程的加速，市政工程行业将加强与国际先进技术的交流与合作，引进国际先进的技术和管理经验，进而提升我国市政工程的建设和管理水平。

第 3 章　海绵城市规划设计

3.1　海绵城市规划设计的目标与内容

3.1.1　海绵城市规划设计目标

《海绵城市建设技术指南——低影响开发雨水系统构建(试行)》(建城函〔2014〕275 号)(以下简称《指南》)提出了包括径流总量控制等控制目标，指出各地区应该结合水环境现状、水文地质条件等特点，合理地选择一项或多项目标作为规划控制目标，具体情况如表 3.1 所示。在实际建设中，年径流总量控制率可以同时实现径流污染、径流峰值控制，成为各地海绵城市建设的核心指标。

表 3.1　海绵城市控制目标选择

城市特征	控制目标	备注
水资源缺乏	雨水资源化利用	采用水量平衡分析等方法确定雨水资源利用的目标
水资源丰沛	径流污染或径流峰值控制	无
水污染严重	径流污染控制目标	年固体 SS 去除率等
水土流失严重/水生态敏感	径流总量控制	减少地块开发对水文循环的破坏
易涝城市	径流峰值控制	达到内涝防治设计重现期标准

海绵城市规划设计控制目标根据城市建设现状、自然环境、功能布局、气候条件等多方面因素制定，渗透到海绵城市规划设计的每个流程中，如图 3.1 所示，通过层层分解至各地块，借助低影响开发设施的协同作用落实。《指南》给出了海绵城市规划指标在各个建设层级的落实方法与研究重点。在城市总体规划层面，应以汇水分区或行政分区为基本单元进行海绵城市的管控。在城市控制性详细规划层面，通过各强制性指标将海绵城市指标(如年径流总量控制率、绿色屋顶率、透水铺装率等)分解至各个控规地块，以约束性指标的形式保障海绵城市规划设计的落实。在修建性详细规划层面，研究如何通过海绵城市设施的合理布局达到上位规划的要求。在设计层面，应首先确定地块的控制目标，通过各项措施的协调作用达到该目标。

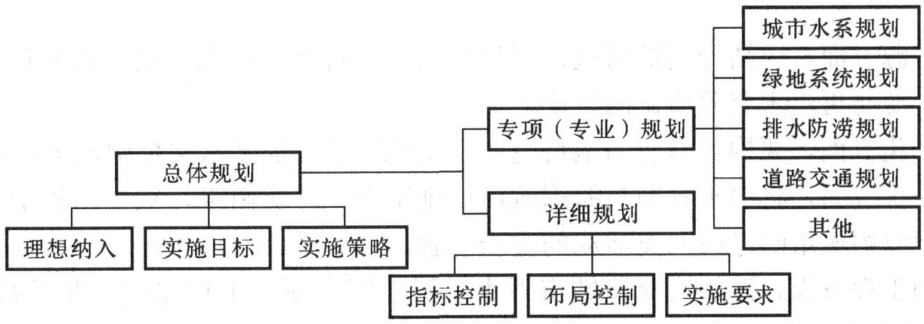

图 3.1 海绵城市规划内容示意图

海绵城市规划指标分解能够将海绵城市控制目标具象化，进而指导海绵城市设施的布局与具体建设工作，因此，构建科学的海绵城市指标体系对其控制目标的落实至关重要。

海绵城市规划指标分解在海绵城市规划中具备三个功能：一是推动作用，推动海绵城市自上而下的实施，促进海绵城市控制目标的落实；二是平衡作用，根据地块实际情况制定指标分解方案，在改动难度大的地块适当降低指标要求，开发潜能大的地块适当提高指标要求，从而平衡不同区域的海绵城市建设水平；三是监管作用，在控制详细规划层面，将海绵城市的控制目标以约束性的指标形式分解到各个地块，以保障海绵城市的建成效果。

3.1.2 海绵城市规划设计内容

海绵城市规划设计内容可分为两个角度进行探究，如图 3.2 所示。

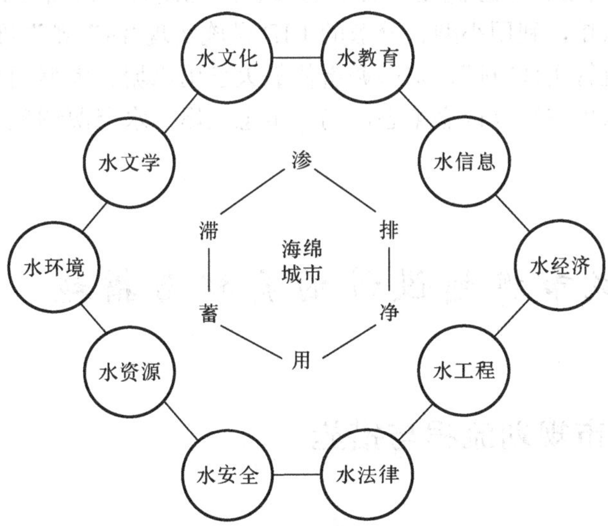

图 3.2 海绵城市规划设计内容

1. 水科学体系

①水文学方面，海绵城市建设的研究离不开“水”，只有了解当地的水文特征和水循环情况，才能合理规划建设。

②水环境方面，要重视径流源头的削减，利用海绵城市设施进行源头分流、就地净化

处理。

③水资源方面，要结合当地河流、湖泊和池塘等自然水资源，建设雨水调蓄系统，实现自然水资源与再生水资源协调的调度。

④水文化方面，要构建具有当地特色的水文化体系，加强水文化中的节约意识建设。

⑤水安全方面，将雨水管网与海绵城市设施结合，滞缓雨水，减少内涝引发的安全问题，在建设海绵城市时考虑人类活动的安全问题。

⑥水利工程方面，涉及河流、城市雨水、污水等多项水工程建设，要重视规划设计、实施考评和运行监管。

⑦水经济方面，建设需要大量资金支撑，政府财政与社会资金应协同合作、共同融资投资，开发多元经济合作形式。

⑧水法律方面，应补充健全法规政策体系，以此推进相关部门的工作进度，明确工作职责，保障建设能够规范、有序地进行。

⑨水信息方面，应建立健全信息库，及时更新最新进展，助力信息化、智慧化城市建设。

⑩水教育方面，需要开展“新理念”宣传教育，长久维持保护水生态，普及“新理念”城市的知识，激发公众参与教育活动的积极性，促使政府和人民群众共同努力，构建绿色、和谐、生态和可持续发展的海绵城市。

2. 技术运用

无论海绵城市建设措施如何配置变换，其技术内核始终遵循“渗、滞、蓄、净、用、排”六字方针及规划引领、生态优先、安全为重、因地制宜、统筹建改等基本原则。排水防涝主要依靠源头减排，利用小型、分散的 LID 设施实现“滞”“蓄”“净”“渗”“用”；雨水分流依靠雨水管和截流管实现“排”；末端调蓄依靠大型雨水塘、大型雨水湿地和调蓄池实现“蓄”“净”和“用”；水生态修复依靠生态浮岛、生态驳岸、水资源调配和河道疏浚实现“蓄”和“净”。

3.2 海绵城市规划设计的流程与措施、原则与要点

3.2.1 海绵城市规划流程与措施

1. 规划流程

结合城市规划的相关要求，将海绵城市规划流程概括总结为以下几点：一是做好建设区域内地质地貌、排水蓄水情况、湿地情况等的调查分析，了解建设区域的自然环境特征，为规划设计提供依据支持；二是进行区域内排水系统及管道走向的综合探究，确定所需设施设备及技术工艺，为雨水的科学排放奠定基础；三是综合上述资料开展规划工作，考虑该地区的基础设施分布情况，合理规划土地资源，缩小设施占地面积，规避较大规模施工；四是明确规划设计指标，按照指标要求，开展排水系统设计，有效控制雨水和污水

的排放，提高排放达标率。

2. 规划措施

在海绵城市规划中，应从适应性、可行性和经济性三方面展开综合考量，结合城区具体情况采取合理的措施，完善海绵城市建设管理体系，为绿色生态城区建设目标的实现贡献力量。在此将可能用到的规划措施概括如下。

(1)加大水资源敏感区域的保护力度

在海绵城市规划建设中，应对城区现有河流、坑塘、湿地等较为敏感的水资源环境实行严格把控，必要时可将这些地区作为禁区隔离保护，以解决因城市建设带来的污染和破坏问题，保护城区原有的水资源环境。同时以低影响的设施设备来开发建设城市雨水排水系统，并将其与城区原有的排水沟渠整合衔接，防止城市出现内涝，保证水质安全。

(2)集约式开发模式

集约式开发模式能够在海绵城市规划设计中，对城区生态空间环境加以科学规划，做到空间的合理划分，加强城区建设的规范性、规整性。同时，集约式开发模式也可避开混乱局面带来的束缚和制约，推动开发建设活动的顺利进行，实现自然资源、土地资源的合理利用，为绿色生态城区规划提供支持。

(3)保证透水面积

透水面积是海绵城市规划建设中需要重点注意的内容。目前，很多城区在规划建设中，为迎合现代化发展要求、提高城市交通水平，而加大硬化施工面积，增加混凝土地面，导致雨水掉落后多积聚在地面上，难以渗透到地层深处，进而增加了污水量，给城市带来了较大的影响。

为此，应考虑通过增加绿地面积，铺装透水性强的绿色地面，扩大透水面积，促使雨水快速渗透，减少雨水的大量堆积，从而加快城市排水，提高水资源的循环利用率。

(4)排水区域规划

在海绵城市的规划设计中，排水区域的确定也是非常重要的，其直接决定城市的排水速度，关系到城市的日常运行。在排水区域的设置中，需将自然排水和人工排水相结合。前者利用城区构建的自然排水体系，实现雨水的快速吸收和处理，如植草沟、绿地等，且做好自然排水的科学保护，避免破坏问题的产生。后者则通过人工排水口的合理设置，加快雨水排出。通常情况下，设计者会在道路两侧设置排水口，加快路面积水的排放速度。排水口设置时要注意其与建筑间的距离，以免影响正常使用。

3.2.2 海绵城市规划设计的原则与要点

1. 海绵城市规划设计原则

(1)自然优先

海绵城市建设虽然以解决城区水资源问题为目标，但其实施需要建立在保护资源、科学开发和利用自然资源的基础上。只有坚持自然优先的原则，合理利用现有的资源优势，才能保证海绵城市的构建质量，实现城区现有排水系统的优化处理、水资源的科学排放和存储，从而达到循环利用的目标。同时，坚持自然优先原则，扩大城区绿地建设面积，利用绿地实现雨水的存储、净化和调节功能，可提高绿色环境的建设水平。

另外，在建设海绵城市的过程中，要充分利用绿地自身的功能，尽可能降低径流污染的发生概率，从而最大限度地提高雨水的循环利用率，推进城市的可持续发展。

(2)统一规划

海绵城市的规划设计应建立在城区规划设计的基础上，以城区规划设计的总体指标要求，为海绵城市的规划设计提供依据和指导，从而构建完善的管理体系，做到统一规划管理。在实际作业中，工作人员需从国民经济、社会经济、资源利用、绿地规划、旅游开发等多个方面进行考虑和分析，完善海绵城市的规划设计内容，实现同步建设发展，以此发挥海绵城市的主体功能，完善城区建设。

同时，还要以规划城市空间为基础，以发展城市经济为原则，以提高城市生态效益为核心，充分发挥海绵城市理念的应用优势，为海绵城市总体规划设计的顺利推进提供技术支撑。

(3)经济性

在海绵城市规划设计中，还应考虑经济性原则，在维护工程经济利益的基础上，尽量降低建设成本，降低资金损耗，为城区发展及绿色环保目标的实现奠定基础。海绵城市作为一项较为复杂的工程，资金投入多，需要融合绿色生态城区建设要求，同时需综合考量绿色性、经济性，找出其中的平衡点，科学规划资金方案，实现全生命周期的管控，以此提高海绵城市建设质量，推动城区良性发展。

(4)规范性

基于海绵城市理念进行城市设计，应遵循规范性原则。明确海绵城市设计目标，科学制定海绵城市规划方案，并融入生态平衡观念。全面分析城市的水利资源状况，了解其水文条件，选择适宜的海绵城市设备，提高海绵城市的功能性；加大对海绵城市建设的资金投入，做好相关维护工作。

(5)一切从实际出发

海绵城市理念下的城市设计工作，应遵循一切从实际出发的原则，做到因地制宜，根据城市的实际发展状况、城市环境的特征、地域特色，进行科学的城市规划设计。在此基础上引入海绵城市理念，明确城市所在区域的雨水资源情况，严格控制城市的水环境和经济发展水平，以保障城市设计方案的合理性、科学性。

除此之外，还需针对海绵城市建设在规划设计、工程实施、评估和维护方面的效益展开科学分析和评估。另外，为保证评估结果的全面性和合理性，还应做好海绵城市建设成本和运营成本的评估工作。

(6)定量与定性规划相结合

目前，海绵城市设计大多体现在定性规划设计方面，如透水铺装、下沉式绿地、植草沟等低影响开发设计的选择，绿地植被的选择，等等。但有时这些定性探讨不足以支撑海绵城市设计理念的践行，需要定量的分析报告才能准确执行。现阶段借助 MIKE 系列软件(MIKE 系列软件是由丹麦水利工程和环境模拟公司开发和推广的一套水力学和环境模拟软件)对河道及城市管网系统进行模拟，对水文的定量分析已经比较成熟，其中包括各地块设计的最大降雨量及流向；在多种拟定“海绵城市”方案下的单位地块的雨水阻滞能力，择优评价方案可行性；在数值模拟的指导下做具体的城市规划个性化设计。海绵城市理念下的城市建设需要定量与定性规划相结合。

(7)重视生态安全

在海绵城市规划中，一个重要的设计原则就是生态保护。因此，低影响开发、自排水系统成为“海绵城市”理念在城市改造中的首选，目的是解决雨季排水困难引起的城市内涝及旱季供水不足导致的缺水等问题。在城市规划建设中，要保证海绵城市建设中的管网等基本工程设施与传统市政设施相配套，确保相应工程措施与城市市政基础设施的运行相衔接。同时，严格控制雨水与自来水分流、雨污分流，避免水污染，保证市政生活用水安全，并尽可能地净化雨水，缓解水资源短缺等问题。

2. 海绵城市规划设计要点

(1)修复生态海绵体

在海绵城市的规划设计中，首先要关注自然生态海绵体的保护与维护。根据地区有关规定，明确限建区、蓝线区与绿线区，加强对生态板块的保护；制定强制性规定与法律条款，避免这些区域遭受破坏，让自然海绵体保持调蓄与吸纳的能力。

之后，需要加强对城市水环境、自然绿地环境的修复，开展河流疏浚、河流截污工程，保护天然湿地环境，建设人工湿地，形成人工湿地与天然海绵体之间的有机融合，进一步打造完整的海绵体系，实现海绵城市的规划设计。

(2)明确水资源需求

要想形成科学的海绵城市建设规划设计，就要严格遵循“因地制宜”的原则，根据地区城市的水资源需求进行设计，调整城市的蓄水能力与调节能力，保证城市蓄水恰好满足循环的需求，避免蓄水量过多或者过少影响城市自然水循环的健康指数。科学合理的海绵城市规划设计，需要考虑城市地理位置、自然气候、生态环境、降水情况、洪涝特点等综合因素，根据城市发展情况、人民生活需求，综合评估城市的内涝风险、防洪情况、旱灾风险等，从而得到海绵城市设计指数，有目的、有方向地展开设计与规划。

根据《海绵城市建设评价标准》(GB/T 51345—2018)中“评价内容、评价方法方面的要求”，结合实际情况提出：若地区年径流量控制量≥79%、防洪标准为近期50年(远期100年)、水质标准为Ⅲ类、SS去除率≥30%、雨水资源利用率≥1.5%，则此时可以根据城市管网现状、自然水系、地形走向等因素，构建暴雨洪水管理模型(storm water management model，SWMM)，明确划分城市自然水循环分区，评估各个分区，之后提出满足不同分区条件与需求的海绵城市建设规划方案，提升海绵城市规划设计的科学性、发展性。

(3)强化规划的管控

开展海绵城市建设规划设计时，工作人员还需要加强对规划设计方案的管控力度，贯彻落实规划内容，明确技术路线与手段。工作人员要分析出具体的海绵城市建设要求，按照城市整体布局情况，制定完善的海绵城市建设阶段性方案、管理策略、管理原则，指出重点规划区域，为之后的工程建设奠定基础。之后，分别开展绿化工程和道路建设，并将这两部分作为降雨收集的重要方式，加强道路与绿化的减排能力，提升海绵城市的雨水调度与吐纳能力。海绵城市规划设计实施可以大致分为3条技术路线：

①解读规划设计，形成以地形地势为核心的海绵城市空间规划。

②分解海绵城市规划中的雨水集蓄与吐吸能力，形成不同分区的建设指标。

③搭建海绵城市综合效益评估体系，实时关注海绵城市的规划与建设效益。

此外，工作人员可以利用现代信息技术，搭建SWMM，利用专业软件分析模型的模拟结果，绘制海绵城市径流系数表格与分区建设指标图示，将其作为落实海绵城市规划设计、推动建设进程的重要资料。

3.3 海绵城市市政工程雨水控制与利用规划设计

3.3.1 雨水控制与利用体系规划设计

海绵城市雨水控制与利用涵盖范围广泛，包括城市道路、城市广场、公园绿地以及市政场站等市政工程领域。在这些区域内实施雨水控制与利用建设时，需遵循一系列核心原则：其一，应以削减地表径流和控制面源污染为主要目标，同时辅以雨水收集与利用措施，确保城市水资源的有效管理；其二，雨水控制系统的建设不应削弱市政工程原有雨水排放系统的设计降雨重现期标准，以保障城市排水安全；其三，在规划与实施过程中，必须紧密依据区域总体规划、控制性详细规划及市政工程专项规划，确保各项措施与整体规划协调一致；其四，系统方案的确定还需综合考虑水文地质条件、施工可行性以及后期养护管理的便利性；其五，在推进海绵城市建设时，应高度重视节能环保与经济效益的双重提升，力求实现环境友好与经济可持续发展的双赢。

1. 规划设计

在构建海绵城市的雨水控制与利用体系中，首要步骤是精心编制规划，随后依据规划进行深入设计。这一过程中，专项规划需深刻融入低影响开发(LID)的核心思想，并与城镇排水及内涝防治的专项规划紧密衔接，确保两者相辅相成。规划内容应全面覆盖目标设定、形式选择、设施规模与布局规划、效果预估以及初步的投资估算，以形成一个系统而详尽的框架。

对于新规划的城市道路，其雨水控制与利用系统的设计需在确保道路基本功能不受影响的基础上，巧妙结合道路沿线及周边的绿地、广场等开放空间，布置高效的海绵设施，实现雨水资源的最大化利用。同时，在推进海绵城市的规划建设时，务必注重保护绿地的自然土壤结构，避免对原生土层的过度干扰，确保古树名木及大树得到妥善保护，以此维护并提升现有的绿化建设成果，实现城市发展与生态保护的和谐共生。

(1)目标和指标

①不同类别市政设施的雨水年径流总量控制率指标，应根据海绵城市专项规划，综合现状和开发强度等因素确定，且不应低于表 3.2 中的数值。

表 3.2　不同类别市政设施雨水年径流总量控制率指标表

项目类别		指标
新规划建城市道路	城市快速路	—
	城市主干路	60%
	次干路	50%
	支路	25%
绿地与广场	绿地(公园及防护绿地)	90%
	广场	75%
市政基础设施	水厂、污水处理厂	85%
	交通枢纽	70%
	加油站、雨(污)水泵站、燃气站、电力设施等	—

注：1.“—”表示不作硬性指标要求，应充分利用空间实施源头减排。2. 当地方规划或专项规划有明确要求时，可参照执行。

②径流污染削减率指标应根据海绵城市专项规划，结合用地性质、流域水环境质量、径流污染特征等因素确定，且不应低于表 3.3 的规定。

表 3.3　不同类别市政设施年径流污染总量削减率[以 SS 计]

项目类型		径流污染削减率
新规划建设城市道路	城市快速路	—
	城市主干路	40%
	城市次干路	
	支路	20%
绿地与广场	绿地(公园及防护绿地)	70%
	广场	40%
市政基础设施	水厂、污水处理厂	70%
	交通枢纽	40%
	加油站、雨(污)水泵站、燃气站、电力设施等	—

③雨水管渠标准应满足排水规划要求，并不低于表 3.4 和表 3.5 的规定。

表 3.4　雨水管渠及泵站规划设计重现期　　　　单位：年

重现期	城区类型					
	一般地区	重要地区	特别重要地区	一般道路	重要道路	地下通道和下沉广场
P	3	5	10	3	5	30～50

注：1. 重要道路指中心城和新城的城市主干道。一般道路指中心城和新城的城市次干道及以下等级的道路，以及镇中心区和分散的规划城市建设区内的城市道路。对于穿越镇中心区的一级公路，其位于镇中心区内路段如为城市

主干道，则该段道路的雨水管渠设计重现期可采用 5 年一遇标准。2. 对于低洼地且无法通过重力方式正常排水的建设区，以及短时暴雨可能造成较大损失的地区，其雨水管渠设计重现期应在表中的基础上适当提高，并应采取雨水控制与利用措施。3. 雨水管渠设计重现期应视其所处道路等级和地区重要性不同，按就高不就低的原则选取，位于中心城或新城内一般地区的重要道路的雨水管渠设计重现期应采用 5 年一遇标准。

表 3.5　下沉式立体交叉道路雨水管渠(含泵站)设计重现期　　单位：年

<table>
<tr><th>区域</th><th>特别重要道路</th><th>重要道路</th><th>一般道路</th></tr>
<tr><td>中心城</td><td rowspan="3">30</td><td>30</td><td>20</td></tr>
<tr><td>新城</td><td rowspan="2">20</td><td rowspan="2">10</td></tr>
<tr><td>镇中心区</td></tr>
</table>

注：1. 表中特别重要道路指城市快速路及高速公路。2. 对于现状下沉式立体交叉道路雨水管渠及泵站的单项改造工程，应对其设计重现期进行分析论证。如按表中规定的标准进行建设，需对桥体结构进行重大改造，投资巨大时，则可在表中的基础上适当降低设计重现期，并通过其他措施，使其防涝标准满足要求。

④新规划城市道路内及周边应根据地势设置下沉式绿地，下沉式绿地率不宜低于 50%；人行道外侧绿化带宜设计为具有雨水滞蓄功能的绿地，并应采取相应的保护措施及防渗措施，保证绿地内其他设施及路面结构的安全。

⑤具备透水条件的新建(含改、扩建)人行步道、城市广场、步行街、自行车道应采用透水铺装路面，且透水铺装率不应小于 70%。

⑥规划及新建污水厂的处理水量应包括流域范围内的初期雨水量。

(2)系统选择

雨水控制与利用的形式多样，涵盖了入渗、调蓄、排放、收集回用等多种手段及其组合应用。在城市规划与建设中，针对不同类型的区域，雨水管理策略各有侧重：对于城市绿地、广场、非机动车道及步行街等区域，应优先考虑雨水入渗，通过这些区域的透水性铺装和植被覆盖，有效增加雨水下渗，补充地下水；对于下沉式立体交叉道路、市区路段道路及郊区公路，由于其对排水效率要求较高，主要以调蓄排放为主，通过建设雨水调蓄设施，确保雨水能够迅速排出，避免积水影响交通；对于独立的市政工程场站，则更适合采取收集回用的方式，即对收集的雨水进行净化处理后，用于场站的日常冲厕、绿化灌溉等非饮用水需求，从而实现水资源的节约与循环利用。这些策略共同构成了城市雨水管理与利用的综合体系，旨在平衡城市水循环，提升城市防洪排涝能力，同时促进水资源的可持续利用。

2. 雨水入渗

雨水入渗系统的设计需严格遵循一定原则，确保其功能性与安全性。首先，该系统不应接纳含有大量杂质和悬浮物的雨水，以免对周边环境和建筑物的安全造成不利影响。在实施雨水入渗时，可以灵活采用多种方法，如绿地自然渗透、透水铺装地面、渗透管沟、废弃坑塘改造为入渗区以及设置入渗井等。这些方法各有优势，应根据实际情况合理选择。

为确保渗透设施的有效运行，其日渗透能力应至少满足汇水面上两年一遇 24 h 降雨量的需求，且整个渗透过程应在 24 h 内完成。综上所述，雨水入渗系统的构建是一个综合考虑多方面因素的复杂过程，旨在实现雨水资源的有效利用与环境保护的双重目标。

(1)绿地入渗

①在城市道路的改扩建过程中，绿化隔离带的设置应充分考虑用地条件与绿化方案，优先采用下沉式绿地设计。这种设计在植物选择上倾向于耐淹耐旱的种类，以适应多变的自然环境。当下沉式绿地与路面、广场等硬化地面相接时，其高度应设计得略低于硬化地面50～100 mm，以确保雨水的有效收集与渗透。若绿地需满足排水需求，则应在内部合理设置雨水口，雨水口顶面应高出绿地表面20～50 mm，以便雨水顺畅排出。

②面对绿地内表层土壤水入渗能力不足的情况，可以通过增设人工渗透设施来解决。这些设施的选择需依据汇水面积、绿地地形、土壤质地等多种因素，灵活运用浅沟、洼地、渗渠、渗透管沟、入渗井、入渗地以及渗透管-排放系统等形式或其组合，以达到最佳的雨水渗透效果。

③对于绿地与广场的雨水入渗能力，需进行科学评估与测算，确保这一举措不会妨碍绿地和广场的原有功能与安全。当外来客水(如周边道路的雨水)进入绿地前，需确保其水质达标，并采取有序的方式引导雨水流入。若绿地与广场被赋予区域性防洪排涝的功能，其竖向标高应设计得有利于雨水的汇集，并配套建设地表或地下的雨水及泄洪通道，以应对极端天气条件下的水流管理需求。

④在绿化用地中设置雨水入渗设施时，应对土壤进行检测、保护与改良。土壤的理化性状应符合植物种植土壤的标准，并满足雨水渗透的要求。对绿地内原有适宜栽植的土壤，应保护并有效利用；对不适宜栽植的土壤，应进行改良。在保证土壤肥力的基础上，绿地土壤改良应改善土壤的入渗率，保证雨水的入渗速度与入渗量，确保绿地积水在设计时间内排空即可，不应一味追求过大的土壤渗透率。

⑤绿地雨水控制与利用设施主要包括植草沟、生物滞留设施、雨水塘、雨水湿地等。其设计应与周边地表高程、管网系统相衔接，使雨水可通过重力流入或排出设施；雨水设施应与绿地要素统筹设计，地形坡度应与场地地形顺畅连接，在满足径流控制容积的同时，形成连续的微地形空间和近自然植被栽植区；雨水塘、雨水湿地等雨水设施，应对进出水通道、调蓄空间、土壤介质、溢流口、导排层等进行设计，并保证暴雨时雨水可通过溢流口与城市雨水管渠系统、内涝防治系统相衔接。

(2)硬化地面入渗

硬化地面的设计应注重透水性，以透水铺装入渗为主要方式，并根据土基的透水性要求，灵活选择半透水或全透水铺装结构。在材料选择上，透水铺装路面倾向于采用透水水泥混凝土、透水沥青以及透水砖等材料。透水水泥混凝土路面特别适合新建城镇的轻型荷载道路、园林中的轻型荷载道路、广场和停车场等场所；透水沥青路面因适应性广，可用于各等级道路；而透水砖路面则更多地应用于人行步道、广场、停车场及步行街等区域。对于人行道、自行车道、步行街、城市广场及停车场等轻型荷载路面，其透水铺装结构需满足小时降雨量达到45 mm时表面不产生径流的要求。

在半透水路面结构的设计中，应确保路面结构内部排水顺畅。对于全透水路面，则需综合考虑土基的渗透性和所承受的荷载大小。当土基渗透系数$K<7\times10^{-5}$cm/s时，需在土基中增设排水盲沟或管道，并确保这些排水设施与市政排水系统有效连接，同时采取防倒流措施。此外，通常建议透水铺装路面的横坡为1.0%～1.5%，以优化排水效果。

在符合国家现行相关标准的前提下，透水铺装路面的结构设计应遵循《透水水泥混凝土路面技术规程》(CJJ/T 135—2009)、《透水沥青路面技术规程》(CJJ/T 190—2012)、《透水砖路面技术规程》(CJJ/T 188—2012)、《透水砖路面施工与验收规范》(DB11/T 686—2023)等规定。同时，透水路面结构的设计还需兼顾施工便捷性、养护便利性，并尽可能减少对周边环境和生态的影响，实现可持续发展。

3. 调蓄排放

(1)雨水调蓄设施设计

在设置雨水调蓄设施时，主要目的是控制面源污染，减少排水管道的峰值流量，预防地面积水，以及提高雨水利用率。这些设施应优先考虑利用天然洼地、湿地、河道、池塘及景观水体等自然资源，若条件不允许，再考虑建造人工调蓄设施或利用雨水管渠进行调蓄。设计时，需确保调蓄设施与周围环境的地形、地貌及景观相协调，并采取相应的安全防护措施。

雨水调蓄池的设计至关重要，其结构设计使用年限不应低于 50 年，并需配备进水管、排空及冲洗设施、溢流管、弃流装置、集水坑、检修孔、通气孔及水位监控装置等，以确保其功能的全面性和安全性。在选址上，调蓄池宜布置在区域雨水排放系统的中游或下游，并需具备良好的工程地质条件。若雨水有回用需求，还可在调蓄设施上方增设雨水处理设施。

当雨水调蓄设施与道路排水系统结合设计时，应确保上下游排水系统的顺畅，以避免对整体排水效果造成负面影响。此外，调蓄设施的调蓄容积及调蓄控制需根据区域降雨情况、地表径流系数、地形条件、周边雨水排放系统、用水情况综合确定。在条件允许的地区，建议采用数学模型法进行设计计算，以涵盖降雨重现期为 3 年、5 年、10 年、20 年及 50 年的各种降雨情况，从而确保调蓄设施在实际应用中的有效性和可靠性。

在合流制排水区域，用于控制面源污染时，雨水调蓄池的有效容积可按式(3.1)计算。

$$V_c = 3\,600 \cdot t_i (n - n_0) Q_{dr} \beta \tag{3.1}$$

式中：V_c 为调蓄池有效容积，m^3；t_i 为调蓄池进水时间，h，宜采用 0.5～1 h，当合流制排水系统雨天溢流污水水质在单次降雨事件中无明显初期效应时，宜取上限，反之取下限；n 为调蓄池运行期间的截流倍数，由要求的污染负荷目标削减率、当地截流倍数和截流量占降雨量比例之间的关系求得；n_0 为系统原截流倍数；Q_{dr} 为截流井之前的旱流污水量，m^3/s；β 为安全系数，可取 1.1～1.5。

在分流制排水区域，用于控制面源污染时，雨水调蓄池的有效容积 V 可按式(3.2)计算。

$$V = 1.5 \times VSR \times S_{ip} \tag{3.2}$$

式中：VSR 为单位面积上需调蓄雨水量，m^3/hm^2，根据初期雨水控制量要求确定，宜采用 20～100 m^3/hm^2；S_{ip} 为产流面积，hm^2，$S_{ip} = S_{总} \times \psi_z$；$S_{总}$ 为系统汇水总面积，hm^2；ψ_z 为径流系数。

用于雨水利用时，雨水调蓄池的有效容积应根据降雨特征、用水需求和经济效益等确定。

雨水调蓄池的排空时间可按式(3.3)计算。

$$t'=\frac{V_c}{3\ 600Q_x\eta} \tag{3.3}$$

式中：t'为排空时间(h)；V_c 为调蓄池有效容积，m^3；Q_x 为下游排水管道或设施的受纳能力，m^3/s；η 为排放效率，一般可取 0.3～0.9。

采用绿地和广场等公共设施作为雨水调蓄设施时，应合理设计雨水的进出口，并设置警示牌。

(2)城市路段道路雨水调蓄工程

在结合道路排水系统建设雨水调蓄工程时，应充分利用道路周围的洼地或公共用地进行雨水调蓄，并确保这些设施与市政工程管线设计相协调。对于易积水的路段，可以考虑利用道路及周边公共用地的地下空间来建设调蓄设施。此外，城市道路分隔带可以根据地势和景观绿化方案设置下沉式绿地，这些绿地应选用耐淹、耐旱、耐污的植物种类，并低于相邻的硬化路面 50～250 mm。同时，绿地内应设置具有沉泥功能的溢流设施，并在有排水要求时，于隔离带内设置溢流口，其顶面标高需高于绿地低点 100 mm 以上，但不应高于路缘石顶面。为了防止雨水渗入道路结构层，还应采取相应的措施。

在城市道路分隔带内设置生物滞留设施时，需要根据汇水范围和径流控制要求综合确定调蓄面积和深度。同时，路缘石的设置形式应兼顾排水、行车安全和景观要求，其开孔尺寸及间距等应根据设计汇水量计算确定。这些生物滞留设施应设置溢流装置，并根据隔离带的下渗能力和植物的耐淹程度等因素确定溢流高程。此外，还应设置水位观测井或观测管，其顶端的高度应高于生物滞留设施的溢流高度。设施内部自上而下应设置蓄水层、覆盖层、种植层、透水土工布和砾石层，各层设计应符合现行国家标准《城镇雨水调蓄工程技术规范》(GB 51174—2017)的有关规定。在设置这些设施时，还应避免对景观效果、路灯照明及智慧设施等管线的敷设造成影响。

另外，城市道路分隔带、路外绿地内设置的雨水转输设施也应符合现行国家标准《城镇内涝防治技术规范》(GB 51222—2017)的有关规定，以确保其在实际应用中的有效性和安全性。

(3)城市广场雨水调蓄工程

在城市广场的建设过程中，必须确保其不会增加周边道路的雨水径流总量。为此，广场应具备消纳硬化后超标雨水的能力，并尽可能地对这些雨水加以利用。为了实现这一目标，建议在城市广场下方建设雨水调蓄设施。

此外，应充分利用广场周边的绿地，结合广场的竖向设计，将广场上的雨水引导至绿地进行消纳和滞蓄。这样不仅可以有效减少雨水径流，也能提升绿地的生态功能。必要时，可以通过增设线性排水沟来增强广场的排水能力，确保雨水能够顺畅地排入绿地，实现雨水的自然循环和利用。

(4)地下空间雨水调蓄工程

在城市重要的地下空间开发区域周边，为了有效应对雨水问题，应当增设雨水调蓄设施。在结合地下空间建设这些设施时，必须采取严格的措施来防止雨水倒灌，确保地下空间的安全与稳定。同时，还需采取额外的防淹措施，进一步增强这些构筑物的防水性能，为地下空间的使用提供可靠的保障。

(5)城市绿地雨水调蓄工程

绿地调(滞)蓄系统设计应与周边地表高程、管网系统相衔接，使雨水按照设计要求溢流排放；雨水设施应与绿地要素统筹设计，地形坡度应与场地地形顺畅连接，在满足径流控制容积的同时，形成连续的微地形空间和近自然植被栽植区；雨水塘、雨水湿地等雨水设施，应对进出水通道、调蓄空间、土壤介质、溢流口、导排层等进行设计，并保证暴雨时雨水可通过溢流口与城市雨水管渠系统、内涝防治系统相衔接。

4. 收集回用

在构建雨水收集回用系统时，汇水面的选择至关重要。我们应优先选取无污染或污染程度较轻的区域作为汇水面，并严格避开垃圾堆、工业污染地等潜在的污染源，以确保收集到的雨水质量。雨水收集系统的设计流量可按式(3.4)进行计算，同时管道的水力计算与设计需遵循《室外排水设计标准》(GB 50014—2021)的规定，以确保系统的有效性和安全性。

$$Q=\psi_{zc}qF \tag{3.4}$$

式中：Q 为设计流量(L/s)；ψ_{zc} 为综合径流系数；q 为设计暴雨强度[$L/(s\cdot hm^2)$]；F 为汇水面积(hm^2)。

市政工程场站所收集的雨水，经过适当的处理后，优先用于绿化灌溉及路面冲洗等，但水质必须符合国家现行的相关标准规定，以保障使用的安全性与合规性。此外，收集雨水及其回用水管道严禁与市政给水和生活饮用水管道连接，防止出现误饮、误用等潜在风险。为便于识别与管理，雨水回用水管还应设置明确的标识，以确保系统的规范运行与有效管理。

(1)雨水弃流

雨水收集回用系统应设初期雨水弃流设施，弃流量根据下垫面旱季污染物状况确定，宜按实测结果进行计算分析，若无实测资料，弃流厚度宜采用 3～15 mm。

城市道路初期雨水弃流设施宜分散设置；有调蓄设施处宜合建；弃水宜排入市政污水管道；弃流设施宜设置除砂措施。

(2)雨水存储

雨水收集回用系统应设置雨水存储设施。雨水存储设施的选择应根据汇水面积、回用目标与用水量、可用土地与空间、施工条件等因素确定。

①宜优先利用自然或人工水体存储雨水。

②封闭式存储设施应设置通气设施，并防止动物进入；开敞式存储设施应有安全防护设施。

③应设溢流排水设施，溢流流量应满足上游来水流量的要求。

④蓄水位以上应设置不小于 0.5 m 的安全超高。

(3)雨水处理

新建市政雨水排放口处应设置径流污染控制设施，如雨水沉淀池、生态塘、人工湿地等，以去除雨水中的污染物。

人工湿地的设计规模应根据汇水区域及上游雨水设施的情况确定。进口应设置缓冲消能设施，防止扰动沉积物；应设置前置预处理池，进水口流速不宜大于 0.5 m/s，水力停留时间不宜小于 30 min。

雨水沉淀池的设计宜采用平流沉淀池，最大设计流速不宜大于 0.5 m/s，最高时流量的停留时间不应小于 30 s，池底纵坡不宜小于 0.01。

3.3.2　市政设施设计

雨水控制与利用设施主要依据其渗、滞、蓄、净、用、排的主要功能进行分类，当某些设施兼具多种功能时，其设计参数的选取应以主要功能为准，并确保设施的规模能够满足所有相关功能的需求。在海绵城市市政工程的建设中，若设施兼具多种功能，可参照表 3.6 进行选择。在选择雨水控制与利用设施时，应充分考虑当地的实际情况，结合控制目标、场地水文地质条件，并权衡工程投资、后期运行维护等多方面因素。设计参数则需依据汇水面特点、设施的构造和材料以及水文地质条件等综合考虑，在条件允许的情况下，应通过实测数据来精准确定设计参数，以确保设施的有效性和经济性。

表 3.6　海绵城市建设市政工程设施汇总表(按主要功能分类)

序号	设施名称	渗	滞	蓄	净	用	排
1	透水砖路面	√					
2	透水水泥混凝土路面	√					
3	透水沥青路面	√					
4	嵌草砖路面	√					
5	植被浅沟	√	√				√
6	下凹式绿地	√	√				
7	生物滞留设施	√	√		√		
8	生态护岸				√		
9	植被缓冲带				√		
10	调节塘		√				
11	储水池					√	
12	渗透塘	√	√				
13	雨水湿地		√	√	√		
14	雨水桶(罐)			√		√	
15	初期雨水弃流设施				√		
16	溢流雨水口(井)						√
17	渗管(渠)	√					√
18	渗井	√					

1. 绿色设施

(1)透水地面

①透水砖应符合现行国家标准《透水路面砖和透水路面板》(GB/T 25993—2023)和现

行行业标准《透水砖路面技术规程》(CJJ/T 188—2012)的规定，主要性能指标应满足以下要求：

a. 透水砖的透水性能、防滑性能、耐磨性能及抗冻等级应满足表 3.7 的要求。

表 3.7 透水砖的透水性能、防滑性能、耐磨性能及抗冻等级

透水等级	透水系数
透水性能	≥0.2 mm/s
防滑性能	BPN≥60
耐磨性能	磨坑长度≤35 mm
抗冻等级	寒冷地区 D35
	严寒地区 D50

b. 透水块材强度等级应符合下列规定：

透水砖的劈裂抗拉强度应符合表 3.8 的要求。

表 3.8 透水砖的劈裂抗拉强度

抗折强度等级	平均值/MPa	单块最小值/MPa
R_{ts}4.0	≥4.0	≥3.2
R_{ts}4.5	≥4.5	≥3.4

透水板的抗折强度应符合表 3.9 的要求。

表 3.9 透水板抗折强度

抗折强度等级	平均值/MPa	单块最小值/MPa
R_f4.0	≥4.0	≥3.2
R_f4.5	≥4.5	≥3.4

②透水砖地面应符合下列规定：找平层渗透系数不应小于面层，宜采用中粗砂或细石透水混凝土等；透水基层可选用级配碎石、多孔隙水泥稳定碎石基层和透水混凝土等；透水基层的厚度应根据地面荷载强度确定；透水底基层可采用级配碎石、级配砾石、天然级配砂砾、部分砾石经轧制掺配而成的级配碎、砾石、填隙碎石等材料；在地下水位较高的地区、严寒地区以及地下室顶板覆土内，透水底基层内应设置渗透管，渗透管材质应满足地面承压、抗冻胀的要求。

③嵌草砖、缝隙透水砖通常为混凝土砖，其力学性能、物理性能等技术要求应符合现行国家标准《混凝土实心砖》(GB/T 21144—2023)的规定；嵌草砖之间的土壤类型为黄土粗砂(砂∶土=1∶1)；缝隙透水砖缝宜采用粗砂或碎石屑填缝。

④透水水泥混凝土的性能应符合现行行业标准《透水水泥混凝土路面技术规程》(CJJ/T 135—2009)的规定，其主要性能指标应满足表 3.10 的要求。

表 3.10 透水水泥混凝土的主要性能指标

项目	单位	要求		
耐磨性(磨坑长度)	mm	≤30		
透水系数(15 ℃)	mm/s	≥0.5		
连续孔隙率	%	≥10		
抗冻等级	—	D50		
强度等级	—	C20	C25	C30
弯拉强度(28 d)	MPa	≥2.5	≥2.7	≥3.5

⑤透水混凝土路面面层分为普通透水混凝土路面、露骨料透水混凝土路面等。透水混凝土的原材料、配合比、厚度等技术要求应符合现行行业标准《透水水泥混凝土路面技术规程》(CJJ/T 135—2009)的规定；当透水混凝土面层施工长度超过 30 m 时，应设置胀缝；在透水混凝土面层与侧沟、建筑物、雨水口、铺面的砌块、沥青路面等其他构造物的连接处，应设置胀缝；胀缝宜采用浸油软木条等柔性材料填充。

⑥透水沥青材料的技术要求应符合现行行业标准《透水沥青路面技术规程》(CJJ/T 190—2012)的规定，主要性能指标应满足：透水沥青路面的透水面层应采用高黏度改性沥青作为结合料，基层可采用高黏度改性沥青、改性沥青或普通道路石油沥青。高黏度改性沥青应采用成品沥青，其主要性能应满足表 3.11 的要求。

表 3.11 高黏度改性沥青技术要求

项目	单位	技术要求
针入度 25 ℃	0.1 mm	≥40
软化点	℃	≥80
延度 15 ℃	cm	≥80
延度 5 ℃	cm	≥30
闪点	℃	≥260
60 ℃动力黏度	Pa·s	≥20 000
黏韧性	N·m	≥20
韧性	N·m	≥15
薄膜加热质量损失	%	≤0.6
薄膜加热针入度比	%	≥65

⑦当透水地面设置在地下室顶板上时，其覆土厚度不应小于 600 mm，碎石层内应设渗透排水管，地下室顶板防水层之上应增设疏排水板。

⑧渗管(渠)的设计宜采用穿孔塑料管、聚乙烯丝绕管、无砂混凝土管、塑料模块等材料，外敷渗透层，渗透层宜采用砾石；渗透层外或塑料模块外应采用透水土工布包覆，土

工布搭接宽度不应小于 200 mm；塑料管的开孔率宜为 1.0%～3.0%，无砂混凝土管的孔隙率不应小于 20%；应设检查井或渗井，井间距不应大于渗透管管径的 150 倍。井的出水管口标高应高于入水管口标高，但不应高于上游相邻井的出水管口标高，渗透检查井应设 0.3 m 的沉砂室；设在行车路面下时覆土深度不应小于 700 mm；与其连接的雨水口宜采用具有渗透功能的雨水口；管径和布置间距应通过计算确定，渗排水管的排水能力不应小于地表入渗量和地下水入渗量；储水空间应按积水深度内土工布包覆的容积计，有效储水容积应为储水空间容积与孔隙率的乘积。

⑨透水地面径流系数取值应根据其铺装形式经试验确定。当不具备条件时，可按下列要求取值：半透水地面径流系数取值不宜小于 0.5；全透水地面径流系数取值不宜小于 0.4；全透水地面透水底基层内设有疏排水管时，其径流系数取值不宜小于 0.3。

(2)下沉式绿地

下沉式绿地宜分布在道路、广场、建筑周边，用于接纳硬化地面的雨水，其设计应符合下列规定：下沉式绿地应与周边硬化地面竖向相衔接；下沉式绿地下沉深度宜为 50～200 mm，当下沉深度大于 100 mm 时，应满足排空时间的要求；下沉式绿地竖向设计应使雨水远离路基、建筑外墙；下沉式绿地内应设置溢流雨水口；周边雨水宜分散进入下沉式绿地，当集中进入时，应在入口处设置缓冲设施。

当下沉式绿地渗透系数不满足渗透要求时，应对其土壤进行改良或采取其他措施以提高渗透性能。

渗井的设计应符合下列规定：井壁外应配置砾石层，井底渗透面距地下水位的距离不应小于 1.5 m；硅砂砌块井壁外可不铺设砾石；底部和周边的土壤渗透系数应大于 5×10^{-6} m/s；入渗砾石层外应采用透水土工布或性能相同的材料包覆。

(3)植被浅沟

植被浅沟宜分布在道路、广场的周边，自下而上宜为素土层、砾石层、土工布、种植土、蓄水层；浅沟断面形式宜采用倒抛物线形、三角形或梯形；边坡(垂直∶水平)不应大于 1∶3，纵向坡度宜为 0.3%～4%，当坡度大于 1%时，宜设水堰或拦水坎，靠近路基一侧应采取防渗措施；当植被浅沟的坡度较大时，应设置挡水板。

设置植被浅沟渗管时，若以转输作用为主，可不设碎石层和渗、排水管；当地下水位较低时，也可不设渗、排水管；当地下水位较高时，砾石层内应设渗、排水管。

当以转输为主、入渗为辅时，应在其末端设溢流雨水口并连接至下游。

(4)生物滞留设施

生物滞留设施和高位花坛的设计应符合下列规定：其结构自下而上可为素土层、砾石层、土工布、种植土、覆盖层、蓄水层；蓄水层深度根据径流控制目标确定，一般为 200～300 mm，最高不超过 400 mm，并应设 100 mm 的超高；种植土层厚度应根据植物类型确定，当种植草本植物时宜为 250 mm，种植木本植物时宜为 1 000 mm；稳渗速率不宜低于 10^{-5} m/s，种植土层宜采用渗透系数较大的砂质土壤，其中黏土含量不宜超过 5%；砾石排水层一般为 200～300 mm，可根据具体要求适当加深，孔隙率不宜小于 30%，并可在其底部埋置直径为 100 mm 的 PVC(polyvinyl chloride，聚氯乙烯)穿孔管；当土基渗透系数不大于 1×10^{-6} m/s 时，宜在底部砾石层中设置渗管，将水排入下游雨水管渠或受纳水体。

生物滞留设施溢流口应与下游城市雨水排水管道合理衔接，其高度应根据汇水面高度和设计滞蓄水量确定。

(5)雨水湿地

雨水湿地的进水口和溢流出水口应设置碎石、消能坎等设施；应设置前置塘；沼泽区宜包括浅沼泽区和深沼泽区，其中浅沼泽区水深范围宜为0～0.3 m，深沼泽区水深范围宜为0.3～0.5 m，应根据水深种植不同类型的水生植物；雨水湿地的调节容积应在24 h内排空；出水池水深宜为0.8～1.2 m，出水池容积宜为总容积(不含调节容积)的10%；应设有确保人身安全的措施。

(6)植被缓冲带

植被缓冲带宜设置在道路等不透水面的周边，可作为生物滞留设施等的预处理设施或河湖水系的滨水绿化带。其设计应符合下列规定：可采用道路林带与湿地沟渠相结合的形式；坡度宜为2%～6%，宽度不宜小于2 m；植被缓冲带应包含岸坡带、防护林带、河岸带和湿地。

(7)渗透塘

渗透塘滞蓄容积应根据溢流水位和设计水位之间的容积确定。

渗透塘入口应设置沉砂池或前置塘等预处理设施；边坡坡度不宜大于1∶3，表面宽度和深度的比例应大于6∶1，塘底至溢流水位不宜小于0.6 m；底部构造宜为厚度200～300 mm的种植土、透水土工布和厚度300～500 mm的过滤介质；植物应在接纳径流之前成型，且具备既能抗涝又能抗旱的特性，以适应洼地内的水位变化；宜设置排空设施，排空时间不应大于24 h；应设有确保人身安全的措施。

2. 其他设施

(1)初期雨水弃流设施

初期雨水弃流设施的设计应符合下列规定：初期弃流设施类型的选择应根据汇水面条件、降雨特点和雨水收集的用途等因素确定；屋面雨水收集系统宜采用容积式弃流装置，当弃流装置埋于地下，则宜采用渗透弃流装置；地面雨水收集系统宜采用渗透弃流井或弃流池；初期弃流量应根据雨水回用水质要求、降雨间隔、汇水面污染特征等因素综合确定；弃流装置及其设置应便于清洗和运行管理。

(2)储存与调节设施

在雨水储存设施的选择上，应优先考虑利用坑塘、景观水体等天然水体。这些设施的设计需确保进水管与溢流管的标高满足雨水自然排放及储存空间的需求，同时，具备调蓄功能的天然水体还应配置相应的安全防护措施。若采用室外埋地式塑料模块蓄水池、硅砂砌块水池或混凝土水池等人工构筑物作为雨水储存设施，则需遵循一系列具体规定：首先，应设置检查口或检查井，在检查口下方配置集泥坑，集泥坑的最小平面尺寸不得小于300 mm×300 mm。对于分隔式水池，每个分隔都应设有检查口和集泥坑，池底设计需保证至少5%的坡度坡向集泥坑，并在检查口附近设置给水栓。在无法设置或难以实施排泥设施的情况下，应安装搅拌冲洗管道，且冲洗水源应优先选用储存的雨水。此外，这些设施还需配备溢流管和通气管，并采取防虫措施。若雨水收集池同时用作沉淀池，其进水口和出水口的设计应避免扰动池底的沉积物。

关于塑料模块的技术参数，应严格遵循现行行业标准《模块化雨水储水设施技术标准》

(CJJ/T 311—2020)的相关规定。在将塑料模块组合水池用作雨水储存设施时，必须考虑周边环境的荷载影响，确保水池的竖向及侧向承载能力能满足上层铺装、道路荷载以及施工要求，且模块的使用寿命安全系数需超过 2.0。为了保持良好的水流流动性，塑料模块水池内的流通直径不得小于 50 mm，并且水池外围应包裹土工布层，以增强其整体性能。

第 4 章　海绵城市市政工程雨水控制与利用技术

4.1　海绵城市建设技术

海绵城市是一种综合性、多元化的城市生态系统，是以保护、修复和利用自然水循环系统为主要目标，可实现城市的可持续发展。它通过收集、过滤、回用和渗透等方式，合理利用雨水资源，降低洪涝灾害风险，减轻城市排水系统的压力。同时利用绿化和自然化手段，增加城市绿地面积和植被覆盖率，以提高城市的生态环境质量和空气质量。城市通过铺设透水铺装、建设绿色屋顶和垂直绿化等技术手段，提高了城市地表的透水性，促进自然水文循环，优化城市排水系统；通过建设雨水花园、湖泊等方式，提高了城市的抗洪排涝能力，缓解了城市洪涝灾害的风险。

以下是海绵技术在城市建设不同方面的应用。

1. 雨水管理

通过建造雨水花园、屋顶花园、雨水收集系统等，将雨水储存和利用，减少城市排水量，提高城市水资源利用率。海绵城市的雨水管理具体措施的适用条件、实施方式、优缺点、相关建议与运维要求的总结见表 4.1。

表 4.1　雨水管理具体措施的适用条件、实施方式、优缺点、相关建议与运维要求

措施	适用条件	实施方式	优点	缺点	相关建议	运维要求
雨水收集	地区年降水量大，且有雨水收集需求	设置雨水花园、绿色屋顶、地面滞渗带、雨水收集地等设施，并根据场地条件和收集需求进行合理布局	有效收集雨水，增加水资源储备	初期投资较大，需占用一定空间	合理规划布局，以确保收集效率达到最大化	定期检查设施，清理堵塞物，保持收集功能正常运行
雨水利用	城市用水紧张，需节约水资源	将收集的雨水用于浇灌公园、花坛、草坪、冲洗马路等对水质要求较低的用水场景，根据用水需求和收集量灵活调配	减少城市用水量，节约水资源	可能需处理后才能使用，增加成本	优先满足低质量用水需求，实现雨水资源的最大化利用	定期检测水质，确保用水安全，避免水资源浪费

续表

措施	适用条件	实施方式	优点	缺点	相关建议	运维要求
雨水渗透	地下水位较低，且土壤渗透性好	铺设透水性路面、设置绿化带、建造人工湿地等，根据地质条件和渗透需求合理设计	增加地下水资源，改善土壤环境，促进生态平衡	在某些地区可能导致土壤盐碱化，需加强监测	根据地质条件合理设计，确保渗透效果与环境保护并重	定期检查渗透设施，防止堵塞，保持滞透功能
雨水减排	城市排水系统压力大，易发洪涝灾害	设置雨水分流管道，优化排水系统，结合城市规划和防洪要求逐步实施	减少污水处理量，降低洪涝风险，提高城市排水能力	需对现有排水系统进行改造，投资较大，且需长期规划	结合城市规划逐步实施，保障排水系统的顺畅与防洪安全	定期维护排水系统，确保畅通无阻，加强防洪预警与应急响应
雨水治理	城市雨水污染严重，需改善水质	使用生态修复、人工湿地、生物滞留池等手段处理雨水污染问题，根据污染程度和治理需求选择合适的方式	保护城市水环境，提高水质，促进水资源的可持续利用	治理过程可能较长，需持续投入，且需加强监管与评估	加强监管，以确保治理效果，结合城市规划和环保要求逐步推进	定期检查治理设施，调整治理策略，强化水质监测与信息公开

海绵城市雨水管理的核心是实现“雨水即资源”的理念，将雨水作为城市水资源的重要组成部分，最大限度地利用雨水资源，降低城市水资源的压力。

2. 绿色基础设施

在城市中增加植物覆盖面积，建造湿地、绿色屋顶、绿色围栏等，提高城市自然环境质量。海绵城市绿色基础设施是指城市中用于践行海绵城市理念的一系列绿色技术设施和建筑物。这些绿色基础设施可以与城市自然系统相互作用，通过自然过程实现雨水收集、储存、利用和净化等功能。海绵城市绿色基础设施的适用条件、实施方式、优缺点、相关建议与运维要求总结见表 4.2。

表 4.2　绿色基础设施的适用条件、实施方式、优缺点、相关建议与运维要求

措施	适用条件	实施方式	优点	缺点	相关建议	运维要求
绿色屋顶和墙体	适用于平屋顶或坡度较小的屋顶，以及适合植物生长的墙体	在屋顶和墙体上种植植被，并设置防水层和排水系统	增加城市绿地面积，减少热岛效应，提高能耗效率，收集雨水	初期投资较大，维护成本较高，需考虑屋顶承重	选择适合当地气候和土壤条件的植物	定期浇水、施肥、修剪植物，检查防水层和排水系统
雨水花园	适用于城市中的空地、花园或绿化带	合理设计植物选择、排水系统、雨水收集系统	收集、储存和净化雨水，提升城市景观价值	需定期维护，避免堵塞和污染	选择耐旱、耐涝、净化能力强的植物	定期清理杂物，检查排水设施，保持植物健康生长
生物滞留地和人工湿地	适用于城市边缘或低洼地带，且有足够空间设置	设置人工湿地和生物滞留池，利用湿地植物和微生物净化水质	净化水质，提升城市景观价值	建设成本较高，占地面积大	结合景观设计，提高观赏性和功能性	定期监测水质，清理杂物，维持植物和微生物的生态平衡
透水铺装和渗透绿地	适用于人行道、停车场、广场等硬化地面	采用透水铺装材料，设置渗透绿地和排水系统	实现雨水渗透和自然过滤，降低洪涝风险，减少水资源浪费	初期投资较大，需考虑地面承重和耐久性	结合城市规划和景观设计，提高美观性和实用性	定期检查透水铺装和渗透绿地的完整性，清理堵塞物
绿色交通设施	适用于城市主要道路、公共交通节点和居民区	设计人行道、自行车道、公共交通系统等，鼓励低碳出行	减少交通污染，增加城市绿化率	需考虑交通流量和安全性，初期投资较大	结合城市规划，优化交通网络布局	定期检查和维护交通设施，确保其安全畅通

绿色基础设施是实现海绵城市理念的重要手段，可以增加城市的自然价值和生态效益，同时提高城市居民的生活质量。

3. 地面透水性

改善城市地面材料的透水性，如铺设透水砖、透水混凝土等，可使雨水渗入地下，补

充地下水资源。海绵城市的地面透水性是指城市地面的透水性能，即雨水在地面上是否能够快速渗透并进入地下水系统，从而达到雨水资源利用、洪水控制、水环境保护等目的。海绵城市通过提高地面透水性、减少城市内部硬化面积、增加绿化面积和透水面积，以改善城市水环境和自然生态系统。然而，地面透水性的实施并非适用于所有场景，而需要根据城市的实际情况因地制宜地选用。在某些特定条件下，地面透水性的应用可能会受到限制。具体来说，海绵城市地面透水性措施的适用条件、实施方式、优缺点、相关建议与运维要求的总结见表 4.3。

表 4.3 地面透水性措施的适用条件、实施方式、优缺点、相关建议与运维要求

措施	适用条件	实施方式	优点	缺点	相关建议	运维要求
采用透水铺装材料	地下水位较低、土壤渗透性好、地质稳定性高的地区	在城市道路、人行道、广场等区域铺设透水铺装材料	提高地面透水性，有助于雨水自然渗入地下	在地下水位较高、土壤渗透性差或地质不稳定的地区应用受限，且可能引发地面沉降等问题	综合考量地质、水文等条件，选择合适的透水铺装材料	定期检查和维护，确保透水性能
构建渗透绿地	坡度适中、土壤肥沃、植被易于生长的地区	在城市中建设花园、草坪、森林、湿地等各类绿地	增加城市自然景观，提高地面透水性	在坡度大、土壤贫瘠致使植被难成以生长的地区应用可能受限，影响渗透效果和生态功能	选择适合当地气候和土壤条件的植被	定期修剪、除草、施肥，保持绿地生态功能
建设雨水花园和生物滞留池	空间充足、地下管线相对简单、非环境敏感区的地区	在城市中设置雨水花园和生物滞留池等设施	使雨水逐步渗透，实现自然净化和储存	在空间有限、地下管线复杂或环境敏感区应用可能受限，增加施工难度或引发环境问题	合理规划布局，避免对环境产生负面影响	定期清理、维护，确保设施正常运行
增加绿化覆盖率	气候适宜、水资源相对充足、土壤条件较好的地区	在城市中广泛种植树木、灌木、草地等植被	增强土壤渗透性，优化城市自然环境	在气候干旱、水资源匮乏或土壤盐碱化严重的地区应用可能受限，影响植被生态适应性和生存能力	选择耐旱、耐盐碱等适应能力强的植物品种	定期浇水、施肥、修剪，保证植被健康生长

通过上述措施，海绵城市可以提高地面透水性，从而减少雨水排放和地表径流，提升雨水资源的利用率，降低洪涝风险及水资源的浪费。

4. 洪水管理

通过建造雨水花园、湿地、蓄水池等，提高了城市的洪水蓄积容量和抵御洪水的能力。海绵城市的洪水管理是指通过一系列综合措施降低城市内部洪涝风险，从而实现城市的可持续发展和水资源的高效利用。海绵城市洪水管理措施的适用条件、实施方式、优缺点、相关建议与运维要求的总结见表 4.4。

表 4.4　洪水管理措施的适用条件、实施方式、优缺点、相关建议与运维要求

措施	适用条件	实施方式	优点	缺点	相关建议	运维要求
绿色基础设施建设	城市有一定面积可用于绿化建设	建设生物滞留池、雨水花园、绿地、湿地等	吸收雨水、减缓雨水流速、减轻洪涝压力	建设成本高、占地面积大	结合城市绿化规划进行	定期维护，确保绿化植物生长良好
淹没式绿色景观设计	地形低洼或易于改造为低洼区域	设计低洼绿地、沟渠等，引导雨水径流	降低洪水流速、削减洪峰	可能影响土地利用，需科学规划	与城市景观设计相结合	定期清理，防止堵塞
水文工程措施	城市排水系统不完善或需提升排水能力	整治河道、建设地下排水系统等	快速排水、减少城市内部洪涝风险	工程量大，可能对生态环境产生影响	综合评估生态环境影响	定期检查，保持排水系统畅通
天然污水处理系统	雨水污染严重，需进行净化处理	建设湿地、浮床等天然生态系统	自然过滤雨水、减少污染物排放	净化效果受季节、气候等因素的影响	结合城市水体修复进行	定期监测水质，维护生态系统平衡
信息化技术	城市需提升洪水预警和监测能力	安装智能监测系统、预警系统等	提前预警、降低洪灾损失	技术更新快，需持续投入	与智慧城市建设相结合	定期更新软件、硬件设备，保持系统稳定运行

通过以上综合措施，海绵城市的洪水管理可以降低洪涝风险，以提高城市的安全性。

5. 城市热环境

通过增加绿色覆盖物、降低城市表面温度等方式，可改善城市热环境，提高城市生活质量。海绵城市的热环境是指在城市化进程中，通过一系列绿色基础设施和热环境调控技术改善城市内部的温度环境。海绵城市的热环境措施的适用条件、实施方式、优缺点、相关建议与运维要求的总结见表 4.5。

表 4.5　城市热环境措施的适用条件、实施方式、优缺点、相关建议与运维要求

措施	适用条件	实施方式	优点	缺点	相关建议	运维要求
绿地覆盖率增加	城市有可用于绿化的空地或可改造空间	建设公园、林地、绿化带等	减少热岛效应，降低气温	占用城市用地，可能影响土地利用	结合城市规划，优化绿地布局	定期修剪、浇水、施肥，保持绿地健康
透水铺装材料应用	城市道路，广场等硬化地面占比较多	使用透水砖、透水混凝土、透水沥青等	减少地表热通量和热脉冲，降低地表温度	初期投资较高，施工工艺较复杂	在新建或改造道路时优先选用透水材料	定期检查透水性能，及时清理堵塞物
多层次绿化建设	城市空间有限，需充分利用立体空间	进行屋顶绿化、立体绿化等	提高绿地覆盖率，减少热岛效应	维护成本较高，需专业团队管理	鼓励和支持屋顶绿化等多层次绿化项目	定期养护植物，防止水土流失
智能控制技术	城市需要提高热环境监测和调控能力	安装智能灌溉系统、智能调节系统等	监测和控制城市热环境，调节温度	技术更新快，需持续投入	与智慧城市建设相结合，提高智能化水平	定期更新软件，保障系统稳定运行
节能环保建筑	城市建筑能耗高，需减少热量传输	采用绿色建筑、被动式建筑等技术	减少建筑能耗和热传输，降低城市温度	初期投资较高，可能影响建筑成本	在新建或改造建筑时优先考虑节能环保技术	定期检查建筑能效，保持设备良好运行

6. 面源污染控制

面源污染是指污染物以广泛的、分散的、非特定的方式进入水体，其来源包括城市地表径流、农田排水、农村生活污水等。海绵城市遵循“渗、滞、蓄、净、用、排”六字方针，通过源头分散控制、中途控制、终端控制、生物滞留设施，有效控制和减少了面源污染。海绵城市的面源污染控制措施的适用条件、实施方式、优缺点、相关建议与运维要求的总结见表 4.6。

表 4.6 面源污染控制措施的适用条件、实施方式、优缺点、相关建议与运维要求

措施	适用条件	实施方式	优点	缺点	相关建议	运维要求
雨水收集与处理	城市区域内有雨水收集需求，且具备建设净化设施的空间	建设雨水收集系统，并引入生物滞留设施、湿地等净化设施	有效去除雨水中的 SS、化学需氧量（chemical oxygen demand，COD）、氮、磷等污染物	建设成本高，占地面积较大	结合城市绿化和排水规划进行	定期清理净化设施，监测水质
初期雨水弃流	城市区域初期雨水污染物浓度较高，且具备建设初期雨水弃流设施的条件	设置初期雨水弃流设施，将初期雨水排入污水管道	避免高浓度污染物直接进入水体	需要增加污水管道容量和处理能力	与城市排水系统改造相结合	定期检查和清理弃流设施
雨污分流	城市排水系统尚未实现雨污分流或雨污分流不完善	建设雨污分流管网，分别收集和处理雨水与污水	有效降低面源污染，提高排水效率	需要大规模管网建造，施工难度大	分阶段实施，优先改造重点区域	定期检查和维护管网，确保分流效果
生态修复与保护	城市区域内有湿地、河流等自然生态系统，且具备生态修复和保护的条件	恢复和保护湿地、河流等自然生态系统	提高自然净化能力，减少面源污染	生态修复周期长，效果受自然环境影响	结合城市生态规划和环境保护政策进行	定期监测生态系统健康状况，进行必要的生态维护

7. 有害物质污染净化

在城市化进程加速的今天，大气污染问题日益严峻，导致雨水在降落过程中吸附了大量的重金属、有害化学元素等有害物质。这些污染物随着雨水径流进入城市的水循环系统，不仅威胁着城市水体的安全，也对人类健康和生态环境构成潜在的风险。因此，海绵技术在城市建设中的应用必须充分考虑对重金属等有害物质的净化。海绵城市的有害物质污染净化设施的适用条件、实施方式、优缺点、相关建议与运维要求的总结见表 4.7。

表 4.7　有害物质污染净化设施的适用条件、实施方式、优缺点、相关建议与运维要求

措施	适用条件	实施方式	优点	缺点	相关建议	运维要求
生物滞留设施	运用于城市绿地、公园、停车场等区域	利用植物、土壤和微生物的协同作用进行净化	净化效率高，可美化环境，提升生态价值	需占用较大面积，受气候和土壤条件的制约	选择适配的植物和土壤，保持适宜湿度	定期修剪植物，检查土壤湿度和微生物活性
过滤净化装置	适用于雨水收集系统的末端	设置多级过滤层，利用物理、化学和生物作用去除污染物	确保水质达到再利用标准	投资和运行成本较高	选用高效过滤材料，合理设计过滤层	定期清理和更换过滤材料，监测水质
初雨弃流与调蓄	适用于降雨初期污染物浓度较高的地区	设置初雨弃流设施，通过调蓄设施重新分配雨水	避免高浓度污染物进入处理流程，减少径流幅值	需要较高的技术和管理水平	合理设计初雨弃流和调蓄设施	定期维护设施，监测水质和水量
水体自净化系统	适用于城市水体污染严重的地区	结合多级湿地、富氧曝气、多级跌水等技术手段	提高水体自净能力和生态恢复能力，改善水质和生态景观	需要较大面积且投资较高	优化系统设计，以提高净化效率	定期清理和维护系统，监测水质和生态变化

综上所述，海绵城市建设所涵盖的一系列技术手段，其核心在于雨水控制与利用技术。这一技术体系不仅直接应用于雨水管理，如通过雨水花园、屋顶花园及雨水收集系统等措施实现雨水的储存与高效利用，减少城市排水量，提升水资源利用率；而且贯穿于绿色基础设施的构建、地面透水性的改善、洪水管理的强化、城市热环境的优化以及面源污染的有效控制等多个方面。可以说，海绵城市建设的核心就是围绕雨水控制与利用技术展开的。下文将从雨水渗透技术及组合系统、雨水生态滞留技术及组合系统、雨水蓄存与净化技术及组合系统、雨水转输技术四个系统方向对海绵城市市政工程雨水控制与利用技术进行详细叙述。

4.2 雨水渗透技术

渗透是指通过各种工程构筑物或自然雨水渗透设施，使雨水径流下渗，补充土壤水分和地下水的雨洪控制和利用技术。随着城镇化进程的加快，城市中被大量不透水硬质铺装地面占据，下垫面透水性的改变，使原本可以下渗的雨水无法下渗，致使雨水形成径流，在城市中肆意漫流，引发城市内涝。同时，其切断了原有的健康水文循环过程，造成地下水资源匮乏、雨水资源大量流失、城市热岛效应加剧、内涝威胁加剧等一系列负面影响。为改变这一现状，需要通过对现有的不透水地面进行改造或增加城市绿地覆盖率，促进雨水入渗，最大程度地恢复原本的水文循环过程。

我国市政工程雨水渗透技术设施主要有透水铺装地面、下沉式绿地和渗井等。

4.2.1 雨水渗透单体设施

1. 透水铺装地面

相对于传统硬质不透水地面，透水铺装地面具有渗排、滞留雨水的功能。其主要通过透水性面层及具有一定蓄水空间的碎石层等结构，调节自身及周边场地的径流雨水。我国采用较多的透水铺装地面类型有透水砖铺装、透水水泥混凝土铺装、透水沥青混凝土铺装和植草砖铺装。

(1)透水砖铺装

透水砖是一种常见的透水铺装材料，均其具有施工方便、维护简单、造型多变等优点，广泛应用于建筑小区、广场、人行道、步行街等区域。

透水砖路面一般由透水砖、粗砂缓冲层、透水混凝土结构层、级配碎石垫层、夯实素土层构成。雨水落到具有透水性的路面面层，可下渗至具有较大孔隙率的透水混凝土层和级配碎石层，其中一部分雨水缓慢下渗至下层土壤中，另一部分则暂时滞留在孔隙中。通过对雨水的渗透和暂时滞留，可有效延缓雨水径流的形成时间，减少雨水径流量，同时涵养地下水资源。透水砖铺装结构如图 4.1 所示。

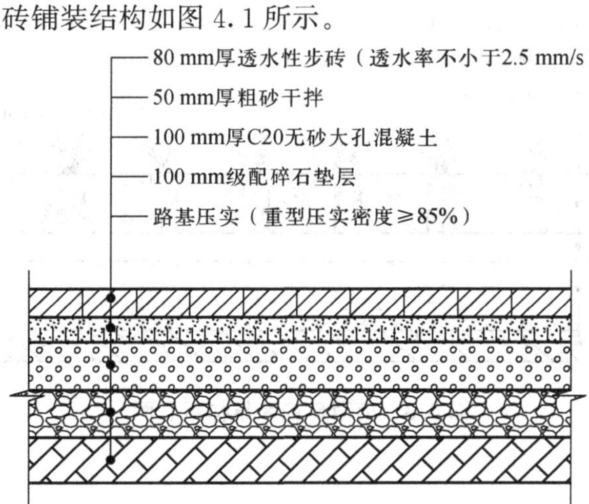

图 4.1 透水砖铺装结构示意图

(2)透水混凝土路面铺装

透水混凝土是一种多孔轻质混凝土，通常由粗骨料、高标号水泥、水、外加剂等按特定比例调配拌制而成。透水混凝土因具有较大的孔隙率和较高的承载能力，多应用于非机动车道、停车场、广场、公园等地面铺装。

透水混凝土通常由大孔径透水混凝土面层、大孔径透水混凝土基层、级配碎石垫层以及素土夯实基层四部分构成。有时为了增加景观效果，可采用彩色透水混凝土面层，并通过设计呈现出不同的图案。透水混凝土铺装结构如图 4.2 所示。

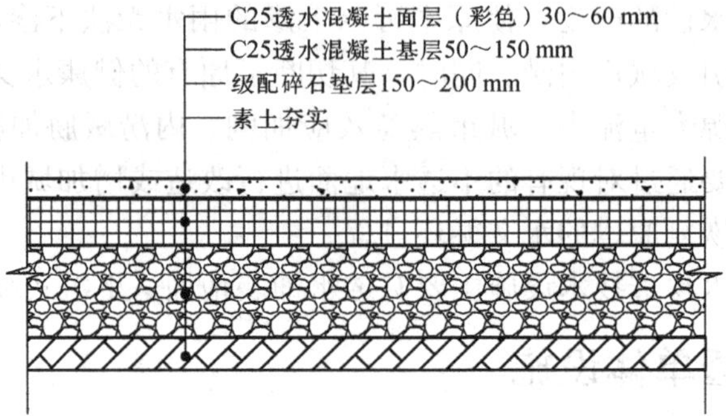

图 4.2　透水混凝土铺装结构示意图

(3)植草砖地面铺装

植草砖是指具有植草孔的一种砖体，可增加路面及地面的绿化覆盖率。植草砖可用于人行道路、停车场的地面铺装，提升地面雨水渗透性能，还可铺设于河道边坡，防止雨水冲刷导致的边坡土壤流失与侵蚀。

植草砖铺装既能促进雨水下渗，减少或延缓雨水径流，又能通过植物净化径流水质。植草砖铺装在人行道路和停车场内，不仅可以提高植被覆盖率，还兼具景观装饰作用。

植草砖铺装的承重能力较弱，受雨水浸泡易发生下陷现象。针对这种情况，较为先进的植草砖铺装技术采用现浇植草地坪或有地梁的植草砖铺装结构，克服了普通植草砖易碎、易塌陷的现象，兼具高承重与良好的渗透性能。植草砖铺装结构如图 4.3 所示。

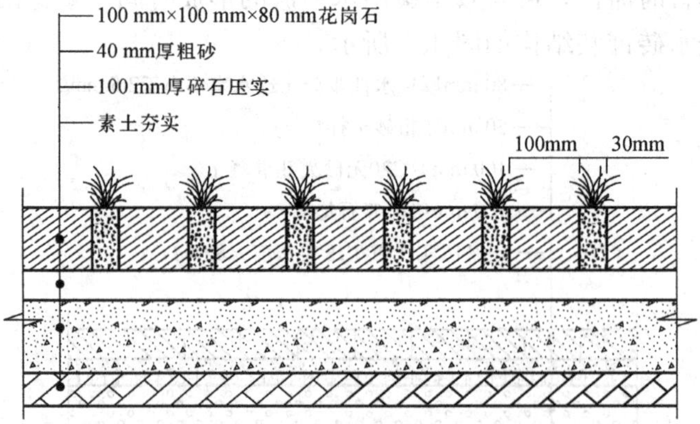

图 4.3　植草砖铺装结构示意图

(4)机动车道透水铺装

机动车道透水铺装是一种特殊的透水铺装形式，需在保证道路结构安全、行车舒适的前提下，实现雨水的快速渗透。透水沥青混凝土和透水水泥混凝土均可用于机动车道透水铺装，但考虑到机动车道的荷载要求和耐久性，透水沥青混凝土更为常用。透水沥青混凝土铺装结构通常包括透水沥青混凝土面层、透水混凝土基层(或级配碎石基层)、隔离层(如土工布)、防水层(需要时设置)和素土夯实基层。这种铺装结构能够有效地延缓雨水径流的形成时间，减少雨水径流量，同时减轻城市排水系统的压力。

此外，根据透水性能的不同，机动车道透水铺装还可分为全透水路面、多层透水路面和单层透水路面。

①全透水路面。

全透水路面是指整个路面结构层均具备透水性能的路面。从面层到底层均选用透水材料，形成完整的透水体系。这种路面结构能够实现雨水的快速渗透和储存，减少地表径流，同时涵养地下水资源。

②多层透水路面。

多层透水路面即半透水路面，是指仅部分路面结构层具备透水性能的路面。通常面层采用透水材料，基层则采用不透水或弱透水材料。这种路面结构能够在一定程度上延缓雨水径流的形成，但渗透能力有限。多层透水路面多用于对地基承载力要求较高或地下水位较高的地区。

③单层透水路面。

单层透水路面是指通过设置排水层或排水通道，将路面上的雨水迅速排入地下或市政排水系统的路面。这种路面结构通常包括透水面层、排水基层(如排水板、排水管道等)和不透水底层。单层透水路面能够有效减少地表积水，提高行车安全，但渗透能力相对较弱。

2. 下沉式绿地

下沉式绿地有广义和狭义之分，通常我们所说的下沉式绿地指的是狭义的下沉式绿地，即绿地高程低于周围路面、具有一定滞蓄能力的绿地。广义的下沉式绿地泛指一切具有生态滞蓄功能的雨水设施，如雨水花园、湿地、人工湖等。

狭义的下沉式绿地主要应用在小区、道路、停车场等场地，通过设计绿地与周围路面的高程差实现雨水滞蓄，通常高差控制在 5～25 cm，下沉式绿地的溢流口应高于下沉式绿地植被表面 100～200 mm，具体高差需综合土壤渗透系数、降雨强度、绿地面积及植物耐涝性等因素确定，但应保证溢流口高程低于周围路面高程，以避免积水。溢流口末端接入市政雨水管网，及时排除过量雨水。

为使雨水径流顺利汇入下沉式绿地，竖向设计时应使周围路面坡朝向下沉式绿地。还可改造路缘石的开口，便于雨水顺利汇入下沉式绿地。需要注意的是，应在路缘石开口处铺设卵石，起到消能与过滤的作用。下沉式绿地的结构如图 4.4 所示。

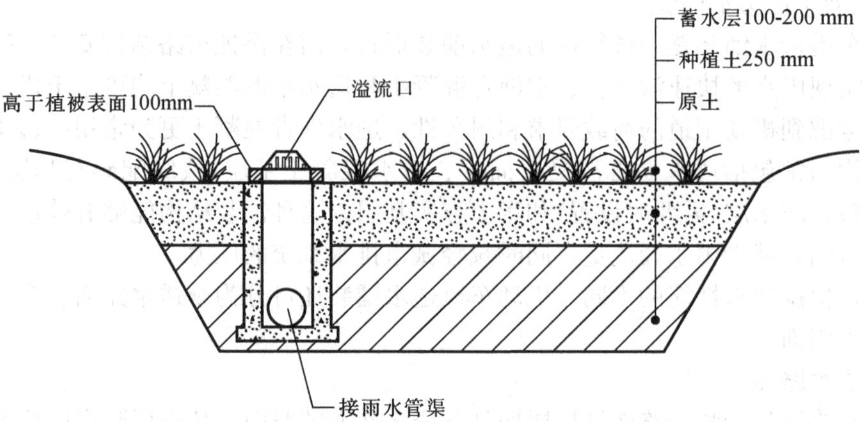

图 4.4　下沉式绿地结构示意图

3. 渗井

渗井是一种小型的地下雨水渗透设施，可通过开挖建造或直接将聚乙烯（polyethylene，PE）渗透检查井埋设于地下，发挥其渗透作用。

对于开挖式渗井，其井壁和井底需铺设无纺土工布，井内填充粒径均匀的级配碎石（如图 4.5 所示）。井内碎石之间的空隙可滞蓄雨水，利用井壁和井底的透水性能，促使雨水向周围土壤渗透。该类渗井通常设置在雨落管附近，用来收集屋面的雨水径流。为防止渗井对建筑物地基造成破坏，二者应保持一定的距离。通常渗井与植草沟、排水盲沟等配合使用，雨水径流先通过植草沟、排水盲沟转输至渗井，然后进行渗透。

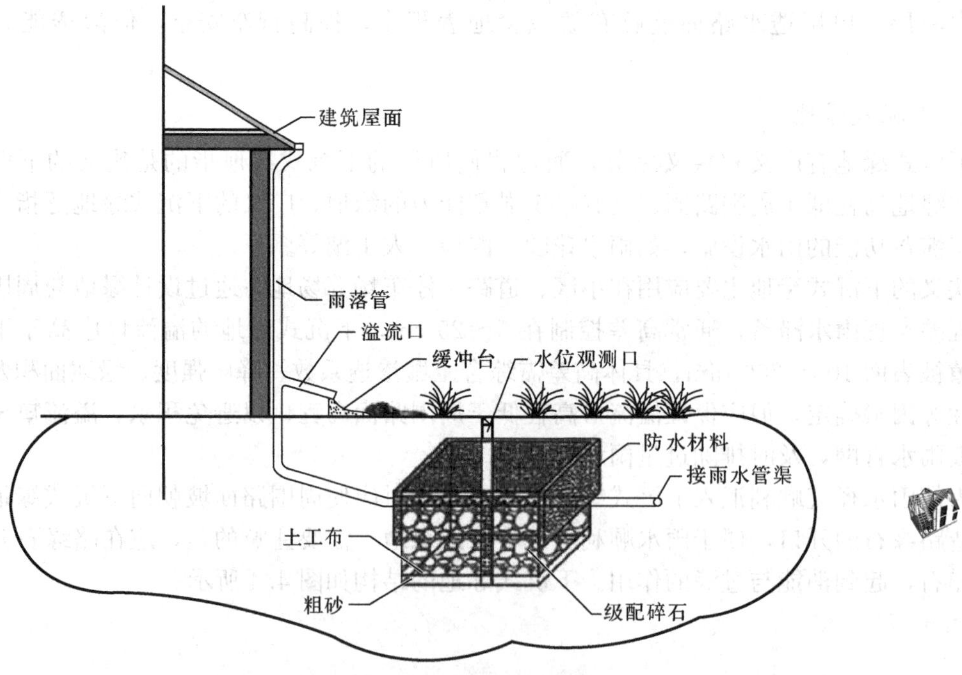

图 4.5　渗井构造示意图

对于 PE 渗透检查井，其侧壁及底部设有开孔，且井口设有截污篮，具有截污和沉淀功能(如图 4.6 所示)。因其选用成品检查井，施工过程较开挖式渗井简单。该类渗井通常设置在广场及小区内道路旁的绿地内。此外，该类渗井可通过与渗透管渠相连接，组成渗排一体化设施，提高雨水的下渗及转输效果。

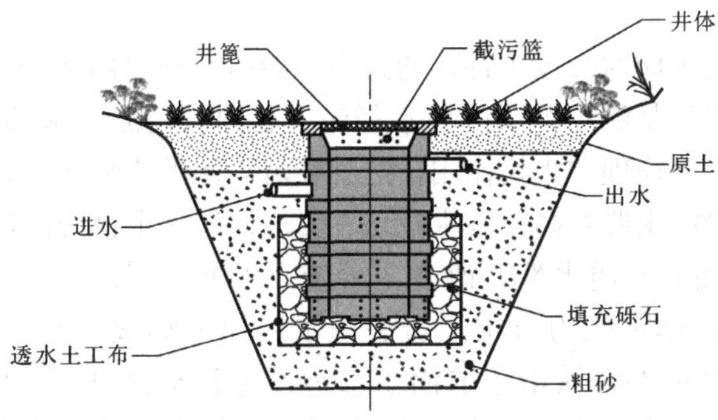

图 4.6　PE 渗透检查井结构示意图

4.2.2　雨水渗透组合系统

根据雨水渗透单体技术的适用性、应用尺度、应用层次等综合因素，针对城市屋面、道路、绿地等不同下垫面的雨水径流特点，选取合适的渗透技术作为核心技术措施，并将城市雨水净化、转输技术等作为辅助技术措施，构建城市雨水渗透系统，最大程度地发挥雨水渗透功能。

(1)城市路面雨水径流处理

对于城市路面雨水径流，主要通过对硬质铺装地面进行透水性改造，提高路面下渗能力，实现对径流量的削减。

将城市路面分为机动车道、非机动车道和人行步道，其中人行步道包括城市道路人行道、建筑小区人行道和广场路面等供行人行走的道路。根据不同路面类型所受荷载的差异，选择不同种类的透水铺装路面。通常机动车道采用透水沥青混凝土铺装路面，非机动车道选用透水水泥混凝土铺装路面，人行道一般选用植草砖铺装路面。

对于超出透水铺装渗透能力的雨水径流，可结合路面竖向设计，定向汇入周边下沉式绿地或其他雨水渗透设施，进一步入渗。雨水渗透设施应设有溢流装置，并与城市雨水管网衔接，确保过量雨水径流及时排入市政管网。

此外，由于机动车道路面的雨水径流含有较多的污染物质，需经过道路两侧的植生过滤带进行截污净化后，再进入绿化带内下渗。

(2)城市绿地雨水径流消纳

城市绿地通常能消纳自身及周边场地的雨水径流。可通过绿地下沉式改造，使绿地具有渗透、滞留的双重作用。也可通过将绿地表面建成凹凸不平的形态，利用低洼处滞留雨水，使其缓慢渗透到地下。当绿地汇水面面积较大时，可在绿地内设置渗井或采用渗排一体化措施，增强对雨水径流的控制能力。

雨水渗透技术体系避免了因雨水渗透设施技术过于单一而造成的雨水渗透效率低下的弊端，提高了各下垫面的雨水渗透能力，同时提升了城市的防涝标准。

4.3 雨水生态滞留技术

生态滞留技术是指为应对暴雨事件，通过生态滞留设施对雨水径流进行疏导，以消纳超出渗透设施和蓄存设施控制能力范围的雨水径流，起到对径流雨水的水量控制作用。同时，通过植物和微生物的各项物理和生物作用，达到径流雨水的水质生态净化的目的。我国市政工程的雨水生态滞留设施主要有高位雨水花坛、生态树池、生物滞留带(池)、雨水花园等。

城市大量铺装地面的不透水性，改变了原有下垫面的水文循环过程，阻碍了雨水入渗，加之城市雨水管网排水能力有限，造成雨水迅速汇集成雨水径流，严重威胁城市安全。为应对雨洪产生的问题，城市采取雨水渗透设施和蓄存设施，用来减少雨水径流量。但遇到暴雨时，雨水渗透设施和蓄存设施往往不能完全消纳雨水径流，需要具有一定调蓄容积的雨水控制设施，分担一定量的雨水径流。生态滞留设施具有一定的雨水调蓄容积，可消纳部分雨水径流，延迟洪峰流量的发生时间，具有一定的雨洪控制作用。同时，生态滞留设施多采用不同种类的植物，具有很好的景观效果。此外，雨水径流经过植物的阻挡，可使径流流速降低。雨水径流汇集在生态滞留设施中，通过土壤过滤与植物、微生物的吸附、降解作用，可将部分污染物去除，使雨水水质得到净化，避免受污染的雨水入渗地下，造成二次污染。

4.3.1 雨水生态滞留单体技术设施

1. 高位雨水花坛

高位雨水花坛是被装在“容器”中的小型雨水花园。高位雨水花坛可以以任何形式设置在建筑物附近，用于将屋面雨水排入市政雨水管网。

高位雨水花坛通常由种植土层、覆盖层、原土层、砾石层、防护板、溢流口等组成。其结构如图 4.7 所示。

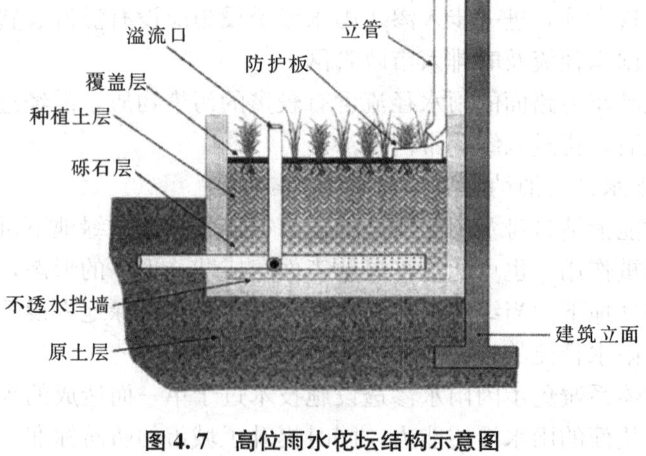

图 4.7 高位雨水花坛结构示意图

高位雨水花坛通常距离建筑立面较近，为防止建筑物基础受雨水长期浸泡而遭受破坏，混凝土挡墙应采用不透水材料。

由于雨水从建筑屋面流下，具有一定的势能，为减少雨水对花坛中植物和土壤的冲刷，应在出水口下方放置防溅板，选材为混凝土。

高位雨水花坛的溢流口应高于花坛覆盖层底100 mm，砾石层中的排水管为透水管。排水口末端可连接市政雨水管网，也可与其他雨水收集利用设施(如植草沟、生物滞留带、雨水花园等)配合使用，提高对雨水的调控作用。

高位雨水花坛主要利用植物和土壤的作用来过滤和滞留雨水。屋面雨水径流沿立管流入高位雨水花坛，立管经过截断改造后延伸至高位雨水花坛上方。雨水进入高位雨水花坛后，经过植物和土壤的拦截、过滤作用，去除其携带的大颗粒杂质。随后，雨水沿高位雨水花坛土壤孔隙下渗，经过土壤中微生物和植物根系的降解和吸附作用，水质进一步得到净化。高位雨水花坛设有溢流装置，溢流装置与市政雨水管网相连，当降雨量过多，无法完全渗透时，过量的雨水进入溢流设施，进而由市政管网排走。

2. 生态树池

生态树池是指具有滞留和下渗功能的树池。随着城市中铺装地面的不断增加，供树木生长的裸露土壤空间日益减少。加之土壤被机械夯实，土壤间的空隙减少，水和氧气无法通过土壤传递给树木的根系，造成树木无法健康地生长。生态树池中采用具有渗透性能的中砂和砾石，种植土也采用疏松透气的土质。因此，生态树池不仅有利于树木的生长，还可以作为雨洪管理的一种措施，有效减少雨水径流量，净化雨水水质。

生态树池根据用地类型和用途的不同，在外观形式、设计方式上差异很大。这使得生态树池的造型灵活多变，其构造具有非常高的美学价值。生态树池应用范围广泛，还可与其他低影响收集措施结合使用，如与透水铺装结合应用于城市道路或停车场等。

生态树池一般由树木、雨水箅子、预制混凝土构件、排水系统等四部分组成。其结构如图4.8所示。雨水箅子作为生态树池的雨水入口，一般材质为铸铁，造型多样，是城市街景的重要组成部分。预制混凝土构件作为生态树池的结构主体，可根据实际情况在制造过程中预留雨水箅子口、市政管道接口、清扫口的位置。预制混凝土构件内部作为过滤、滞留、渗透雨水的空间，由换土层、中砂过滤层、砾石层等组成。生态树池的排水系统由砾石层中的透水花管、清扫口、溢流设施等组成，与市政雨水管网连接。

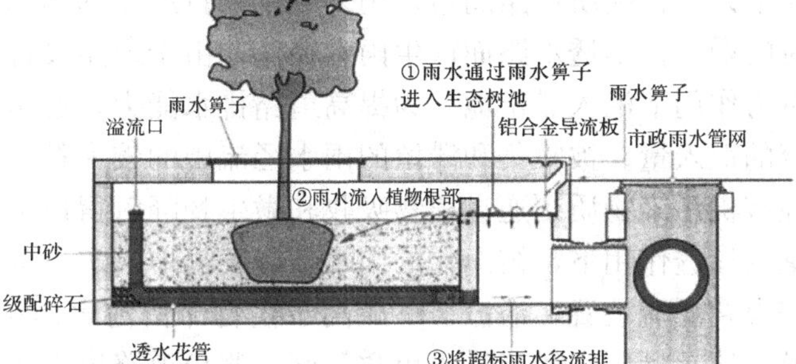

图4.8　生态树池结构示意图

3. 生物滞留池

生物滞留池指在地势较低的区域，通过区域内的植物、土壤和微生物系统的滞留、净化和入渗作用，起到对雨水径流水质净化和总量控制的作用。生物滞留池通常用来收集来自不透水路面的雨水径流，设置于道路一侧，是低影响开发道路景观的重要组成部分。

生物滞留池按照由上至下的顺序，分为蓄水层、覆盖层、中砂过滤层、透水土工布、砾石层和夯实土层。并在生物滞留池末端设置溢流设施，在砾石层中设置穿孔花管，将溢流设施出水口连接穿孔花管，一并接入市政雨水管网。其结构如图 4.9 所示。

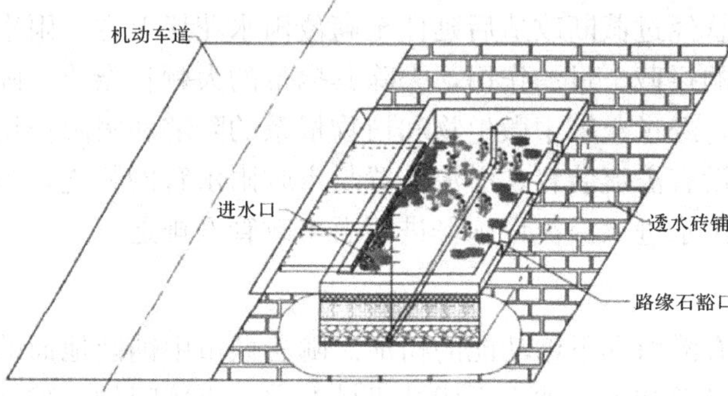

图 4.9　生物滞留池结构示意图

生物滞留池覆盖层不仅为生物过滤介质，由 40%砂、30%表土和 30%腐殖质组成。覆盖层为植物和微生物提供生长环境，也可起到过滤的作用。中砂过滤层选用粗砂，可以增加孔隙率，从而提高生物滞留池的渗透能力。透水土工布同样起到过滤作用，同时拦截上层物质进入砾石层，防止堵塞砾石层中的排水管道，影响生物滞留池的排水效果。砾石层起渗透、滞留雨水的作用，该结构层的砾石之间孔隙率大，渗透能力强，是生物滞留池的重要组成部分。

为了增加生物滞留池的净化、滞留效果，有时可串联多个生物滞留池单体，中间用挡板隔开，且先后相邻的两个滞留池之间存在一定高差，组成多级生物滞留池。多级生物滞留池可增加雨水滞留量，延长雨水在生物滞留池中的水力停留时间，从而提高雨水水质的净化作用。

值得注意的是，一般生物滞留池的坡度应小于 20%，若坡度大于 20%，则需在生物滞留池中间隔一定距离加设挡水堰，具体间隔距离需根据工程实际情况而定。

生物滞留池通常设置在硬质道路周边，用来收集来自道路的雨水径流。降雨事件发生时，随着降雨历时的增加，不透水路面产生雨水径流，由于道路设计坡度为坡向生物滞留池，雨水径流在重力作用下汇入滞留池。为提高道路排水能力，通常采用开口路缘石的做法，提高雨水径流的汇入量。被收集和滞留的雨水径流中的较大粒径杂质经过土壤过滤作用被拦截，可溶性有机污染物质则通过植物吸收和微生物降解得以去除，使雨水水质得到净化。然后在土壤的渗透作用下，被净化的雨水下渗补给地下水。为应对暴雨事件对生物滞留池的侵蚀，需设置溢流装置，溢流口一般高于生物滞留池表面 100 mm，溢流装置末端接市政雨水管道，使超标雨水径流排入市政管网，避免道路出现积水。

4. 雨水花园

雨水花园是指在低洼地形处种植植被，对雨水起到自然净化和生物滞留作用的一种低影响开发技术。雨水花园对雨水径流中的污染物及重金属离子等有较强的去除效果，同时具有较好的生态景观效果，在国内外雨水收集利用工程中得到了广泛应用，是低影响开发设施的重要组成部分。

典型的雨水花园竖向分区可划分为5个结构层，分别为蓄水层、覆盖层、换土层、砂层和砾石层。其结构如图4.10所示。

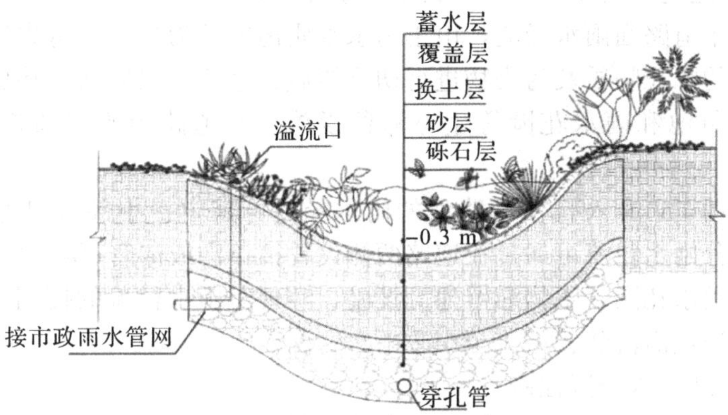

图4.10　雨水花园结构示意图

(1)蓄水层

蓄水层具有一定的容积，降雨时雨水径流经过汇水面迅速流入地势较低的雨水花园内，雨水花园利用蓄水层可暂时滞留一部分雨水。同时，在停留过程中，雨水径流中的部分悬浮物在重力作用下自然沉淀，使雨水得到初步净化。

(2)覆盖层

覆盖层通常采用树皮进行覆盖，可保持雨水花园表层土壤的湿润程度，避免土壤因干旱板结而影响其渗透性。同时，覆盖层为微生物提供良好的生长环境，有利于微生物对雨水径流中的有机物和重金属离子等的降解。

(3)换土层

换土层是雨水花园设计工作的一个关键点，换土层中土壤配比可采用10%～20%的砂质壤土、50%～60%的粗砂和10%～20%的有机肥料(或泥炭)，三种材料需均匀混合，其中不能含有石头、残枝、根茎等杂质。该层为微生物降解有机污染物质及重金属等难去除的物质提供良好的场所，为植物生长提供营养物质，过滤及吸附效果明显。

(4)砂层

砂层主要起到过滤作用，避免杂质进入砾石层，影响渗透效果。同时具有透气效果，促进植物、微生物良好生长。

(5)砾石层

砾石层主要起到渗透作用，由大粒径洁净砾石组成。砾石之间的空隙有利于雨水入渗地下，同时可滞留一部分雨水，其厚度一般为200～400 mm。

雨水花园主要通过滞留、渗透、蒸发等方式降低雨水径流量，同时通过自然沉淀和植物、土壤等媒介的物理作用去除雨水径流中的固体杂质，其他污染物如营养物质、重金属离子等则通过生物处理得以降解。

雨水花园适用于建筑小区道路两旁绿化带内，广场、停车场、公园、市政道路等场地内，用以滞留来自路面、绿地内的雨水径流。雨水花园中通常选用具有较好景观效果的植物，用于以上场地中具有较高的美学价值。

4.3.2 雨水生态滞留组合系统

(1)机动车道与非机动车道、人行道雨水径流处理

对于机动车道路面雨水径流，由于雨水水质污染较为严重，可先通过植被缓冲带设施对雨水径流中的颗粒物质及污染物进行初步拦截、过滤。然后依地势坡向道路中央或道路两旁的生物滞留池和雨水花园等生态滞留设施，对道路雨水径流进行进一步的净化和消纳。

对于非机动车道和人行步道路面的雨水径流，其中一小部分可通过生态树池进行滞留。其余大部分雨水径流可通过在道路两侧设置植草沟或渗管(渠)等径流转输设施，将雨水径流转输至雨水花园、生物滞留池等设施，实现对雨水径流的控制和净化。超过设施滞留范围的雨水通过溢流装置溢流至市政雨水管网。

(2)城市绿地雨水径流控制

城市绿地中的雨水径流包括绿地自身产生的径流和周边场地(如广场、道路等)汇入的雨水径流。为实现对城市绿地内的雨水径流的有效控制，应结合绿地竖向设计，有组织地使雨水径流汇入地势较低的生态滞留池或雨水花园等生态滞留设施中。同时通过溢流装置，将过量的雨水转输至市政雨水管网或雨水蓄存设施。

雨水生态滞留设施不仅可以起到有效管理城市雨洪的作用，还可为城市增加生态景观效果，增加城市生物多样性。应因地制宜增加生态滞留设施，根据不同下垫面特点，并结合其他雨水收集利用系统，合理构建生态雨洪管理模式，这样可在一定程度上缓解雨洪给城市带来的负面影响。

4.4 雨水蓄存与净化技术

雨水蓄存技术是指将雨水径流贮存于不透水构筑物内，用以日后的绿地浇洒和植物灌溉等补充用水或作为应急水源。目前我国城市雨水蓄存技术主要有雨水罐、调蓄池等。雨水径流中夹杂、溶解了部分污染物质，因此在雨水径流进入蓄存设施前以及从蓄存设施取水回用时，都应对雨水水质进行净化处理。雨水净化技术包括初期雨水弃流装置和雨水沉砂、过滤、消毒装置等。

4.4.1 雨水蓄存单体技术设施

1. 雨水罐

雨水罐是管理屋面径流雨水的有效蓄存设施。雨水罐通常设置在建筑物周围，通过对

雨落管进行 LID 改造，使屋面雨水径流经过初期雨水弃流后，流入雨水罐中，储存的水可用来浇灌植物或作为其他非饮用补充水。它成本低、见效快，易于维护和管理，广泛适用于住宅小区、商业建筑和工业厂房等场所。

雨水罐通常由具有储水功能的罐体、经改造过的雨落斗、雨水弃流过滤器、PVC 溢流管及雨水回用出口等组成。其结构如图 4.11 所示。

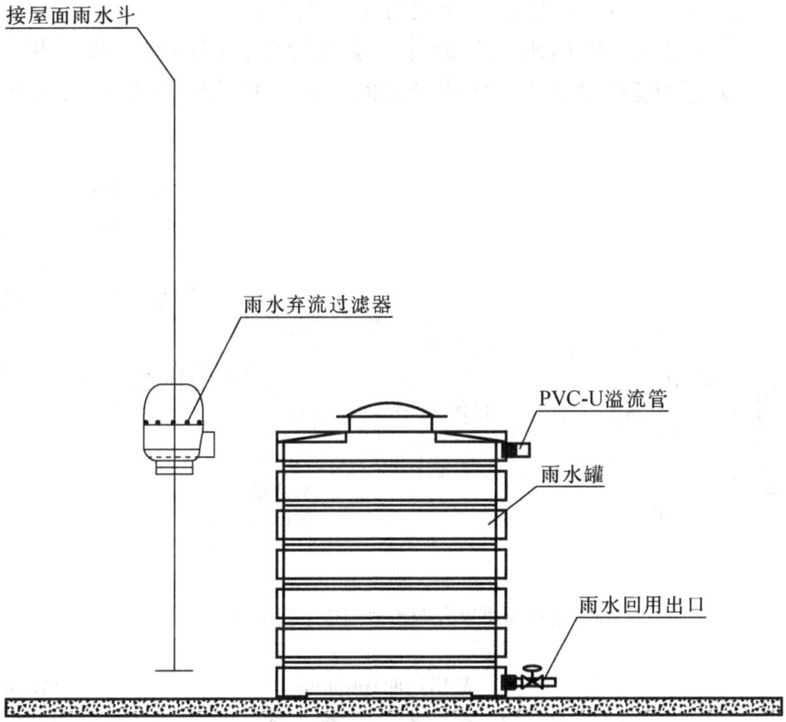

图 4.11　雨水罐结构示意图

雨水罐通常选用塑料材质或不锈钢材质的罐体，顶部开口，并配有盖子，方便清洗。罐体侧壁顶部设有进水口和溢流口，侧底部有雨水回用龙头，方便接取雨水罐中收集的雨水。

雨水罐进水口与雨落管相连接，雨落管通过 LID 改造，利用其底部装设的雨水弃流过滤器对初期雨水进行弃流，过滤雨水中的杂质。完成对初期雨水的弃流后，其余较为清洁的屋面雨水被收集到雨水罐中，过量的雨水则通过雨水罐溢流管溢流至其他 LID 设施中或直接引入市政雨水管网。

2. 调蓄池

调蓄池是指具有雨水储存功能的集蓄利用设施，主要是将雨水径流的高峰流量暂留在池内，待最大流量下降后再从调蓄池中将雨水慢慢地排出，达到既能规避雨水洪峰，提高雨水利用率，又能控制初期雨水对受纳水体的污染，还能对排水区域间的排水调度起到积极作用。调蓄池既可以是专用人工构筑物，如地上蓄水池、地下混凝土池，也可以是天然场所或已有设施，如河道、池塘、人工湖、景观水池等。由于调蓄池一般占地较大，应尽量利用现有设施或天然场所建设雨水调蓄池，这样可降低建设费用，取得良好的社会效益。调蓄池通过截留和存储雨水可有效减少雨水径流量，降低洪涝发生的概率，收集回用雨水可弥补水资源短缺的缺陷，节约宝贵的自然水资源。

塑料模块组合水池是我国海绵城市建设中常用的一种雨水集蓄利用设施。在施工现场通过承插组装，将多个塑料模块组合成具有较大蓄水容积的水池池体。池体外侧包裹防渗材料，形成地下调蓄池，埋地使用。根据地面承载力的要求，选择具有不同承载力的塑料模块，可在绿地、小区车道、广场、停车场等下方安装。

塑料模块组合蓄水池一般由雨水分流井、水池骨架、回用井、排污井、反冲洗设施、聚苯板保护层、溢流设施和埋地式一体化处理间组成。其结构如图 4.12 所示。

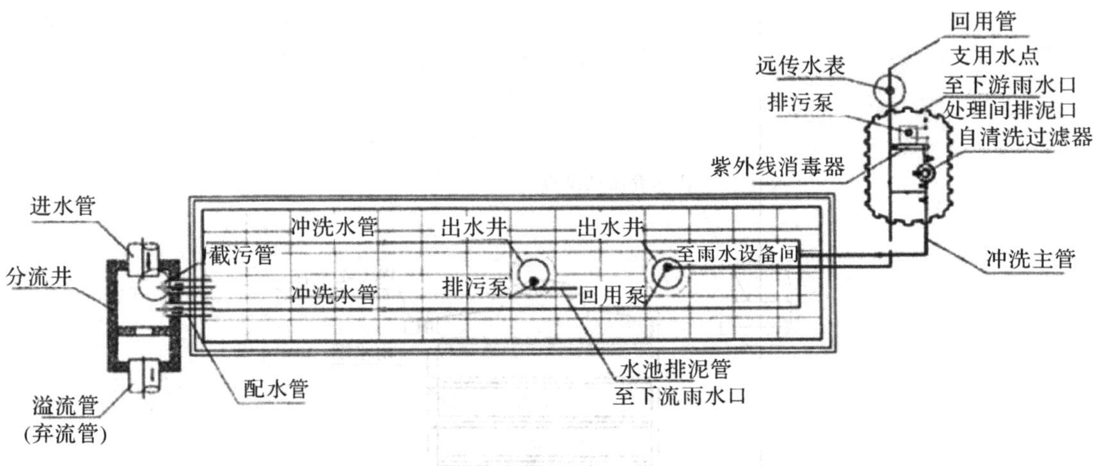

（a）塑料模块组合调蓄池构造平面示意图

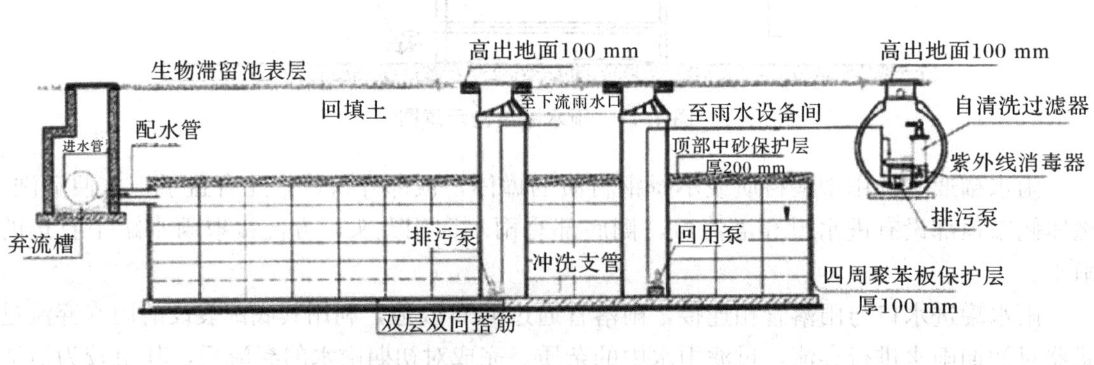

（b）塑料模块组合蓄水池剖面示意图

图 4.12　塑料模块组合蓄水池结构示意图

塑料模块组合水池可采用溢流堰式初期雨水分流井作为初期雨水弃流设施和水池溢流设施。初期雨水径流流入雨水分流井中，经过弃流槽进入下游雨水口。当雨水径流量大于弃流槽设计弃流量后，雨水径流经配水管流入组合水池中，较为洁净的雨水开始被水池收集。当水池中的雨水收集满后，若继续有雨水径流汇入，雨水径流无法流入水池，继而越过雨水弃流槽挡墙，通过溢流管溢流至下游市政雨水管网中。

3. 雨水湿地

雨水湿地是指长期有水储存且有植被覆盖的洼地，通过一系列的生态功能实现雨洪管理和水质净化。雨水湿地一般是在地表低洼处经人工改造而成的，通过防渗处理保证其长期保持一定容积的水量，从而保证植物的正常生长。雨水湿地与天然湿地和沼泽具有很多相似的特性，是一种综合、高效的低影响开发雨洪管理设施。雨水湿地可以减小雨水洪峰流量，为雨水径流中的杂质提供一个相对稳定的沉降环境。雨水湿地通过多种多样的动植物和微生物的协同作用提高水分蒸发和过滤能力，通过物理和生物作用净化雨水。雨水湿地具有较高的美学价值和丰富的生物多样性特点，可唤起人们保护水资源的意识，具有良好的教育意义。

雨水湿地一般由进水口、前置塘、沼泽区、出水池、溢流口、溢洪道、维护通道等部分组成，如图 4.13 所示。雨水湿地中的植物应选择耐淹、耐污染的本地水生植物，如灯芯草、杨柳、狗尾草和芦苇等。为防止土壤受到雨水的冲刷而被侵蚀，通常在进水口和出水口处采取卵石消能措施。溢流口和放空管的前端应设拦污栅，防止杂质堵塞管道，影响雨水湿地的正常排水。

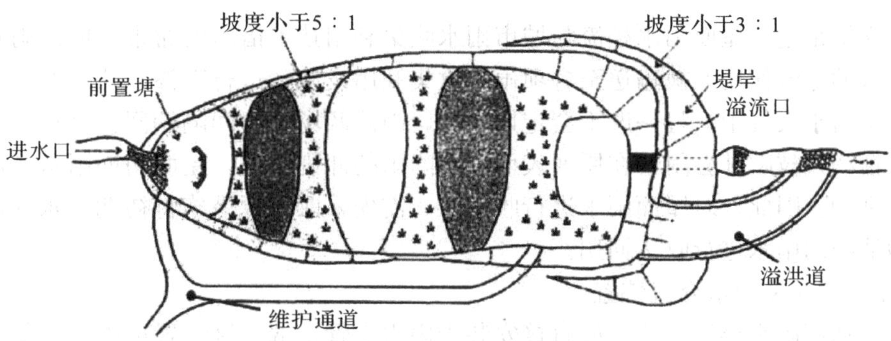

（a）雨水湿地平面图

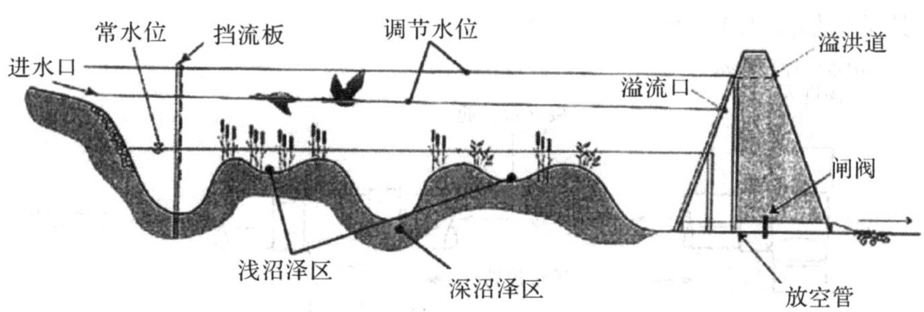

（b）雨水湿地剖面图

图 4.13　雨水湿地结构示意图

雨水径流通过雨水管道或雨水转输设施[如植草沟、渗管(渠)]，经进水口流入前置塘。经过物理沉淀作用，雨水中夹杂的粒径较大的杂质被沉淀至前置塘的池底。沉淀后较为洁净的雨水的流交替进入浅、深沼泽区，在沼泽区植物的作用下，雨水径流流速减慢，为沼泽区中的微生物对雨水径流进行生物净化提供了充足的时间。经过物理、生物净化后，雨水水质得到了很大的提高，洁净的雨水被暂存在出水池中。

为保证雨水湿地中的植物正常生长，需保持一定量的正常水位。常水位线至溢流口之间的容积为雨水湿地的蓄存容积，该部分水可通过蒸发、植物吸收等途径被消耗。溢洪道出口至溢流口位置处的容积为雨水湿地的调节容积，利用该调节容积，则可使超标的径流雨水暂时储存在湿地内，实现雨水径流的“慢排缓释”；超出雨水湿地调节水位的雨水则直接由溢洪道排出。

4.4.2 雨水净化单体技术设施

初期雨水径流是指一场降雨事件中，最初一定时间或一定体积的地表径流。由于屋面或地面常常覆盖一些固体颗粒、重金属或氮、磷等营养物质，所以初期雨水的径流污染物含量较高。若对雨水进行收集回用或生态滞留，需借助初期雨水弃流设施或植生过滤带，对初期污染较为严重的雨水进行弃流或简单净化处理，以回收或滞留剩余较为洁净的雨水。

1. 雨水立管初期雨水弃流装置

雨水立管是连接屋面雨水径流与城市雨水收集利用技术措施的纽带，屋面雨水径流通过雨水立管的导流作用，被输送至各项雨水收集利用设施，进行下渗、滞留及蓄存。由于屋面长期暴露于大气中，且一般不会定期清扫，因此两场降雨间隔期间，大量尘土、动物粪便以及植物残枝败叶会附着在屋面表面。受降雨的冲刷作用，屋面初期雨水径流会携带大量的污染物。因此，对屋面雨水进行收集时，需先采取有效措施将初期雨水弃流，再对后期较为洁净的雨水进行收集回用。

(1)立管式初期雨水弃流装置

立管式初期雨水弃流装置一般直接安装于雨水立管末端。该装置可提高收集雨水的水质，减少因初期雨水中携带的杂质、污染物等对雨水储存设施和雨水回用泵造成的损害。

立管式初期雨水弃流装置主要由浮球、底座、弃流收集室、塑料过滤网、缓释阀等部分组成。其结构如图 4.14 所示。

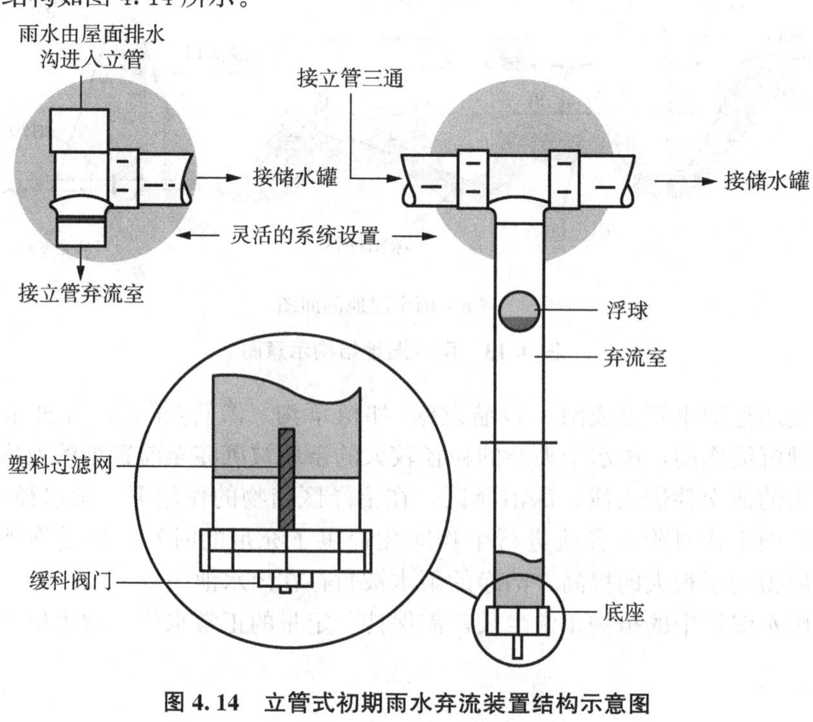

图 4.14 立管式初期雨水弃流装置结构示意图

屋面初期雨水径流经雨水立管流入弃流装置，在重力的作用下，雨水首先向下流入弃流收集室。弃流收集室中设有浮球-球座控制系统，随着弃流收集室中的水位上升，浮球也随之浮起。当弃流收集室收集满后，浮球恰好与球座接触，使弃流收集室成为密闭空间，完成对初期雨水的弃流工作。随后，较清洁的雨水径流将流入雨水储水罐，储水罐开始进行雨水收集。降雨过后，弃流收集室内的初期雨水经由装置底部的缓释阀缓慢排出，缓释阀末端可连接水管，将雨水引至绿地中进行下渗。

弃流装置中弃流收集室的容积即为初期雨水的弃流量。可先根据当地降雨特点、屋面面积大小等因素选取合适的初期雨水弃流量，然后确定弃流收集室的容积。该装置适用于汇水面积较小的场地。

(2)挂壁式初期雨水弃流装置

挂壁式初期雨水弃流装置的结构原理与立管式弃流装置相似，不同之处在于装置安装在建筑物的立面墙体上，可提供较大容积的弃流收集室，更适合收集来自较大汇水面积的屋面雨水径流。其结构如图 4.15 所示。

弃流收集室底部的塑料过滤网可拦截初期雨水径流中较大颗粒的杂质、树叶等物质，为防止其被堵塞，可在其周围加设一层过滤网。为了确保弃流装置正常工作，需定期对塑料过滤网、加设的过滤网和缓释阀进行清洗和维护。

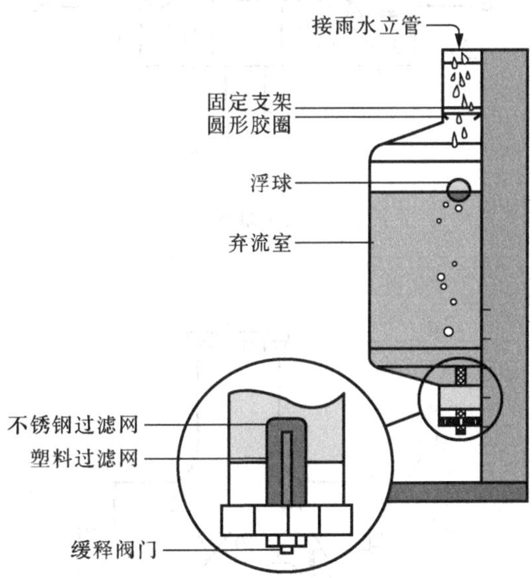

图 4.15　挂壁式初期雨水弃流装置结构示意图

2. 液控翻板式雨水分流井

液控翻板式雨水分流井(以下简称雨水分流井)克服了以往分流井的弊端，可将初期雨水径流和清洁雨水径流有效分离，实现初期雨水弃流和高效回收雨水资源两大功能。全过程自动完成，无须人力或电力支持，最大限度地降低了能源浪费。同时，在一定程度上缓解了污水处理厂的负荷，实现对雨水受纳水体环境的保护。

雨水分流井主要包括水箱、浮球、阀门、沟槽、沉淀池等部分。其结构如图 4.16 所示。

该雨水分流井采用长方形池室结构，雨水通过上游雨水管流入水箱中，当进水量大于小孔的出流量时，构造水箱的水位上升到一定高度，其内设置的浮球会拉动与之相连的传动机构，牵动关闭底阀。与此同时，初期雨水通过导流槽与平面配比，大部分流向初期雨水排出管，定量地通过导流槽流向沉淀池。由于此时底阀已经关闭，沉淀池中的水位开始上升，斜板将流入的初期雨水所携带的泥沙沉降。当沉淀池内的水位上升到一定高度(满足要求)时，浮球在浮力的作用下上升，从而带动翻板上升使其达到水平，使流向初期雨水排出管受阻，此时雨水开始流向清洁雨水排出管，进行雨水的收集和利用。

当降雨很小或停止后，流向进水管的雨水量减少，此时进水流量小于水箱小孔的流量，水箱水位降低，传动机构拉动底阀打开，沉淀池中的雨水通过重力以一定的流速流向初期雨水排出管，水位下降，浮球下落使翻板打开。一个降雨周期，两次阀门启闭完成，自动实现对雨水的输送。

该雨水分流井可通过调节导流槽和过流堰的比例控制初期雨水弃流量，还可根据雨水径流污染程度，通过调节翻板长度，控制进入沉淀室内的雨水体积，确保最大限度地收集清洁雨水。

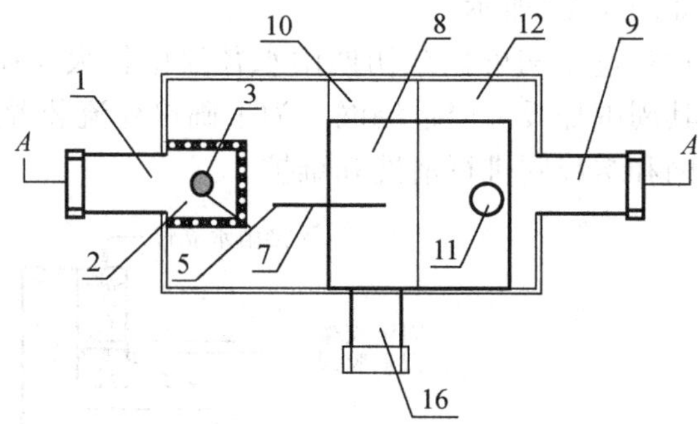

（a）俯视图

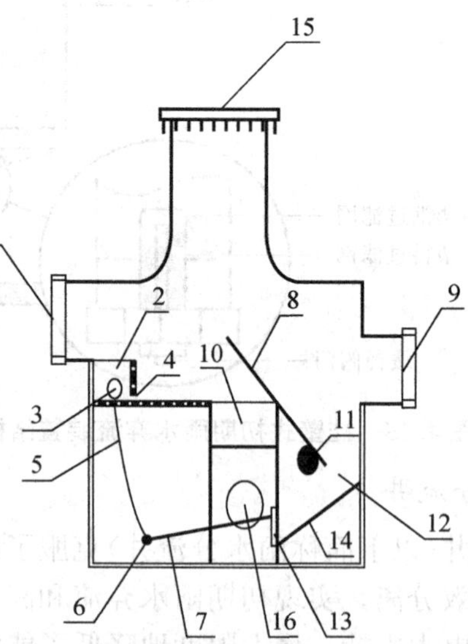

（b）*A*—*A*剖面图

1—上游雨水管；2—水箱；3—浮球；4—小孔；5—传动机构；6—配重；7—旋转杆；8—翻板；9—清洁雨水排出管；10—导流槽；11—浮球；12—沉淀池；13—底阀；14—斜板；15—雨水盖；16—初期雨水排放管。

图 4.16　液控翻板式雨水分流井结构示意图

3. 旋流式雨水分离过滤装置

旋流式雨水分离过滤井采用注塑加工制成，具有耐腐蚀、使用寿命长、承载力高等特点。它一般埋设于地下，安装于雨水调蓄池前端，用于过滤雨水径流中的杂质，具有提高蓄水池中雨水水质的功能。

旋流式雨水分离过滤井的结构如图 4.17 所示。

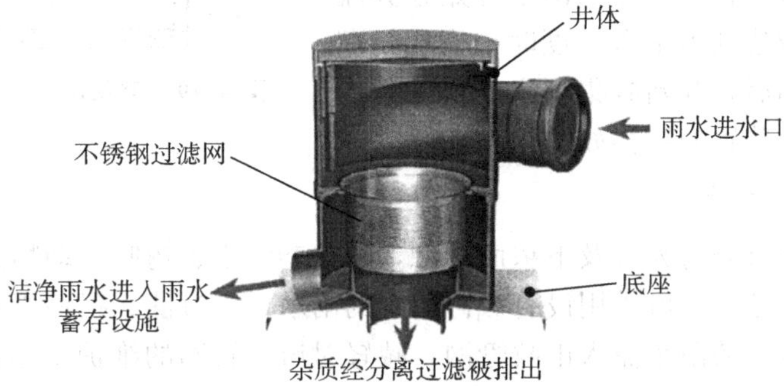

图 4.17　旋流式雨水分离过滤井结构示意图

过滤井中的过滤网采用不锈钢材质，孔径为 0.28 mm，可过滤绝大部分杂质。根据设备安装地点的不同，需定期对过滤网进行清理，避免杂质堵塞网眼，影响过滤效果。清洗间隔时间可视雨水径流污染程度而定，但至少每 6 个月需对过滤网进行一次清洗。清洗时，将过滤网取出，建议使用高压水枪对其进行冲洗。

雨水旋流分离过滤器是一种集弃流、格栅、闸阀于一体的初期雨水过滤装置，它主要使进入装置内的雨水径流在离心力的作用下进行离心旋转，经过滤器中 0.28 mm 的过滤网，过滤后的清洁雨水流入雨水收集装置内，沙砾和树叶等杂质被分离，进入下游雨水管道。当雨水收集装置达到饱和后，雨水会自动弃流至下游雨水管道。

4. 其他初期雨水弃流装置

(1)小管弃流井

小管弃流井主要通过水流挡墙和弃流管，实现对初期雨水的弃流。初期雨水径流首先进入弃流和沉淀室，由于挡墙的作用，污染较为严重的雨水径流经弃流管被弃流。随着降雨历时的增加，径流量增大，进水流量超过弃流流量，弃流和沉淀室内的水位开始上升。随着雨量继续增多，水位超过挡墙，较为洁净的雨水经出水管流至雨水收集设备或市政雨水管道。小管弃流井的结构如图 4.18 所示。

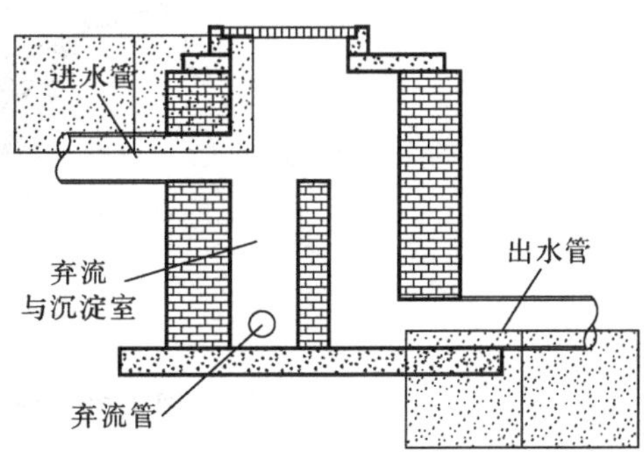

图 4.18　小管弃流井结构示意图

(2)容积法弃流装置

容积法弃流装置主要通过调节弃流池容积大小和出水管高度来控制初期雨水弃流量。初期雨水首先由进水管进入弃流池，因初期雨水径流量小，经底部排空管被完全弃流。随着径流雨水流量的增加，进水速率逐渐大于排水速率，弃流池中的水位开始上升，较为洁净的雨水开始在弃流池中积聚。当水位达到出水管高度时，完成初期雨水弃流过程。随后，开始收集雨水或排至雨水管道。容积法弃流装置的结构如图 4.19 所示。

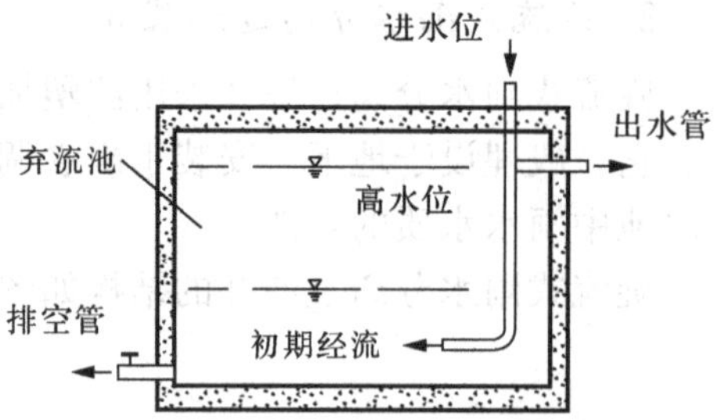

图 4.19　容积法弃流装置结构示意图

5. 雨水口截污装置

雨水径流因其首先与大气及下垫面接触，常夹杂泥土、树叶、动物粪便等杂质。在雨水径流流入雨水管道前，可采用设有截污装置的雨水口，过滤、拦截雨水径流中的一部分杂质，以便较为清洁的雨水流入市政管网，减轻对市政管网的维护工作，减少雨水径流的处理费用。

截污装置由导流板、溢流口、截污篮和过滤袋等部分组成，如图 4.20 所示。该装置可安装在雨水口的雨水箅子下方，用来过滤、拦截雨水径流中的杂质和污染物。小到中雨时，雨水径流量较小，可通过截污篮和过滤袋流入雨水管道。遇到强降雨天气，雨水径流量较大，为防止过流不及导致积水，装置设有溢流口，过量的雨水可通过溢流口直接排入雨水管道。装置中的过滤袋采用特殊材料制成，具有较好的透水性，且可吸附雨水径流中的油脂类污染物质，进一步净化雨水水质。

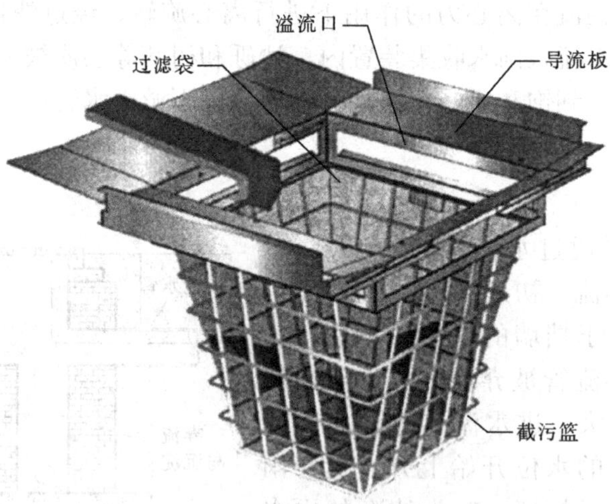

图 4.20　雨水口截污装置结构示意图

雨水口截污装置具有截污效果好、维护简单的优点。维护截污装置时，只需将截污篮取出，去除过滤袋中的杂质并清洗干净，即可重新放回雨水口中重复使用，具有节能环保的优势。为了使截污装置具有较好的截污效果，降雨过后，须对其进行检查，并及时清除杂质。该装置可置于雨水花园、人工湿地、植草沟等渗透滞留设施的进水口处，作为以上设施的预处理单元。

4.4.3 城市雨水蓄存与净化组合系统

为提高蓄存雨水的水质，通常在雨水蓄存设施的前端设置截污、初期雨水弃流装置。而蓄存雨水回用时，为保证用水安全性，需在雨水回用设备间中设置过滤、消毒设施，形成完整的雨水蓄存-净化技术体系。相对于渗透、滞留等各项雨水径流源头控制措施，雨水蓄存设施属于末端调控措施。为提高对雨洪的控制能力，还应结合雨水源头控制措施与雨水末端调控措施协同使用：利用源头措施对雨水进行控制、净化，进而强化末端措施的调控、蓄存能力。同时结合不同类型下垫面的特点及场地实际情况，合理优化各项雨水设施的布局，最大程度地实现雨水资源化。

对于城市交通道路(包括机动车道、非机动车道和人行步道)，因初期雨水径流中污染物含量较高且通常距雨水蓄存设施较远，应结合路面竖向设计使道路雨水径流有组织地汇入中央绿化带或两侧绿化带，并在绿化带内设置初期雨水弃流装置，如雨水分流井、旋流式雨水分离过滤井等。经过初期雨水弃流后的较为洁净的雨水将通过与雨水井相连接的渗管或雨水管道，转输至附近雨水蓄存设施。

对于建筑小区内的路面或广场路面，因机动车辆行驶较少，路面较为洁净，且通常周围设有景观水体、雨水湿地等景观设施或蓄水池设施，可将该类下垫面的雨水径流通过植草沟或渗管(渠)等设施，结合场地设施布局，就近转输至景观水体或雨水湿地等景观蓄存设施。若采用蓄水池收集雨水，则应在蓄水池前端设置雨水弃流装置，以保证蓄水池收集到较为洁净的雨水。

城市绿地雨水径流包括绿地自身产生的径流和周围场地汇入的“客水”径流。因绿地本身有着净化雨水水质的作用，若附近设有景观水体或雨水湿地等设施，可通过绿地内的植草沟或渗管(渠)直接将雨水径流转输至景观蓄存设施。若采用调蓄池收集雨水，调蓄池可直接设于绿地下面或绿地周边合适的位置，雨水径流可通过转输设施和初期雨水弃流设施，进而将较为洁净的雨水蓄存利用。

雨水蓄存与净化技术可提高城市雨水资源回收利用效率，避免大量宝贵的水资源的浪费。采用雨水湿地、景观水体等蓄存设施，可提升场地景观效果并维持生态稳定性：雨水径流作为补充水体，维持雨水湿地或景观水体设施中的水量，为设施中的植物、微生物提供生长所需的物质，保证设施中生态环境长期稳定；调蓄池、雨水罐等设施可有效减少雨水径流总量；蓄存的雨水可回用于绿地浇洒、冲洗道路等，可有效减少市政自来水的用量，在一定程度上减少对地下水资源的开采。

4.5 雨水转输技术

雨水转输技术的主要作用是衔接各项城市雨水收集与利用技术。该技术将各项单一技术串联成一个整体，使各项雨水收集与利用技术的优点得以充分发挥，同时弥补了单一技术难以有效控制雨洪的不足。此外，雨水转输技术还可作为城市雨水收集与利用各项技术与传统市政排水设施、防洪设施等的衔接纽带。

与传统排水体制中的混凝土管道相比，雨水转输技术主要采用植草沟、渗管(渠)等低影响开发设施。雨水转输技术在雨洪控制方面的作用主要体现在灵活转输雨水径流、增加雨水渗透量、净化径流水质等方面。与传统排水管道相比，其突出的优点是建设费用低、施工简单、运行维护简单、易于升级改造。

4.5.1 植草沟

植草沟是指种植植被的景观性地表沟渠排水系统。在国外，植草沟凭借其在小降雨事件中对径流雨水的滞留和径流污染控制的巨大潜力，以及低廉的施工、维护费用，成为除传统的合流制、分流制排水管道外最常用的雨水控制利用设施。植草沟通常设置于街道两侧，用于消纳或转输路面径流雨水。为保证对地表径流水质和水量实现较好的控制，植草沟设施适宜设置在不透水面积小于35%的场地中，同时需保证场地内土壤有较大的渗透系数。植草沟在条件合适时可代替传统的雨水管道，有效减少管道错接和混接等导致的污染问题，具有很好的发展前景。

1. 植草沟的类型

根据地表径流在植草沟中的转输方式的不同，植草沟可分为3种类型：标准转输植草沟、干植草沟、湿植草沟。3种形式的植草沟外观都较为相似，均为相对开阔的浅植物型沟渠。其中，标准转输植草沟的主要功能是引导和转输径流雨水，与其他雨水收集利用设施协同发挥作用；干植草沟与标准转输植草沟最大的区别在于其土壤层经过了人工改造，增加了碎石过滤层，并在过滤层底部增设了排水系统，强化了雨水的转输、过滤、渗透功能，延长了径流的水力停留时间；湿植草沟与标准转输植草沟类似，区别在于湿植草沟的沟渠内通常保持一定量的存水，使之与沟渠内的植物、微生物共同构成水生态处理系统，以加强对径流水质的处理效果。

2. 植草沟的结构

植草沟主要由植被层、有机覆盖层、混合土层、砾石层等部分组成，其中砾石层底部设置由透水花管构成的地下排水系统。其结构如图4.21所示。

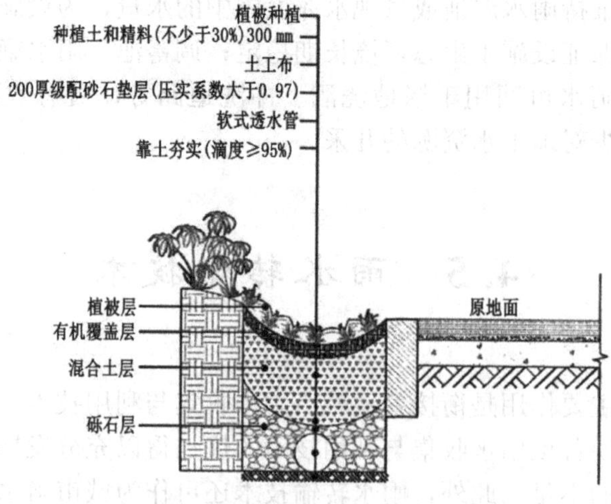

图4.21　植草沟结构示意图

植被层直接决定了植草沟的景观价值，应选择耐淹、抗旱、抗污能力强的禾本科和莎草科中的本土植物。植被层能够降低径流流速，截留地表径流中的悬浮颗粒物质，吸附径流中的有机污染物，并富集重金属。

有机覆盖层一般为腐殖土、木屑、椰糠等，实际施工过程中可根据材料获得的难易程度进行选取。有机覆盖层主要为植被层提供正常生长所需的营养物质，同时能蓄积一定的水分，为植物进行光合作用提供原材料。

混合土层一般由介质、当地土壤、砂按照一定的比例配制而成，具体混合比例应于施工前通过试验确定，以具备良好的透水性为标准。混合土层有一定的过滤作用，土壤中的多种微生物可以吸附有机污染物，使水中的氮、磷元素含量降低，达到净化水质的效果。混合土层与砾石层之间应铺设土工布，用来截留和过滤大颗粒杂质，避免颗粒性污染物进入砾石层阻塞孔隙，影响其入渗能力。

砾石层一般选用粒径相近的碎石或卵石，因碎石间的空隙较大，所以砾石层有一定的蓄水功能。砾石层底部设有地下排水系统，排水管一般选用导盲管，主要作用是使不能及时下渗的雨水尽快排出植草沟，还可将经植草沟净化过滤的雨水径流输送至地下调蓄池，用来储存较为洁净的雨水资源。

3. 植草沟的作用机理

植草沟的净水机理可分为物理净化作用和生物净化作用两类。相关文献表明，植草沟对径流污染的控制作用效果明显，不仅能去除固体悬浮颗粒物质，还可以吸收有机污染物(氮、磷)和重金属。

植草沟的物理净化作用主要体现在对悬浮颗粒物的拦截方面。一方面，大颗粒物质在流动过程中被种植草及土壤表面拦截；另一方面，由于径流流速较慢，颗粒物质在稳定的流动过程中发生自然沉降。植物对水质的净化作用主要体现在将有机污染物质当作营养物质，在促进自身生长的同时，去除径流雨水中的氮、磷元素。同时，植物在生长过程中还能吸附和富集一些重金属，进一步对径流起到净化作用。

植草沟的生物净化作用主要是利用土壤中的微生物，通过新陈代谢作用对径流中难降解的溶解性高分子有机污染物进行分解、吸收。

标准转输植草沟和湿植草沟的去除效果明显低于干植草沟，这是因为干植草沟改良的土壤层具有过滤、截留作用；标准传输植草沟出现氮元素释放现象，湿植草沟出现磷元素释放现象，有一种解释是较大的降雨量和较长的降雨历时使得进水污染物的平均浓度降低，且设施修剪时，经过长时间浸泡的植物叶片成为氮磷元素的释放源。

4.5.2　渗管(渠)

渗管(渠)指具有排水与渗透功能的小型沟渠式低影响开发设施，通常埋设于地下。其结构如图 4.22 所示。渗管(渠)可收集来自地面或其他低影响设施溢流的雨水，经具有净化功能的沉淀井或沉砂井后进入具有渗透功能的管道或渠道内。管道和渠道外填充具有较大孔隙的碎石或卵石，可贮存部分雨水并向四周渗透。超过渗管(渠)渗透和存储能力范围的雨水则随管道或渠道流向市政雨水管网。

渗管(渠)因具有占地面积少、土方开挖少、修建费用低等优点，可广泛应用于多种场地类型的道路两侧。渗管(渠)可代替传统的雨水管道，从而节省高额的管道费用和土方开挖费用。此外，渗管(渠)具有良好的雨水渗透性能，可涵养地下水资源，这是传统排水管道所不具备的优势。

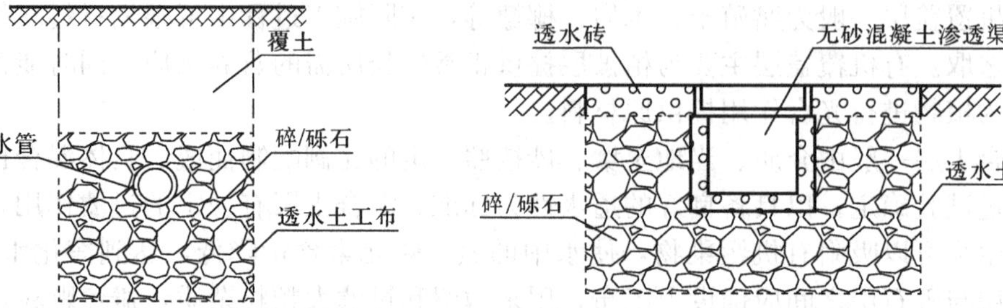

图 4.22　渗管(渠)结构示意图

植草沟、渗管(渠)等雨水传输技术的主要作用是保证其他各项雨水技术设施之间的有效衔接，故一般不自成体系。通过传输技术，各项单一雨水技术设施得以构成完整统一的城市雨水收集利用系统，充分发挥了各项雨水技术设施的增渗、滞留、调蓄、净化能力，强化了对雨水径流的控制作用，增加了雨水渗透量，改善了雨水径流给城市带来的面源污染问题，降低了城市洪涝灾害发生的概率。同时，雨水转输技术建设费用低、施工简单、维护方便，相较于通过增大城市排水管网管径来缓解城市洪涝灾害而言，具有较大的经济效益。

第 5 章　城市道路工程

5.1　城市道路概述

5.1.1　城市道路的定义、要求与发展

1. 城市道路的定义

城市道路是指通往城市的各地区，供城市内交通运输及行人使用，便于居民生活、工作及文化娱乐活动，并与市外道路连接以承担对外交通功能的道路。

2. 城市道路的要求

现代城市道路是城市总体规划的主要组成部分，关系到整个城市的有机运行。为了适应城市的人流、车流的顺利运行，城市道路要满足以下要求：具备适当的路幅以容纳繁忙的交通；拥有坚固耐久、平整抗滑的路面，以利于车辆安全、舒适、迅捷地行驶；少扬尘、少噪声，以利于环境卫生；设置便利的排水设施，以便将雨雪水及时排除；配备充分的照明设施，以利于居民晚间活动和车辆运行；道路两侧要设置足够宽的人行道、绿化带、地上杆线、地下管线。

此外，城市道路还承担多重功能：为城市地震、火灾等灾害提供隔离地带、避难场所和抢救通道(地下部分可作人防之用)；为城市绿化、美化提供场地，配合城市重要公共建筑物前庭布置，为城市环境需要的光照通风提供空间；为市民散步、休息和体育锻炼提供便利。

3. 城市道路发展简史

中国古代营建都城时，对道路布局极为重视。都城设有纵向、横向和环形道路以及郊区道路，且宽度各异。例如，唐代都城长安与明、清两代都城北京的道路系统皆为棋盘式，主干道宽广，支路连接便捷，利于居民交通。

国外古代城市亦注重道路规划。例如，古罗马城(公元前 15—前 6 世纪)贯穿全城的南北大道宽 15 m 左右，大部分街道为东西向，路面分成三部分，两侧行人中间行车马，路侧有排水边沟；公元 1 世纪末的罗马城，城内干道宽 25～30 m，有些宽达 35 m，人行道与车行道用列柱分隔，路面用平整的大石板铺砌，城市中心设有广场。

自汽车发明以后，为保证汽车快速安全行驶，城市道路建设迎来变革。除了道路布置形式多样化外，路面也由土路改变为石板、块石、碎石，直至沥青混凝土路面和水泥混凝

土路面，以应对繁重的车辆交通压力，并增设了各种控制交通的设施。

4. 对城市道路发展的展望

随着汽车工业的发展，各国汽车保有量飞速增加，各国城市道路为适应汽车交通的需要，在数量和质量上均有大幅提升，如伦敦、巴黎、柏林、莫斯科、纽约、东京等均建有完善的道路网服务汽车交通运输，其他城市的道路也均有不同程度的发展。

但是城市的发展、人口的集中、各种交通工具的大量增加，导致城市交通日益拥挤、交通事故频发，废气、噪声严重污染居民的生活环境。解决日益严重的城市交通问题已成为当前重要的课题。目前已开始实施或正在研究的措施有：

①改建地面现有道路系统，增加城市高速干道、干路、环路，以疏导、分散过境交通及市内交通，减轻城市中心区的交通压力，以改善地面交通状况。

②发展地上高架道路与路堑式地下道路，供高速车辆行驶，减少地面交通的互相干扰。

③研制气垫车、电动汽车、太阳能汽车等速度快、运量大的新型交通工具，以加快运输速度和增加运量。

④加强交通组织管理，如利用电子计算机建立控制中心，研制自动调度公共交通的电子调度系统，广泛采用绿波交通(汽车按规定的速度行驶至每个平交路口时，连续遇绿灯时不需要停车而连续通过)，实行公共交通优先，等等。

⑤开展交通流理论研究，采用新交通观测仪器以研究并解决日益严重的交通问题。

5.1.2 城市道路的功能与分级

1. 城市道路的功能

道路是供各种车辆和行人等通行的工程设施，按其所处位置、交通性质、使用特点，可分为公路、城市道路、厂矿道路、林区道路及乡村道路等。道路主要承受车辆荷载的重复作用，并长期经受各种自然因素的影响。位于城市郊区及城市以外，连接城市与乡村，主要供汽车行驶并具备一定技术条件和设施的道路，称为公路。而在城市范围内，供车辆及行人通行并具备一定技术条件和设施的道路，称为城市道路。

作为文化、政治和经济中心的城市，依赖于与周围地区(空间)的密切联系而存在。因此，一个城市的对外交通是促使这个城市产生、发展的重要条件，也是构成城市的主要物质要素。城市对外交通的方式多种多样，例如，航空、水路、铁路、公路等。而道路运输是“面”的交通运输，它比“点”和“线”的交通运输方式更具机动灵活性，能够深入各个领域。

在城市内部，道路交通的运输功能更加明显。以汽车为主要工具的道路运输，无论在时间上还是地区上都能自由运行。一方面，在货物品种、运输地段、运距以及包装形式等方面，具有机动、迅速、准确、直接到位的技能；另一方面，随着人们生活方式的变化，还具有快捷、舒适、直达家门、机动性高、尊重私人生活等优点。

道路按空间论，有四种功能：一是把城市的各个不同功能组成部分，例如，市中心区、工业区、居住区、机场、码头、车站、公园、体育场(馆)等连接起来的功能；二是把不同的区域，按用地分区形成具有不同使用要求的区划功能；三是设置各种设施的容纳功能；四是城市道路网美化城市的功能。这些功能有机地组成，道路空间便有了多重作用。道路空间可分为四类：交通空间、环境空间、服务设施的容纳空间和防灾空间。

城市的各个功能组成部分通过道路连接，形成城市道路网(包括快速路、主干路、次干路和支路)，构成统一的有机体系，不仅展现城市建筑各个方位的立面，以及建筑群体之间组合的艺术，还能将建筑这种"凝固的诗"通过在道路上律动的视点，转化为"有节奏的乐章"，使人获得丰富而生动的环境感受。因此，城市道路在承担最基本的交通运输任务以外，还成为反映城市面貌与建筑风格的手段之一。

2. 城市道路的分级

《城市道路工程设计规范(2016 年版)》(CJJ 37—2012)规定：城市道路应按道路在道路网中的地位、交通功能以及对沿线的服务功能等，分为快速路、主干路、次干路和支路四个等级。在规划阶段确定道路等级后，当遇特殊情况需变更级别时，应进行技术经济论证，并报规划审批部门批准。当道路为货运、防洪、消防、旅游等专用道路使用时，除应满足相应道路等级的技术要求外，还应满足专用道路及通行车辆的特殊要求。道路应做好总体设计，并应处理好与公路以及不同等级道路之间的衔接过渡。

(1)快速路

快速路完全为交通功能服务，是解决城市大容量、长距离、快速交通问题的主要道路。快速路要有平顺的线形，与一般道路分开，使汽车交通安全、通畅和舒适。与交通量大的干路相交时，应采用立体交叉；与交通量小的支路相交时，可采用平面交叉，但要有控制交通的措施。若两侧有非机动车，必须设置完整的分隔带。行人横过车行道时，需通过有控制的交叉路口或地道、天桥。

(2)主干路

主干路为连接城市各主要分区的干路，是城市道路网的主要骨架，以交通功能为主。主干路上的交通要保证一定的行车速度，故应根据交通量的大小设置相应宽度的车行道，以供车辆畅通行驶。线形应顺捷，交叉口宜尽可能少，以减少相交道路上车辆进出的干扰；平面交叉要有控制交通的措施，交通量超过平面交叉口的通行能力时，可根据规划采用立体交叉。机动车道与非机动车道应用隔离带分开。交通量大的主干路上，快速机动车(如小客车)应与速度较慢的卡车、公共汽车等分道行驶。主干路两侧应有适当宽度的人行道，严格控制行人横穿主干路。主干路两侧不宜建设吸引大量人流、车流的公共建筑物，如剧院、体育馆、大商场等。

(3)次干路

次干路是城市区域性的交通干道，主要为区域交通集散服务，兼具服务功能，与主干路共同组成道路网。次干路一般情况下为快慢车混合行驶的道路，条件许可时也可另设非机动车道。道路两侧应设置人行道，并可设置吸引人流的公共建筑。

(4)支路

支路为次干路通往各居住小区的连接线路，主要解决局部地区的交通问题，直接与两侧建筑物出入口相接，以服务功能为主，也起集散交通的作用，两旁可有人行道，也可有商业性建筑。

5.1.3 城市道路工程的特点

(1)准备期短，开工急

城市道路工程通常由政府出资建设，出于减少工程建设对城市日常生活干扰的目的，对施工周期的要求又十分严格，工程只能提前，不准拖后，施工单位往往根据工期倒排进度计划，难免缺乏周密性。

(2)施工场地狭窄，动迁量大

由于城市道路工程一般在市内的大街小巷进行施工，旧房拆迁量大，场地狭窄，常常影响施工路段的环境和交通，给市民的生活和生产带来不便，也增加了对道路工程进行进度控制、质量控制的难度。

(3)地下管线复杂

城市道路工程建设实施中，经常遇到供热、给水、燃气、电力、电信等管线位置不明的情况。若盲目施工，极有可能挖断管线，造成重大的经济损失和不良的社会影响，同时延误工期，增加额外的投资费用。

(4)原材料投资大

城市道路工程材料使用量极大，在工程造价中占比约50%，因此，合理选材是工程监理工作质量控制的重要环节。施工现场的分布和运距的大小都是材料选择的重要依据。

(5)质量控制难度大

在城市道路的施工过程中，有时会出现片面追求施工进度、忽视施工质量、只注重施工方效益的情况，给施工监理工作带来了很大的困难。

(6)地质条件影响大

城市道路工程中的雨水、污水排水工程往往受施工现场地质条件的影响。例如，若现场地下水位高、土质差，就需要采取井点或深井降水措施，待水位降至符合施工条件后，再组织沟槽开挖；若管道埋设深、土质差，还需要沟槽边坡支护，方能保证施工安全。

5.2 海绵城市理念下的城市道路规划设计

5.2.1 城市道路规划

1. 城市道路规划相关内容

(1)城市布局与城市道路布局

城市布局依据城市特点、规模、地理位置、自然条件、旧城现状、工作与居住关系，以及建设用地与绿化用地比例等条件而定。城市布局大致可分为以下7种。

①带形城市：城市布局呈带状，沿河流或铁路发展。

②集中连片式城市：城市布局呈集中连片状发展。

③子母城市：中心市区与周围若干卫星城镇组成子母城市，但是母城与子城规模之间的比例尚没有明确的数量关系。很多几百万乃至上千万人口的大城市是这种布局，其市区

以外有若干新城或工业县镇。

④走廊城市：在中心城市以外由若干交通走廊组成的城市，沿交通走廊布置建筑群。

⑤分散集中城市：城市布局是在中心市区以外的周围有若干分散的重点建设地区。

⑥手指式城市：城市布局是中心市区以外呈手指状放射发展。

⑦特殊地形城市：因地形限制，如山城、沿江城市、沿海城市，因地制宜形成独特的城市布局。

城市布局制约着城市道路网的布设，左右着城市交通网络的形成。城市布局与城市道路网密切相关，相互依存。城市道路布设不仅要服从城市布局，又反作用于城市总体布局。布设城市道路交通网络首先要了解城市布局、研究城市布局，确定一个新城市的布局也需优先考虑城市交通的布设。只有统筹考虑、全面安排，才能保障城市活力。

分析研究世界上一些大城市地区布局的发展战略，城市道路布设主要应考虑以下4个方面。

①大城市地区交通布设应打破同心圆、向心发展，采用开敞式布局，沿交通干线发展，用地呈组团布置，组团之间用绿地空间隔开，如深圳。

②在具有悠久历史传统、逐步发展起来的中心城市中，除保留传统中央商业区、金融、行政中心外，需在建成区外围增设副中心以分散功能，并在中心城市外围地区建设快速交通干线，形成大容量客运工具的交通网络，在其沿线建设新城或卫星城。

③在超越大城市地区更大区域范围内构建都市圈、城市群或城市带(如伦敦周围的英国东南部战略规划，日本东京沿太平洋的东京、横滨、名古屋、大阪、神户城市群带，美国沿大西洋的波士顿、纽约、华盛顿城市群带)，用城市体系的布局战略来疏导各个城市的城市功能。

④部分城市在中心城市外围划定较大范围的森林公园或绿色环带，以保护城市生态环境或控制大城市中心地区的发展规模。

(2)城市土地使用规划与城市道路交通

城市土地使用规划与城市道路交通是同一个问题的两个维度。从土地使用形态上看，土地使用规划体现在地面上(包括地下和空间)各类建筑设施的综合布局，而城市道路交通网主要体现在线路上的综合安排，两者相辅相成，相互联系，相互制约。因此，规划城市道路交通首先要研究土地使用规划；编制土地使用规划也要先布设城市道路网络，确定道路密度，而道路密度又与土地的使用功能息息相关。若一座城市的土地使用规划缺乏与之相适应的城市道路密度，那么将来建成的城市将难以高效运转。

一般来说，土地使用性质不同，将来建成区产生的交通流密度也不同。城市中心区大型公共建筑多，商业及服务业也多，因而产生的交通量最大；居住区是人们生活的场所，产生的交通量次之；城市中心区之外的工业区、城市边缘区产生的交通量最小。影响城市交通的因素除以上几个方面外，还有城市环境和市政公用系统等。这些因素与城市交通相互制约、相互影响。

(3)城市道路网分类

城市道路网是城市交通的主要载体，担负着各种机动车、非机动车、行人以及地面有轨交通工具的运行任务。城市道路既是交通规划的主脉，又是城市规划的骨架，其网络布局的合理性关系到城市规划和城市交通的大局。城市道路网络布局有的是历史上形成的

(如巴黎、伦敦、莫斯科和华盛顿等)，有的是在历史基础上发展形成的(如上海、北京和天津等)，有的是近些年来新建成的(如达拉斯、深圳等)。

城市道路网具有多种形式，大致可以分为7种。

①线形或带形道路网。

中小城市线形或带形道路网以一条干道为主轴，沿线两侧布置工业与民用建筑，从干道分出一些支路联系每侧的建筑群。线形或带形道路网布局又可分为两种方式：一种方式是干道一侧为居住区，另一侧为工业企业区，干道的中部为中心区，两侧各有一个副中心；另一种方式为沿干道为多个建设区，中间为居住区及行政商业服务业中心，两侧各为一个工业企业区，最外侧各有居住区及商业服务业副中心，并与工业区分开布局。

②环形放射式道路网。

这种道路网布局形式，从城市中心起向四周由若干条放射线和以城市中心为圆心的几条环形线组成，城市中心即中心区，四周分布着几个副中心。比较理想的布局方式是从中心起向四周一定范围内为居住区，市区外围为工业区。

环形放射式道路网最初多见于欧洲以广场组织道路规划的城市，如莫斯科、巴黎等。我国各大城市一般由中心区逐步向外发展而来。环形放射式道路网的特点是放射性道路在加强了市郊联系的同时，也将城市外围交通引入了城市中心区域，有可能引起城市沿环路发展，也可能形成许多不规则的街坊，灵活性不强。环形道路与放射式道路应该互相配合，环形道路要起到保护中心区不被过境交通穿越的功能，因此必须提高其等级，形成快速环路系统。我国典型的环形放射式道路网可参见成都市的道路网。

③方格网式道路网。

方格网式，又称棋盘式，是一种在地形平坦的城市中常见的道路网类型。方格网式道路网的特点是道路布局整齐，有利于建筑物的布置；平行道路多，有利于交通分散，便于机动灵活地进行交通组织；但是对角线方向的交通联系不便，增加了部分车辆的绕行距离。完全方格网的形式仅用于中小城市。国内外一些大城市(如纽约、郑州、洛阳等旧城区)的各分区均呈方格式，道路大多平行或垂直于铁路或河流布置。由于历史形成的路幅狭窄、密度较大，这类路网已经较难适应现代交通的需求，需通过组织单向交通等措施来缓解交通拥挤的问题。

④方格环形放射式道路网。

方格环形放射式道路网，又称混合式道路网，综合了方格网和环形放射式的特点，即在同一个城市中并存几种类型的道路网。其特点是扬长避短，充分发挥各种形式道路网的优势。我国的北京、上海、天津、沈阳和武汉等大城市都采用了方格环形放射式道路网布局。

⑤星状放射式道路网。

星状放射式道路网，又称单放射式道路网，是由城市中心向四周引出放射性道路，通常是城郊道路或对外公路的形式。单放射式道路网没有环形放射式道路网方便。市内道路呈环状，不便于各层之间的联系。

⑥自由式道路网。

自由式道路网是由于城市地形起伏较大，道路结合自然地形呈不规则状布置而形成的，易出现较多的不规则街坊，造成建设用地分散。自由式道路网没有一定的形式，变化很多，如果综合考虑城市用地布局和城市景观等因素，精心规划，不仅可以建成高效的道路运行系统，而且可以形成活泼丰富的景观效果。我国山区和丘陵地区的一些城市较常采用这类形式，如青岛、重庆、南平等。

⑦组团式道路网。

组团式城市是指由主体城区团块及其他若干基本团块共同组成的城市建成区。这些团块的分隔往往是由河流、高山等自然环境条件决定的，每个区块都拥有各自的道路系统和区块中心，不同团块之间留有一定的空间和距离，并通过快速的通道连接，形成一个整体的城市。

大、中城市应开辟放射式和环式干道系统，以缩短各区之间、市区与郊区之间的联系时间，让过境车辆从郊区通过。距离较长、交通量较大的道路应开辟为快速路，以“快速”解决“远距”的问题。在市区中心区域，应积极改善现有道路，打通卡口、断头，改善平交路口的交通组织方式，拓宽路口，增加进口道断面的车道数，以提高道路的利用率和通行能力，逐步完善城市道路系统。

2. 城市道路规划的原则与要求

(1)规划原则

①城市用地扩展时，城市道路网要能随之扩大并向外延伸。国内有些城市为了追求轴线、视点，将干路正对着火车站或重要的公共建筑物，形成许多错位的丁字路口，不仅不利于车流通行，而且改造困难。若要延伸道路，无论是地道下穿还是高架桥跨越，造价都很昂贵。因此，不应将干路设计为尽端式道路。

②各相邻片区之间至少规划两条道路相通，确保城市因突发事件或交通事故而堵塞某条道路时，仍有一条道路能通行。

③次干路和支路的道路网宜规划成长方格，既便于各个地块实现良好的可达性，又可减少交叉口。

④道路交叉口：相交道路条数多或道路相交角度小，都不利于交叉口的交通组织。此类情况减少了车辆通过的有效绿灯时间，降低了通行能力，使交叉口用地畸形，影响行车安全视距，加大行人过街距离。因此，若交叉口上道路的夹角过小，需在路段上通过较大的转折角度调整道路走向，放大交叉口与进口道之间的夹角。这种做法虽然会增加道路施工或地下管线埋设的复杂性，但可改善道路交通状况，丰富城市道路景观。

⑤改造旧城道路网时，必须充分研究原有道路网的形成和发展过程，不要随意改变道路走向。否则，大量支路与干路斜交，不仅难以组织平行道路以分担主干路的交通压力，反而会使干路上产生许多畸形交叉口，进一步加重干路的交通负担。

(2)各类道路的规划要求

①快速路。

快速路网形成城市主要的交通走廊，承担大部分的中长距离出行任务。这类出行主要集中在中心城区与郊区之间、郊区彼此之间，以及通向外省市的高速公路上。

对于人口在 50 万以下的城市，其用地一般在 7 km×8 km 以下，市民活动基本在骑行 30 min 的范围内，没有必要设置快速路；对于人口在 200 万以上的大城市，需将市区主要组团与郊区的卫星城镇、机场、工业区、仓库区和货物流通中心快速联系起来，缩短空间距离；对于人口在 50 万～200 万的大城市，可根据城市用地的形状和交通需求确定是否建造快速路，一般快速路可呈“十”字形在城市中心区的外围穿过。

快速路规划应符合下列要求：

a. 规划人口在200万以上的大城市和长度超过30 km的带形城市应设置快速路。快速路应与其他干路构成系统，与城市对外公路有便捷的联系。

b. 快速路上的机动车道两侧不宜设置非机动车道，可设置辅道。机动车道应设置中央隔离带。

c. 与快速路交会的道路数量应严格控制。

d. 快速路两侧不应设置公共建筑出入口；快速路穿过人流集中的地区，应设置人行天桥或地道。

②主干路。

城市主干路是城市路网的骨架，主干路两侧不应设置吸引大量车流、人流的公共建筑的出入口。大城市在周边道路条件成熟的情况下，鼓励在一些主干路设置机动车专用路。主干路的设计车速一般为40～60 km/h，布置4条以上的行车道，交通流量特别大的道路也可以布置6条或8条车道(如上海市“三横三纵”主干路)。有的城市还将主干路分为交通性主干路和生活性主干路，例如，成都市规划中的4条“井”字形主干路，用于分流穿越市中心的两条“十”字形的生活性主干道。交通性主干路和生活性主干路的共同点是它们在整体路网布局中都处于非常重要的位置，区别在于前者主要的交通功能是满足交通运输服务的需求。

中小城市主干路道路两旁已经布置了大量的休闲、娱乐和商业设施，道路的实际使用功能偏向生活服务。若主干路建设得很宽，中间车行道上的汽车和自行车交通量很大，且在主干路的两旁设置大型商店和公共建筑，易引发以下问题：当道路上车辆交通量不大时，行人可利用车辆间的空当穿梭；当车辆交通量日益增加时，穿行的人流迫使车速下降，车流密度增加，反过来进一步降低车速；此外，沿路两侧建筑物前的自行车停车问题也日益严重。目前，许多城市采用几道栅栏纵向分隔的办法，阻止行人穿越道路，来提高车速并保证交通安全，但给商店顾客和公共交通乘客造成很大不便。为此，应将吸引人流量大的商店和公共建筑设置在次干路上，使主干路主要发挥通行车辆的交通功能。

主干路提供的行驶车速、通行条件介于快速路和其他道路之间，需建立一个与区域支路相对分离的、有限的主干路系统，保持其相对独立性和稳定性：一方面，与快速路共同组成覆盖面较广的城市骨架网，保持一定的路网密度，为中长距离的出行服务；另一方面，作为快速路的主要集散通道，避免快速系统交通量过度集中。

中长距离的出行是大城市交通相当重要的部分，主要依赖主干路。在环形加放射式道路网中，无论是中心城区内的出行，还是中心城区和郊区之间的出行，对中心城区内的主干路以及连接中心城区和郊区之间的快速道路的使用都是相当频繁的，因此快速路和主干路的服务水平对于整个交通情况具有决定性的作用。当前部分城市的服务水平并不是很高，交通压力较大，高峰时段拥堵严重。随着机动车(尤其是小汽车)数量的增加，主干路将面临更加严峻的挑战。

主干路规划应符合下列要求：

a. 主干路上的机动车与非机动车应分道行驶。

b. 主干路两侧不宜设置公共建筑出入口。

③次干路。

次干路是服务范围较广的城市干道，也是较能体现城市活力的空间走廊之一。虽然次干路的服务对象众多，但在不同区域，其主要功能应有所侧重。

a. 在大型交通枢纽及可能引发大量交通的公共建筑邻近或联系重要骨架道路的次干路，应以疏解交通为主，通过必要的交通分流和其他管理措施提高道路的交通容量，尽量实施机动车专用。

b. 一般生活性次干路，应对过境交通实行一定的限制措施，优先满足公交通行，注重路内绿化布置，营造宜人的环境，并实施机非分道。

c. 景观性次干路应尽量避免吸引过境交通，注重道路与沿路建筑的整体视觉效果，尤其要从步行者的感受出发，满足其观赏、游览、娱乐和休憩的需要。

功能多样化和平面布置灵活的次干路设计，还有利于保持区域路网的多样性。

随着出行量的增长以及出行目的的多样化发展，机动车出行尤其是小汽车出行对于道路的选择也将多样化，对于次干路的选择也会逐渐增加。这样，次干路在整个道路交通系统中的地位也将逐渐提高。如果能够提高次干路的服务水平，将对快速路以及主干路的服务水平起到很好的支持作用。次干路的服务水平对整个城市的交通状况产生潜在的相当重要的影响。

在我国大城市的公交线路比较多、非机动车也占一定比例的情况下，次干路和支路对于快速路以及主干路的辅助作用就显得更加重要。如果次干路以 4 个机动车车道的标准，实际已经承受了很大的交通压力，这也是因为整个道路网的面积不够，快速路和主干路的容量无法满足大量的交通需求。

④支路。

城市支路是次干路与街坊内部道路的连接线，以服务功能为主。支路还包括非机动车道和人行道。支路除了具备通达功能，还应满足公共交通线路行驶的要求。在市区建筑容积率大的地区，支路网密度应为全市平均值的 2 倍以上。因此建立一个具有足够密度的支路网(其长度应达到路网总长的一半左右)，不仅具备出入功能，还起到干道网“满溢”的作用。实际上，发达的支路网络是干道不出现节点阻塞而局部瘫痪的主要条件。

我国很多城市的支路密度与国外发达城市的差距更大，而且道路网络较为复杂，支路的环境以及道路设施等也有一定的欠缺，导致机动车出行较少选择支路，很多干路被迫承担了支路的功能，进一步加重了干路的交通压力。如果支路的条件可以有所改善，支路的路网密度有所提高，将会对整个城市的交通有相当大的益处。尤其是私人小汽车和出租车这两种相当重要的出行，应该倾向于选择条件比较好的支路。充分利用支路的容量，将有效地减轻次干路、主干路和快速路的交通压力，有助于提高整个城市的交通运行效率。

3. 海绵城市理念下的市政道路规划思路

(1)厘清海绵城市本质

海绵城市理念的核心是推行现代化雨洪管理体系，通过城市规划、设计、建设和运维的管控，从“源头减排、过程控制、系统治理”着手，综合采用“渗、滞、蓄、净、用、排”等技术措施，统筹协调水量与水质、生态与安全、分布与集中、绿色与灰色、景观与功能、岸上与岸下、地上与地下等关系，有效控制城市降雨径流，最大限度地减少城市开发建设行为对原有自然水文特征和水生态环境造成的破坏，使城市能够像海绵一样，在适应环境变化、抵御自然灾害等方面具有良好的弹性，实现自然积存、自然渗透、自然净化的城市发展方式，有利于实现修复城市水生态、涵养城市水资源、改善城市水环境、保障城市水安全、复兴城市水文化的多重目标。其本质是解决城市水生态问题。

(2)强化规划引领作用

当前海绵城市建设在各城市某一区域试点比较流行，然而它是一个水循环系统工程，决策者需要有全局思维，通盘谋划。首先，应在城市总体规划中增设“海绵城市”专篇，并制定详细的规划或设计技术规范、标准。其次，应在专项规划中对区域路网进行科学系统的规划，而不是仅局限于某条路或局部路段，不宜过于分散，要以点带面形成区域效应，才能真正发挥市政道路对水资源存储以及再利用的作用。最后，应根据海绵城市的总体建设目标，结合项目所在地的实际情况，对不同等级的道路分别提出年径流总量控制率、绿地率、下沉式绿地率、透水铺装及海绵设施等规划指标，对工程建设形成规划指引。

(3)科学定位，分类施策

市政道路及附属设施承担的功能各异，其“海绵”要素和设计方式应灵活多变。应对行车道、机动车道、中间(侧分)带、人行道和绿化带等设施的功能进行科学定位，针对不同功能分类施策。

①对于高等级道路，如主干路和快速路，其交通量大、荷载重，海绵措施需兼顾行车安全与雨水管理。行车道可选择透水性好的材料或渗透率高的路面结构，如 OGFC(open graded friction course，开级配抗滑表层)，以提升路面下渗能力。同时，可在道路两侧或分隔带设置下沉式绿地或生物滞留带，以截留、净化雨水，减轻排水系统压力。

②对于景观大道或有较宽防护绿带的快速路，其海绵措施可充分利用宽敞的绿化空间。种植涵养水源好的树木和植被，构建生态滞留池、雨水花园等绿色基础设施，不仅能有效吸纳、净化雨水，还能美化城市景观，提升城市生态品质。

③对于支路等狭窄道路，海绵措施需更加精细化的设计。可利用人行道或路侧空地设置小型生物滞留设施或透水铺装，同时考虑与周边绿地的衔接，形成连续的雨水渗透通道。在不影响行车安全的前提下，可尝试在路缘石开口处设置雨水箅子，引导雨水进入绿地或生物滞留设施。

此外，对于具有特定功能的道路，如商业街区、居住区周边的道路，其海绵措施还需考虑与周边环境的融合，如设置雨水收集系统，将收集的雨水用于周边绿地的灌溉或景观水体的补水，实现雨水的资源化利用。

5.2.2 城市道路设计

1. 海绵城市理念下的城市道路设计要点

(1)道路结构层设计

过往在施工建造城市道路时，常用的排水系统主要有两种类型：其一是通过道路间隙排水以确保路面排水过程的畅通性，减少或规避局部积水严重的情况；其二是针对渗入道路结构层的雨水，采用盲排方法进行处理。

尽管以上两种传统排水办法在实际应用中也能较好地执行道路排水任务，但是因为自身渗透、滞留和储存效能偏低，对地下渗透系数的要求较高，在车流量或者货流量偏大的城市道路运营情况下，雨水无法完全渗入道路。例如，过去在步行街预制混凝土现场施工建造中，经常运用花岗岩和新型渗透性土建造海绵城市道路，这些材料在透水性、环保性等方面均占据优势。

(2)路面排水设计

排水系统的设计是市政道路设计工作中的一项重要内容。过去，道路工程的排水设施主要通过横坡把雨水引进排水井内，正因如此，绿化带成为大部分排水井首选建设的位置，以期辅助提升城市路面的排水效率。而将排水管道设置在城市道路两侧的绿化带内，能统一采集与净化雨水，净化处理采集所得的雨水随后用于浇灌绿化带内的植被，显著提升水资源的回收与利用效率。

2. 城市道路绿地景观设计

(1)我国基于海绵城市背景下的绿色街道现状

海绵城市中的绿色街道属于城市绿化的建设范围，是其中的一项重要组成部分，其在空间上与绿道、湿地、森林以及雨水花园等绿色基础设施形成了一种联系，是将街道地表雨水、交通、景观、休闲集于一体的综合管理模式。

荷兰著名建筑师雷姆·库哈斯对现代城市街道有一个另类的全新的认识，即城市街道已经变成了消费性的商业街道，它本身应具备的功能已渐渐丧失，同时城市街道空间被汽车主导。正如这位伟大的建筑师所说，汽车逐渐普及，正在慢慢地吞噬着城市中本应属于人行走的街道空间，使得本就功能单一的城市街道变得越发失去活力生气，而一些不科学的规划建设更导致城市街道的环境遭到破坏和污染，渐渐形成了一种“人行道不见行人，快车道车流呼啸”的奇怪现象。在这种条件下，城市街道的绿化工作更是难以有效开展，即使开展起来也无法起到良好的效果。相比之下，美国、德国、日本、新加坡等国家通过长期的实践验证，形成了一套属于自己的海绵城市雨水管理体系。美国是最早对雨水实行管理的国家，在20世纪70年代就已经提出了雨水管理的实践方案；德国则是世界上对雨水进行管理较为先进的国家之一，不仅在设计理念与工程技术上比较成熟，而且很早就提出了与雨水管理相关的经济补偿、行业标准以及管理条例等。

现阶段我国的海绵城市绿色街道建设与这些国家相比还有一定的差距，突出表现在街道雨水排放系统上。由于地表硬化，城市街道缺乏吸收雨水的功效，对城市的绿化建设有一定的阻碍作用。因此，国家相关部门提出了许多建设政策。2015年财政部发布了《关于开展中央财政支持海绵城市建设试点工作的通知》，明确提出中央财政对海绵城市建设试点给予专项资金补助，资金支持期限为三年。同年，北京建筑工程学院的车伍教授发表了《我国排水防涝及海绵城市建设中若干问题分析》的报告，其中以我国城市雨水管理为背景，着重分析了绿色街道以及海绵城市建设的突出难题。

(2)基于海绵城市理念的城市道路绿地景观设计策略

①城市道路绿色景观组成模块。

基于海绵城市的设计理念，道路景观的设计应该遵循保护自然和最小限度干预的原则，减少建筑材料的使用，所以在设计上采取以下几种方式。

a. 透水人行道是设计在马路表面的一种方式，雨水可以直接渗透到地下土壤，兼具渗透和排水的功能，能够补充地下水，快速排水也不会造成内涝，不影响交通。同时，还具备吸水功能，可以减轻排水道的压力。

b. 树池的设计。在道路景观的建设中，树池可以让树木的根延展得更大更深，也是道路景观中最为重要的因素之一。因为行道树需要成长，对于土壤的要求也很严格，可以选择吸水和排水功能较强的砂石土壤。种植可以选择肥沃且过滤性比较好的土层。

c. 路缘石扩展带一般是在街道路边扩展形成的软质土壤景观区，形状根据道路实际情况灵活设计。

②社区道路景观建设。

道路绿地景观设计不能仅仅注意马路边，还要注意社区内部的马路和街道。减小小区街道的宽度，不是缩小道路的宽度，而是加大绿化的面积，缩小水泥或者柏油覆盖的宽度，让原本的土路出现，既能够防止暴雨带来的水涝，又增强吸水能力，街道附近的小气候环境也会改善。

③生态林荫道景观建设。

生态林荫道设计的目的是建立起有中央绿化带的形式，可以提高雨水的处理功能。中央绿化带的设计宽度不能太小，一般不小于 1.5 m，同样，高度也不能太高，否则会破坏道路景观的连续性，对司机可能造成影响，太低也会起不到防止晕眩的功能，高度控制在 1～1.5 m 为最佳。设计上，也要设置多重绿化分隔带，在发挥雨水处理功能的同时，可以协调城市快速路与生活型街道之间的关系，起到很好的分隔作用。

④排水分流控制。

作为城市排水的重要组成部分，道路排水与城市生态建设密切相关。排水分流控制原则是指在生态雨洪控制利用理论框架下，道路应遵循路面与绿地排水分流设计的原则。从雨洪控制的角度看，道路路面与道路绿地排水的分流是提升道路雨洪控制能力的前提。由于道路与绿地的基质截然不同，绿地内的雨水水质明显优于道路，且绿地本身具有雨水净化能力，结合了生态技术的绿地还能接纳周围的雨水径流，发挥调蓄与净化作用。因此，排水分流就是要从源头对道路路面和道路绿地的雨水进行分流。

a. 纵向分流。

道路雨水径流的控制主要依托排水口与排水通道。纵向分流指的是排水口的分流，通过设计道路与绿地排水口的标高差引导分流。目前，国内大多数城市已建成道路的绿地标高高于路面标高，且没有独立的排水口设计，无法实现雨水分流，应该通过排水口改造实现与道路排水的分流控制。然而，分流并非完全隔离，而是根据道路与绿地径流的水质、水量条件的差异，采取不同的设计方法与技术。例如，道路路面的渗透能力差、雨水径流量大、水质污染严重，在将雨水径流引入相对独立的绿地区域时，一方面需要通过沉淀、过滤和净化等方式处理水质污染的问题，另一方面需要设计适度的排水口、排水通道和足够容量的蓄水空间以适应其汇水速度快、径流量大的特点。

b. 横向分流。

横向分流指的是排水通道的分流，通过道路与绿地排水通道的分离来实现分流。道路排水与绿地排水的特点不同，其排水通道的设计方法也不同。道路排水通道的设计应针对道路排水的特征，尽可能地延长排水径流时间，分散排水径流通道，以延缓暴雨进入城市管网的时间，有效地减少雨洪流量。

综合上述分析可知，海绵城市建设背景下的道路绿地设计应首先实现道路路面与绿地排水的分离，再制定相应的策略，引导市政排水管网与生态景观排水分控。如此一来，既可以有效地增加绿地蓄水量，减缓市政排水管网(尤其是在暴雨期)的排水压力，又能够根据道路与绿地的雨水污染程度、滞蓄能力和径流特点制定相应的设计策略，选择合理的设计方法与技术，实现雨水资源的高度优化利用。

⑤汇水径流引导。

道路是城市雨水径流产生、汇集与排放的主要区域，根据美国国家环境保护局(U.S. Environmental Protection Agency，U.S. EPA)的测算，当降雨发生时，在自然地表只有10%的雨量形成地表径流，50%的雨量下渗；而在城市建成区，同强度的降雨有55%的雨量形成地表径流、15%的雨量下渗。因此，合理引导城市道路雨水径流对发挥道路"雨水管理"功能具有重要的现实意义，处理好道路与绿地排水径流的关系也成为生态道路绿地设计面临的重要任务。

基于雨水存储利用的汇水径流引导策略是根据绿地汇水过程与道路用地差别而构建的，该策略包含两个部分：

a. 根据汇水过程实施源头→汇流→终端的引导。

该引导主要是根据雨水径流的产生过程，对雨水径流实施从源头到终端的全过程引导。以美国波特兰市12号大街为例，当降雨发生时，12号大街可汇集道路范围内的雨水径流，并由进水口将其导入4个连续的雨水种植池中，雨水在种植池中完成吸收、滞留、净化和下渗等过程，不能消纳的多余雨水通过溢流口流出并进入城市排水系统。针对雨水径流不同阶段的不同特点，12号大街采用不同的设计方法与技术手段，成功地将雨水径流从道路引入绿地并排入城市管网，实现了对雨水径流的过程引导与控制。

b. 从用地差别的角度出发，对人行道、车行道与绿地进行空间引导。

人行道、车行道与绿地上的雨水径流的汇水量、水质、径流速度与径流特点均有非常大的差别，如采用透水铺装的人行道，其透水性要优于车行道，而绿地的透水性则又优于人行道。因此，在源头→汇流→终端引导的基础上，未来的道路排水设计应进一步根据人行道、车行道及绿地的雨水污染情况、雨水径流量与径流速度制定相应的设计方法，以指导不同环境下汇水径流的优化处理。

⑥蓄水优化利用。

基于雨水存储利用的道路绿地设计应从以下两个方向构建其蓄水优化利用框架：

a. 基于渗透的设计。

通过道路绿地进行雨水渗透，是雨水就地存储、消化的有效途径。雨水通过地表土壤或者辅助设施渗透到地表以下，重新参与自然的水循环当中，可有效补充道路用地范围内的地下水源，促进水资源的再循环。因此，基于雨水利用的渗透设计首先应从雨水渗透的角度出发，对用地范围内的降雨量和降雨特征进行分析，作为道路绿地雨水渗透设计的前提与基础；其次应根据降雨量及降雨特征确定土壤基质的配置、铺装材料的选择，同时根据植物的吸水性、耐水性特点进行植物配置；最后在综合分析渗透特征的基础上，选择合理的设计模式以及渗透与过滤技术。

b. 基于存储的设计。

在渗透策略的引导下，一部分道路雨水资源实现了就地消纳。但是道路绿地也需要结合相应的存储设计策略(如建设雨水花园、生态蓄水池等)储蓄一定量的雨水，用于道路景观水体的补给、绿化，以节约城市水资源。因此，基于雨水利用的存储设计首先应根据场地的地理环境、降雨特征与空间条件，对汇水特征、蓄水量和下渗量进行分析，以合理地划分汇水区，实现对雨水存储的科学规划布局；其次应分析场地形态、高程、坡度和面积等相关特征，以确定可采用的设计手段与存储模式；最后根据上述分析的结果，选择合理的存储模式与净化技术，确定相应的物理净化、植被土壤净化技术。

道路绿地收集雨水的功能体现在重建水循环和补充城市水源方面，这也符合当下我国海绵城市建设的需求，具有积极的生态意义。因此，充分发挥道路绿地的雨水渗透与存储功能，增强道路绿地对雨水资源的消纳与利用水平，应该成为海绵城市建设背景下道路绿地设计的重要支撑点。

(3)基于海绵城市理念的城市道路绿地景观排水与蓄水设计

①排水设计。

尽管道路绿地景观能够存储、利用一定量的雨水资源，但排水仍然是道路绿地首要的生态功能，应根据实际情况进行设计。

a. 道路绿地自身的排水设计。

根据城市道路绿地景观的特点，适合采用生态排水的方式，并充分利用道路及绿地空间形成科学的排水与调蓄设计。目前，城市道路绿地景观的生态排水主要有两种方式：一是将道路与绿地边界的局部或全部打开，把径流分配到邻近的下沉式绿地中，并设置连续的雨水滞纳设施，通过绿地滞纳一定量的雨水，缓解排水管网的排水压力；二是设置浅草沟、渗透渠等设施，并结合相关生态景观技术，发挥绿地对雨水的吸收、滞留、减速和渗透作用，从而达到缓解排水管网压力的目的。

b. 绿地景观与排水管网的对接设计。

城市道路绿地景观与排水系统的对接设计能够科学合理地引导道路排水，是生态道路设计的重点，其基本原则是建立绿地与排水管网的间接联系，缓解排水管网的排水压力。因此，在土壤渗透能力有限的情况下，城市道路绿地景观应将无法下渗的雨水引入收集池，待排水高峰期过后再排入城市排水管网。此外，为防止道路绿地景观雨水收集池的集雨量超过其容量，应设计与排水管网相对应的溢水口和溢流井，以实现对道路绿地景观的弹性排水控制。

c. 道路绿地景观与外部空间的排水协同设计。

近年来，国内城市由于排水系统设计标准偏低、管网容量较小，尤其是在排水高峰期时，地势低洼的节点地区排水压力负荷较重，道路积水呈现出特定地点发生率高、排水引流不畅的特征。而道路绿地景观与外部空间的排水协同设计对缓解道路内涝节点的排水压力有积极的作用。因此，在年降雨量和暴雨期雨水径流量较大的地区，当道路绿地不能明显发挥排水作用时，应选择径流引导的方式，将雨水引导至道路周边的广场、绿地内，通过外部雨水收集设施来缓解道路绿地的排水压力。这一类型的道路绿地设计应注意对径流的引导设计，如其坡度选择应满足排水速度的要求，场地高差应注意与周边广场、绿地的衔接等。

②蓄水设计。

降雨产生的雨水径流进入绿地，经过绿地蓄渗以后，剩余的雨水径流通过合理的蓄水设计可以作为灌溉、清洁和景观用水，是雨水生态利用的重要表现。因此，除辅助道路排水外，蓄水是道路绿地景观的另一个重要的生态功能。道路绿地景观的蓄水设计主要包括蓄水方式与蓄水技术两部分内容：

a. 蓄水方式。

道路绿地景观的雨水蓄存不仅能用于雨水调蓄、景观水体和景观绿化，而且可以减小径流对道路的侵蚀，削减道路雨水径流的洪峰流量，具有多方面的生态价值。道路绿地的优点在于不仅可以收集到对应绿地上的雨水，还能收集到周围硬地集水面积上的汇流，因此可以在降雨的全过程中加大道路整体的雨水入渗系数。

道路绿地景观的蓄水方式主要有两种：一是通过种植基质层和植物吸收储存雨水。在基质层方面，种植的植物种类及土壤的选择是关键，应选择低密度、高孔隙率、耐冲刷的土壤材料以及耐水性好、吸水性强的景观植物；二是通过专门设计的蓄水空间储存雨水。道路绿地常用的蓄水设施有植草沟、生物滞留带、雨水花园、人工湿地、生态蓄水池和生态截污池等。道路绿地应将基质层和蓄水空间结合起来，充分利用场地内部或周边道路、建筑和绿地收集雨水。

此外，利用道路绿地景观开发蓄水空间不仅要满足增加雨水存储量的需求，而且应建立弹性的蓄水和排水联系。例如，美国波特兰市12号大街的实践表明：蓄水与径流结合的引导设计可显著提升景观对雨洪的控制能力，使25年一遇的暴雨产生的径流强度降低约70%。因此，道路绿地的蓄水设计不应只是开发蓄水空间，还需依托蓄水空间进行多种形式的排蓄组合设计，通过弹性蓄水与排水的结合，实现雨水的弹性存储与弹性排放。

b. 蓄水技术。

路面雨水径流会携带重金属和有机物等污染物。而绿地可通过土壤基质、植物及微生物的吸附、过滤、离子交换等作用净化径流中的污染物，将大部分的固体污染物沉降下来并转化为植物的营养物质。由此可见，道路绿地蓄水在减少径流污染和净化雨水水质方面具有明显的优势。

基于上述分析，道路绿地的雨水净化设计应与蓄水充分结合，通过渗透、存储、调节、转输与净化等过程实现对雨水的净化处理；道路绿地应结合用地性质与场地条件(降雨量大小、径流量大小、污染程度、汇水区位置及面积、土壤类型及结构、绿地空间形态及结构等)进行雨水资源利用的需求分析，并确定适宜的净化技术，有效利用生物滞留设施、渗透塘、湿塘、雨水湿地、调节塘、植草沟和植被缓冲带等设计方法与技术，实现对雨洪的净化和利用的有效管控。

(4)海绵城市理念在城市道路绿地景观系统中的应用

海绵城市理念在城市道路绿地景观系统中的应用主要体现在下沉式绿地的建设上。

①竖向设计。

设计下沉式绿地需要与环境相结合，充分考虑周围建筑、道路高程等一系列因素，使雨水能够缓慢流入下沉式绿地中。道路周围的下沉式绿地一般设置在路缘石和人行横道之间，由于靠近机动车道和人行横道，所以要合理设置绿地与雨水口、硬化地面的竖向衔接方式，保证人们出行的畅通和安全。首先，硬化地面应与下沉式绿地保持一定的坡度，而且坡度不宜过大，使雨水通过地面缓慢流向绿地。其次，路缘石与地面的高度要保持一致，如果路缘石高于地面，那么每隔一定距离设置排水口，并在排水路径铺设鹅卵石，使雨水分散进入绿地。最后，在绿地中或绿地与硬化地面衔接处设置雨水溢流口，并在雨水集中入口处栽种植被或覆盖保护膜，防止雨水长期冲刷造成土壤流失。

②景观效果设计。

目前下沉式绿地的设计较为落后，不能有效地集蓄雨水、改善生态系统，所以应将海绵城市理论融入绿地设计中，以增加绿地的观赏价值和使用价值。首先，可以在绿地周围建设池塘、园林、湿地，将绿地无法容蓄的雨水导向其他系统，而且在土壤缺水时，可以用池塘水进行灌溉。其次，在绿地上种植耐旱耐涝的植物，植物在雨季时可以吸收大量的雨水，在旱季时也不用灌溉。再次，在绿地上铺设色彩鲜艳的石头，在降水量过大时能够实现雨水分流，防止某个区域的降水量集中造成绿地沉降。最后，对面积较大的绿地进行细分，采用逐层沉降的方式，减少土方工程的工程量和工程费用，打造独特的绿地景观。

③植物淹水时间的设计。

植物如果淹水时间较长，就会因为根部无法呼吸而死亡，所以设计绿地系统时，要考虑土壤的渗透性、下沉高度和雨水口的高度。提高土壤渗透能力的方法有：第一，将施工过程中场地上不可避免被夯实的作业空间设计为透水铺装，而预定的下沉式绿地区域尽量避免重型机械的碾压；对已压实的土壤需要借助机械改善土壤的夯实度，可以适量加入有机质、多孔陶粒等透水性材料来改良土壤结构。第二，土壤渗透性较差的地区可以通过添加炉渣等措施增强土壤的渗透能力，缩短下沉式绿地中植物的淹水时间。

此外，还应因地制宜地选择绿地下沉深度。对于渗透性能较好的砂土地区，可适当增大绿地下沉深度到150～300 mm甚至更大，需确保植物的淹水时间小于24 h。但是随着绿地下沉深度的增加，建设成本也会加大，一般下沉深度不宜大于500 mm。对于渗透性较差的黏土地区，植物长期淹水会导致根部缺氧，会危害植物的生长，因此绿地下沉深度不宜大于100 mm，还可以适当缩小雨水溢流口高程与绿地高程的差值，使下沉式绿地集蓄的雨水能够在24 h内完全下渗。要综合考虑周围地质与水文环境，从而保证城市建设的可持续发展。

3. 城市道路给排水设计

(1)城市道路雨水径流特点

常见的城市道路可被看作城市不透水下垫面的重要组成部分。它会使雨水径流峰值时间提前，径流峰值提高，很小的雨便会形成地表径流，雨水对地表污染物的冲刷能力增强。道路的路面材料、汽车残留物以及生活垃圾等因素致使地表径流污染物成分复杂、径流污染严重。同时，各种径流污染物浓度的变化情况表现为降雨初期污染物浓度较高，降雨后期污染物浓度逐渐降低。

城市道路作为城市典型的面源污染对象，越来越受到人们的重视。城市道路的径流污染来源主要包括大气的干湿沉降、车辆的交通活动及损耗、汽车尾气及城市垃圾。研究发现，我国城市道路径流中TSS为主要污染物，COD、TN、TP和Pb等污染物质在雨水径流中的浓度也较高。SS和COD存在较好的相关性，SS含量较高的径流雨水，COD浓度也相应较高。还有研究表明，高速公路车速快，车辆耗损大于普通道路，因此在雨水径流中，Pb、Cu和Zn等重金属的含量较高。由此可以看出，针对不同道路的径流污染情况进行污染控制十分必要。

研究表明，小汇水面积径流初期，污染物浓度最高，随着降雨历时的延长，污染物的浓度逐渐降低，最终稳定在一个较低的浓度区间。大汇水面积、管道系统雨水径流污染浓度变化情况差异性很大，受降雨特性、降雨时间间隔、汇水区域特性和污染物特性等多方面因素综合影响，因此表现出(与小汇水面积径流污染规律比较)差异性和复杂性。从上述研究结果可以看出，小区域初期雨水的控制对径流污染的控制是十分有效的。对上海部分地区的雨水地面径流研究显示，在降雨量达到 10 mm 时，径流水质已基本稳定；国内相关研究表明，雨水控制量在 6～8 mm 时，污染量削减率可控制在 70%左右。

(2)城市道路给排水系统措施布置

①路面铺装。

机动车道常采用透水沥青混凝土铺装，为了避免雨水进入路基，影响道路强度，铺装多采用半渗透性材料。雨水进入透水沥青混凝土结构层内部后，从不透水的封层上部沿横坡排至盲沟；如果透水层埋设了排水管，雨水进入排水管中，经纵向收集进入雨水口。非机动车道和人行道多采用透水水泥混凝土铺装或透水砖铺装，主要可根据铺设地区土壤的透水能力选择全透性或者半透性铺装。

②绿化带措施。

道路红线内的绿带包括分车绿带和行道树绿带两种。对于中间分车绿带，当宽度小于 1.5 m 时，采用种植 0.5～1.5 m 植物的雨水花园或下沉式绿地；当宽度大于 1.5 m 时，采用种植乔木的雨水花园或生物滞留带。对于两侧分车绿带，当宽度小于 1.5 m 时，采用灌木和地被植物相结合的雨水花园或下沉式绿地；当宽度大于 1.5 m 时，采用种植乔木的雨水花园，但须保持与灯杆 2 m 的安全距离。行道树绿带可以采用生态树池。

③路缘石、雨水口和边沟。

道路路缘石多采用立缘石，LID 模式的立缘石包括打孔立缘石、豁口立缘石和间隔式立缘石。它们不仅起到分隔交通流的作用，还能引导雨水流入绿带中，使雨水得到进一步处理。雨水口多设置在道路上，这时需增加截污装置；当其设置在下沉式绿地和生物滞留带等设施内时，主要作为溢流出路。在 LID 模式中，边沟主要被植草沟所代替，其中，转输型植草沟和湿式植草沟多用于高速公路排水和小型停车场等情况，干式植草沟多用于居住区，但需要定期割草维护。

(3)城市道路与红线外区域的衔接

城市道路连接建筑、小区，当相连区域用地紧张时，该区域经常合并为人行道，可以采取透水铺装排水；当该区域空间较大或存在路侧绿带时，可以设置雨水花园、下沉式绿地和植草沟等 LID 措施排水，这些措施均可与路侧绿带相融合。

城市道路连接城市绿地，绿地的 LID 措施形式多样，既可采用雨水花园、下沉式绿地、生物滞留带等源头技术措施，又可采用植被缓冲带、植草沟等中途技术措施，为了更明显地降低城市的水体敏感性，还可选用雨水湿地等终端技术措施。

城市道路连接城市水系，常采用的 LID 措施包括植被缓冲带、湿地和雨水湿塘等。路面径流通过植被缓冲带初步净化后，再进入湿塘和雨水湿地进一步沉淀、过滤、净化和贮存，超标雨水排放到水系中，实现对自然水体的保护。

(4)特殊条件下的道路给排水

工业区道路雨水径流污染除了来自常规污染源，更严重的是来自工业企业生产、储存和运输过程中的跑冒滴漏等各种事故。由此可知，工业区的雨水水质复杂，不同区域的特征污染物也不同。对于道路雨水，该区域的排水系统需要有特殊的处理手段。针对工业区含油雨水径流污染，采取针对性的研究方案：对于轻油类径流污染，可以设置斜板隔油池进行隔油回收或者在雨水调蓄池内进行交叉平流隔离处理，最终将处理后的雨水排入污水管网；对于重油、原油类径流污染，需要将含此类污染物的雨水收集在调蓄池内停留一段时间，待油类污染物漂浮到水面后，再进行处理；对于大型化工、炼油企业，因含油雨水的排放要求较高，需要集中收集处理，一般采用氧化塘、生物曝气等生物处理工艺。

4. 城市道路结构优化设计

(1)非机动车道和人行道

城市各大非机动车道与人行道在雨季来临时常出现道路积水、路面打滑的现象，给行人与车辆的通行造成很多不便，且雨水排放不畅加重了城市热岛效应。人们已逐渐意识到这一问题的严峻性，但非机动车道的透水铺装工作却很少开展。

透水铺装分为透水砖铺装和透水水泥混凝土铺装两类。非机动车道及人行道主要采取的是透水铺装，可使地表在雨水到达后保持合适的温度与湿度。若地表透水能力较差，可在基层设置排水管。

(2)机动车道和公交专用道

随着城市化发展步伐的不断加快，城市道路的建设也发生了翻天覆地的变化，逐渐由传统的路面设计向透水性路面转变，可从根本上缓解地表径流对路面的侵蚀，起到抗滑防噪的作用。

透水性路面通常是指透水沥青混凝土铺装，其有效应用可大大降低雨水对路基的不良影响，保护混凝土结构免受雨水的侵蚀。根据需要设置专门的排水管，使雨水能第一时间从管道流出，补充地下水，从而实现水资源的循环利用。此外，铺设时还应严格控制不同道路的横坡、纵坡坡度。

(3)道路绿带

道路绿带是指城市道路红线范围内呈带状分布的绿地。其根据城市道路横断面中不同的结构功能，可分为人行道绿带、分车绿带、路侧绿带和交通岛绿地等几种，主要起到隔离噪声与美化环境的作用。道路绿带的优化设计主要包括建设下沉式绿地、生物滞留带和雨水花园等。

①下沉式绿地。

关于下沉式绿地的介绍可详见“4.2.1 雨水渗透单体技术设施”中“2. 下沉式绿地”的内容，此处不再赘述。

②生物滞留带。

该区域主要种植的是一些花草，借助微生物等的作用对雨水进行净化处理。

③雨水花园。

该区域主要指浅洼地种植的花草，能有效减少径流量，借助植物的作用对雨水进行净化。

(4)海绵城市道路与红线外用地的衔接设计

①道路与建筑、小区衔接优化设计。

在一些商业区附近或者居住区城市道路两侧，连接建筑的现象较为常见。若连接场地较为狭窄，车辆通行时常会与人行道发生冲突，雨水降落时若没有及时处理，难免会对路面造成一定的损害。因此，可使用透水铺装进行排水处理，而当城市道路与建筑小区之间的有效空间较大时，可以将 LID 设施与路侧绿带合并设置。

②道路与城市水系衔接设计。

城市水系在改善城市生态环境、有效防治洪涝等方面有着重要的影响力，也是城市道路雨水排放的主要途径。城市水系主要通过雨水湿地等 LID 末端进行调蓄处理，有效衔接路面径流，利用植物减慢流速，从而减轻其对路面造成的影响。而雨水管网中的雨水经过一系列的过滤、净化后，最终流入城市水系，以满足其他方面的需求。

5. 北方少雨地区和南方多雨地区城市道路采用海绵技术进行差异化设计

在城市道路建设中，北方少雨地区和南方多雨地区在应用海绵技术时存在显著的差异，这些差异不仅体现在降雨量和雨水资源化利用方面，还涉及地质条件、地形地貌、植被覆盖等多个方面。

(1)降雨量与雨水资源化利用

北方少雨地区降雨量相对较少，水资源相对匮乏。雨水被视为宝贵的生活和农业水资源，需要尽可能保留下来。在海绵城市建设中，更注重雨水的收集和储存，以满足生活用水和农业灌溉等需求。

南方多雨地区降雨量较大且频繁，水资源相对丰富。雨水收集池的利用率相对较低，但仍需注重雨水的资源化利用，特别是在暴雨时段的径流峰值调蓄和小雨初期雨水的收集处理方面。雨水更多地用于城市排涝、防洪以及生态补水等方面。

(2)地质条件与地形地貌

北方少雨地区的地质条件多为内陆型沉积岩或干旱、半干旱地区的土壤，土壤的透水性相对较好。地形地貌相对平坦，缺乏抬升作用，降水相对较少。在海绵城市建设中，可以更多地考虑使用透水铺装、生物滞留等设施来提高地表雨水的渗透能力。

南方多雨地区地质条件多为海洋性沉积岩或湿润地区的土壤，土壤含水量较高，透水性相对较差。该地区地形地貌复杂多变，多山地、丘陵和盆地，这种地形使得气流在运动过程中易受阻挡和抬升，从而形成降水。在海绵城市建设中，需要更注重雨水的快速排放和调节，可以使用植草沟、雨水湿地等设施来转输和调节雨水。

(3)植被覆盖与生态环境

北方少雨地区植被覆盖率相对较低，对水汽的涵养能力较弱。在海绵城市建设中，可以通过增加绿化面积、种植耐旱植物等方式提高植被覆盖率，增强对水汽的涵养能力。

南方多雨地区植被种类繁多，覆盖率高，对水汽的涵养能力强。在海绵城市建设中，可以充分利用植被的滞水、净水功能，建设雨水花园、下沉式绿地等生物滞留设施，实现雨水的滞留、过滤和渗透等目的。

综上，在海绵城市建设中，需要根据具体地区的实际情况进行灵活调整和优化设计，以实现雨水资源的最大化利用和城市生态环境的持续改善。

5.3 海绵城市理念下的城市道路施工

5.3.1 海绵城市理念下的城市道路施工重点

依据“5.2.2 城市道路设计”的内容，下文简要介绍海绵城市理念下的城市道路施工重点。

(1)透水铺装与人行道施工

透水铺装与人行道的施工流程包括基层处理、透水层铺设、排水层设置、面层铺装以及边缘密封。

①需要对基层进行清理，确保无杂物和积水，以保证施工的顺利进行。

②在透水层下方设置合理的排水层，以确保水分能够顺畅排出。

③在透水层上方铺设面层材料，如透水混凝土或透水沥青，并注意处理铺装材料之间的缝隙。

④使用密封材料对人行道边缘进行密封处理，防止水分外溢。

在施工过程中，需注意以下施工要点：

①确保基层和垫层的透水性，这是保证整个透水铺装系统有效性的基础。

②排水层的设置必须合理，避免积水问题。

③面层铺装要平整，缝隙处理要到位，以确保铺装的整体性和耐久性。

④边缘密封要严密，防止水分外泄，从而保障透水铺装的功能性和美观性。

(2)树池与绿化施工

施工流程：

①先对土壤进行处理，这包括挖除原有土壤并换填具有良好吸水和排水功能的砂石土壤，以确保土壤的肥沃性和过滤性良好。

②根据设计要求挖掘树池，确定其尺寸和深度，以保证树木根系有足够的生长空间。在树池底部设置排水孔或管道，以确保排水设施畅通无阻，避免积水问题。

③在树池中进行绿化种植，应选择适合当地气候和土壤条件的植物进行合理布局，注意植物搭配的美观性。

施工过程中需特别注意以下几点：

①土壤处理必须到位，确保土壤肥沃且具备良好的过滤性能。

②树池的尺寸和深度必须符合设计要求，以满足树木生长的需求。

③排水设施必须保持畅通，避免积水对树木造成不利影响。

④绿化种植时要合理规划植物的布局，注重植物之间的搭配和整体景观的美观性。

这些措施将有助于提高绿化工程的质量和效果，确保树木健康生长并达到预期的景观效果。

(3)雨水管理设施施工

雨水管理设施的施工流程包括以下几个关键步骤：

①需要进行污染控制，这包括清理城市道路地表污染物，并设置有效的污染控制措施，以避免雨水被进一步污染。

②通过安装初期雨水收集系统，对雨水进行沉淀、过滤和化学处理，以确保雨水在进入城市排水系统之前得到妥善处理。

③挖掘雨水花园、渗透池等雨水渗透设施，以提高雨水的渗透率，减少地表径流。

④建设生态蓄水池等雨水存储设施，并配置相应的净化设施，以确保水质达标并安全可靠地存储雨水。

需注意以下几点：

①污染控制措施必须有效，以防止雨水再次受到污染。

②初期雨水收集系统需要完善，确保所有初期雨水都能得到妥善处理；雨水渗透设施的布局要合理，以提高雨水的渗透效率。

③同时，雨水存储与净化设施必须安全可靠，确保水质符合标准。

这些措施共同作用，旨在实现雨水的有效管理和利用，减少城市内涝风险，并促进生态环境的可持续发展。

(4)道路给排水系统布置

道路给排水系统的布置包括路面铺装、绿化带建设和路缘石与排水设施的安装等。

①路面铺装需要按照设计要求进行机动车道、非机动车道和人行道的铺设，确保铺装平整、牢固，并具备良好的透水性能。

②在绿化带内种植不同种类的植物，可以形成雨水花园、下沉式绿地或生物滞留带，以提高雨水的滞留和净化能力。

③最后选择打孔、豁口或间隔式立缘石，并设置雨水口及增加截污装置，以确保排水顺畅。

路面铺装必须保证平整度和牢固性，同时具备良好的透水性能，以有效引导雨水渗透。绿化带的建设应合理布局，通过科学种植植物来增强雨水的滞留和净化功能。此外，路缘石与排水设施的安装必须到位，确保排水系统能够顺畅运行，避免积水和堵塞问题的发生。这些措施共同作用，有助于提升道路的排水能力，减少城市内涝风险，同时优化道路环境质量。

(5)道路与外部空间衔接施工

在道路与外部空间的衔接施工中，需要根据不同的衔接类型采取相应的LID措施。例如，在人行道与周边区域的衔接中，可以采用透水铺装或设置雨水花园、下沉式绿地和植草沟等措施，以提高雨水的渗透和滞留能力，同时减少径流污染。对于城市道路与城市绿地的衔接，则可以通过采取雨水花园、下沉式绿地等源头技术措施，并结合植被缓冲带、植草沟等中途措施来有效管理雨水流量和质量。

在城市道路与城市水系的衔接方面，建议采用植被缓冲带、湿塘和雨水湿地等LID措施，以确保雨水能够顺利排入城市水系，避免造成污染。这些措施不仅有助于缓解城市内涝问题，还能提升城市生态环境质量。

施工过程中，需要确保衔接处的平整和顺畅，避免积水现象的发生。此外，LID措施的合理布局至关重要，将直接影响雨水滞留和净化的效果。因此，施工时应充分考虑地形、气候以及周边环境等因素，科学规划LID设施的位置和规模，以最大限度地发挥其功能。

5.3.2 海绵道路结构层施工

1. 一般规定

在施工海绵道路结构层前，必须充分进行施工准备，并对下承层进行严格检查验收，确保其合格。随后，应对下承层表面进行彻底清洁处理，确保表面清洁且无积水。需要注意的是，透水水泥混凝土结构层的施工应避免在冬季进行。此外，对于高填方路基与软土路基，必须在其沉降值达到设计要求并保持稳定后，方可开展道路基层及结构层的施工。在整个道路结构层施工过程中，严禁采用薄层贴补的方法进行表面整平修补。

2. 透水水泥混凝土结构层

(1)透水水泥混凝土结构层材料要求

水泥应采用强度等级不低于 42.5 级的硅酸盐水泥或普通硅酸盐水泥，并应符合现行国家标准《通用硅酸盐水泥》(GB 175—2023)的规定。不同等级、厂牌、品种和出厂日期的水泥不得混存、混用。外加剂应符合现行国家标准《混凝土外加剂》(GB 8076—2008)的规定，并应具有产品使用说明书。原材料应妥善贮存，不应混入杂质。透水水泥混凝土使用的粗集料应质地坚硬、耐久、洁净，最大公称粒径不应大于 25 mm，性能指标应符合表 5.1 的规定。透水水泥混凝土拌和用水应符合现行行业标准《混凝土用水标准》(JGJ 63—2006)的规定。

表 5.1　粗集料性能指标

项目	单位	指标
压碎值	%	<15.0
针片状颗粒含量(按质量计)	%	<10
含泥量(按质量计)	%	≤0.5
表观密度	kg/m^3	>2 500
紧密堆积密度	kg/m^3	>1 350
堆积空隙率	%	<47.0

(2)透水水泥混凝土配合比设计要求

①透水水泥混凝土的配制强度应满足设计要求。

②透水水泥混凝土拌和物工作性适宜的范围，应符合表 5.2 中的规定。

表 5.2　拌和物工作性适宜的范围

指标	坍落度/mm	初凝时间/min
推荐范围	40～60	≥120

③透水水泥混凝土配合比应采用体积法，并应按式(5.1)计算，其强度应通过试验确定。

$$(M_g/g)+(M_c/c)+(M_w/w)+(M_z/z)=1-P \tag{5.1}$$

式中：M_g 为 1 m^3 透水水泥混凝土中粗集料的用量，kg；M_c 为 1 m^3 透水水泥混凝土中水泥的用量，kg；M_w 为 1 m^3 透水水泥混凝土中水的用量，kg；M_z 为 1 m^3 透水水泥混凝土增强料的用量，kg；g 为粗集料的表观密度，kg/m^3；c 为水泥的表观密度，kg/m^3；w 为水的表观密度，kg/m^3；z 为外加剂的表观密度，kg/m^3；P 为设计孔隙率。

④每立方米透水水泥混凝土中材料的推荐用量宜符合下列规定：水胶比宜为 0.28～0.35；当采用有砂透水混凝土时，砂率不宜超过10%；不同强度等级混凝土的胶结材用量应符合表 5.3 的规定。

表 5.3　不同强度等级混凝土的胶结材用量

混凝土强度等级	胶结材用量/($kg \cdot m^{-3}$)
C10～C15	260～330
C20～C25	350～410
C30～C35	420～460

(3)透水水泥混凝土的性能要求

透水水泥混凝土的性能应符合表 5.4 的规定。

表 5.4　透水水泥混凝土的性能

<table>
<tr><td colspan="2">项 目</td><td>计量单位</td><td colspan="3">要 求</td></tr>
<tr><td colspan="2">耐磨性(磨坑长度)</td><td>mm</td><td colspan="3">≤30</td></tr>
<tr><td colspan="2">透水系数</td><td>mm/s</td><td colspan="3">≥0.5</td></tr>
<tr><td rowspan="2">抗冻性</td><td>25 次冻融循环后抗压强度损失率</td><td>%</td><td colspan="3">≤20</td></tr>
<tr><td>25 次冻融循环后质量损失率</td><td>%</td><td colspan="3">≤5</td></tr>
<tr><td colspan="2">孔隙率</td><td>%</td><td colspan="3">≥10</td></tr>
<tr><td colspan="2">强度等级</td><td>—</td><td>C20</td><td>C25</td><td>C30</td></tr>
<tr><td colspan="2">弯拉强度(28 d)</td><td>MPa</td><td>≥2.5</td><td>≥2.7</td><td>≥3.5</td></tr>
</table>

(4)透水水泥混凝土拌和与运输要求

预拌透水水泥混凝土制备前，应对原材料品质进行确认。预拌透水水泥混凝土原材料计量的精度应高于普通混凝土，计量允许偏差应符合表 5.5 的规定。

表 5.5　原材料计量允许偏差

项 目	允许偏差(每盘误差)
水泥、矿物掺合料	±1.5%
粗、细集料	±2%

续表

项目	允许偏差(每盘误差)
水	±1%
减水剂	±1%
专用添加剂	±1%

透水水泥混凝土拌和物宜选择混凝土搅拌车运输，运输时应防止离析，并应保持拌和物的湿度，可采取遮盖等措施。

(5)透水水泥混凝土摊铺要求

透水水泥混凝土结构层施工应符合下列规定：

①施工前应在下承层上恢复中线及边线，直线段宜每10～20 m设一桩，曲线段每5～10 m设一桩，小半径地段宜适当加密；应支设模板施工。模板宜选用钢模，表面应平整、无翘曲；模板与混凝土接触的表面应涂隔离剂；模板安装后应稳固、无扭曲、能承受施工荷载、接缝平顺紧密；透水水泥混凝土拌和物摊铺前，应对模板的高度、支撑稳定情况等进行检查。

②透水水泥混凝土结构层施工前，下承层表面应粗糙、清洁、无积水。大面积施工前，应取一段不小于100 m长的路段作为试验段，松铺系数宜为1.05～1.15，并应确定相应的压实设备及碾压遍数或振捣设备及振动时间。后续施工应根据摊铺方式、结构厚度和松铺系数控制摊铺高度。

③透水水泥混凝土运至现场后应立即施工，可采用摊铺机摊铺，也可人工摊铺。人工摊铺时，应根据单车运输量确定摊铺路段的长度。摊铺应均匀，平整度与排水坡度应符合设计要求。对所卸载的每批混凝土，均应检查拌和物的工作性能。摊铺施工时边角位置，应采用人工及时配合补料找平。施工人员应穿减压鞋进行操作，并应随时检查模板，出现下沉、变形或松动，应及时纠正。整平时应保持模板顶面整洁，接缝处板面应平整。

④透水水泥混凝土浇筑不宜在室外温度32 ℃以上施工，并不应在雨天施工。需注意，透水水泥混凝土的施工宜连续进行。

(6)接缝施工要求

透水水泥混凝土结构层缩缝宜等间距布置，最大间距不宜超过6 m，缝宽宜为3～8 mm，切缝深度宜为结构层厚度的1/2～1/3。邻近其他固定构筑物或与其他道路相交处应设置胀缝，胀缝间距应满足设计要求。锯缝宜在混凝土强度达到10～15 MPa时进行，施工中的缩缝、胀缝均应嵌入弹性嵌缝材料，灌缝前缝壁及内部应清洁、干燥。

(7)透水水泥混凝土养护要求

密切检查混凝土表面的初凝状况，一旦发现混凝土开始初凝，应立即采取洒水并覆盖的养护措施，且养护时间不宜少于7 d，其间需确保混凝土持续处于湿润状态。当环境温度较低时，必须根据混凝土的养护要求采取相应的保温措施，以防受温度影响。此外，在养护期间，还需采取有效措施，严格防止混凝土表面被泥沙等杂质污染。特别需要注意的是，在铺设面层之前，应严格禁止车辆通行，并确保养护材料及覆盖物保持完好，以免影响混凝土的养护效果和最终质量。

5.3.3　海绵道路路面面层施工

1. 一般规定

在施工面层之前，必须首先对结构层和排水系统进行全面的检查验收，确保其符合相关要求。随后，还需对结构层进行彻底的清洁处理。

2. 透水沥青道路路面面层

(1)材料要求

透水沥青路面应采用高黏度改性沥青，并应符合现行行业标准《透水沥青路面技术规程》(CJJ/T 190—2012)的规定。

透水沥青混合料中的粗集料宜采用轧制碎石，应均匀、洁净、干燥，宜选用高黏附性、高耐磨耗性、高耐破碎性的优质集料，技术要求应符合现行行业标准《透水沥青路面技术规程》(CJJ/T 190—2012)的规定。粗集料通过 4.75 mm 筛孔的质量百分率应控制在10%及以下。

细集料应洁净、干燥、无风化、无杂质，其技术指标应符合现行行业标准《透水沥青路面技术规程》(CJJ/T 190—2012)的规定。细集料加工过程中应吸尘或水洗，细集料级配颗粒组成宜采用粗集料加工。透水性路面细集料的级配组成应符合表 5.6 的技术要求，有条件时宜采用分档备料。

表 5.6　细集料级配范围

公称粒径/mm	通过各个筛孔的质量百分率/%						
	4.75	2.36	1.18	0.60	0.30	0.15	0.075
0～3	100	90～100	60～90	25～60	8～45	0～25	0～10

透水沥青混合料中掺加的矿粉宜采用石灰岩矿粉，掺加的纤维可采用木质素纤维、矿物纤维等，并应符合现行行业标准《公路沥青路面施工技术规范》(JTG F40—2004)的规定。

(2)透水沥青混合料配合比设计要求

透水沥青混合料应进行配合比设计，可采用现行行业标准《公路沥青路面施工技术规范》(JTG F40—2004)中开级配抗滑磨耗层配合比设计方法，并应符合表 5.7 的规定。

表 5.7　透水沥青混合料技术要求

试验项目	单位	技术要求
马歇尔试件击实次数	次	双面击实 50 次
空隙率	%	18～25
连通空隙率	%	≥14
马歇尔稳定度	kN	≥5
析漏损失	%	<0.3

续表

试验项目	单位	技术要求
飞散损失	%	<15
渗透系数	mm/s	符合设计要求
冻融劈裂试验残留强度比	%	≥85

透水沥青混合料室内制作工艺应按规定的温度、拌和时间、步骤操作，确保混合料拌和均匀、所有矿料颗粒均被沥青混合料完全裹覆。

透水沥青混合料的设计级配范围应符合现行行业标准《透水沥青路面技术规程》(CJJ/T 190—2012)的规定。

生产配合比设计应符合下列规定：

①按目标配合比确定的各冷料仓供料比例上料，根据从二次筛分后各热料仓取样筛分结果，冷料、热料供料大体均衡，应接近目标配合比合成级配曲线和级配，确定各热料仓最终的配合比例。

②取目标配合比设计的最佳沥青用量、最佳沥青用量±0.3%等三个沥青用量，采用拌和楼，按照材料添加顺序、温度和拌和时间参数进行试拌。

③对拌和楼试拌的混合料进行析漏试验、飞散试验与马歇尔试验。

④生产配合比应根据试验结果，选择各项指标满足要求、与目标配合比体积指标接近、飞散损失较低的沥青用量为最佳沥青用量。

生产配合比验证应符合下列规定：

①应按照确定的生产配合比铺筑试验段，试验段长度不宜小于100 m。

②应取现场拌和、摊铺的混合料进行各种性能试验，验证其是否满足设计要求及与目标配合比参数的一致性，根据抽提、筛分试验结果分析拌和站对配合比控制的准确性。

③应对铺筑的试验路段进行有关施工指标的测试，包括厚度、压实度、空隙率和渗水系数等；检验透水沥青路面空隙率的均匀性。

④当存在明显缺陷时，应找出原因，进行必要的工艺调整。

⑤应根据试验施工指标分析生产配合比的适用情况，确定施工机械的操作方式、工艺参数、顺序流程以及施工缝的处理方式等。

(3)透水沥青路面混合料的拌制要求

透水沥青混合料拌和设备宜采用间歇式沥青混合料拌和机，全部生产过程应由计算机自动控制。生产温度应符合表5.8的要求。透水沥青混合料拌和时间应根据具体情况经试拌确定，保证混合料拌和均匀，所有矿料颗粒应全部裹覆沥青混合料，且无花白料、无成团结块或严重的粗细集料分离现象。间歇式拌和机每盘的生产周期不宜少于60 s，其中干拌时间不应小于8 s。

表 5.8　透水沥青混合料生产温度控制　　单位:℃

类型	改性沥青加热温度	基质沥青加热温度	矿料温度	混合料出料温度
透水沥青混合料	160～170	140～150	190～200	175～185

此外，需注意，透水沥青混合料宜随拌随用，不宜存储。当采用直投式复合改性高黏度沥青时，高黏度改性添加剂应在粗集料投入的同时加入。

(4)透水沥青路面混合料的运输要求

运料车必须采取保温、防雨及防污染措施，在到达施工现场后，需等待前一辆车的混合料完全摊铺完毕方可揭开覆盖层。此外，运输车所使用的隔离剂应避免采用柴油等腐蚀性较强的油类。为防止已开放交通的路面受到污染，运输车辆必须谨慎行驶，严禁急刹车和急转弯、掉头等行为。同时，透水沥青混合料到达现场时的温度需逐车进行检测，确保到场温度不低于 175 ℃，以保证施工质量。

(5)透水沥青路面混合料的摊铺要求

透水沥青路面混合料的摊铺要求细致且严格。摊铺作业可采用一台摊铺机全幅进行或者多台摊铺机联合进行，具体设置需依据试验段铺筑结果确定摊铺机的夯锤和振动参数。为确保摊铺顺畅，履带式摊铺机、受料斗及螺旋等关键部位应预先喷洒无腐蚀性的油水隔离剂。此外，摊铺机的横向螺旋前端需增设防滚落粗集料挡板，以防止材料散落。在摊铺前，需根据设计的松铺厚度和纵横坡度对摊铺机进行精确调整，并确保熨平板预热至 100 ℃以上再开始作业。摊铺过程中需保持熨平板的振动锤击等夯实装置处于工作状态。若采用联合摊铺，两台摊铺机的前后行走间距应维持在 5～10 m，搭接宽度控制在 50～100 mm，且面层摊铺后，每 10 m 需检查对接横坡，接缝位置需巧妙避开车道轮迹带。摊铺作业应缓慢、均匀、连续进行，速度一般控制在 2～3 m/min，在弯道等特殊路段则减慢至 1～2 m/min。透水沥青混合料的摊铺温度需保持在 170 ℃以上。对于路面狭窄、平曲线半径小的匝道或加宽部分，应采用小型摊铺机作业，而中央开口带等小规模工程则可采用人工摊铺的方式。

(6)透水沥青路面混合料的压实及成型要求

在透水沥青路面的压实过程中，需遵循一系列严格的操作步骤。整个压实过程应明确分为初压、复压和终压三个阶段。压路机的工作路径应从路面的外侧逐渐推向中心，由低至高进行，确保轮迹始终与路基中线保持平行，且相邻的碾压带应有 100～200 mm 的轮宽重叠。

初压环节至关重要，它应在混合料摊铺后立即进行，此时混合料的温度不应低于 160 ℃，以避免出现推移和开裂现象。初压通常采用钢轮压路机进行 1～2 遍静压作业，之后需仔细观察路面的平整度和路拱情况，一旦发现问题，应立即做出适当的调整。

紧接着是复压阶段，推荐采用双钢轮压路机进行 2 遍静压作业，此时的温度不应低于 130 ℃。复压的目的是进一步提高路面的压实度。

最后是终压阶段，它应采用光轮压路机进行 3～5 遍的压实作业。为了提高压实效果，光轮压路机可配备油水隔离剂喷淋装置。终压时的温度应控制在 70～90 ℃，以确保路面的最终压实质量和外观效果。

(7)透水沥青路面黏层施工要求

在透水沥青路面的铺设过程中，若各面层之间需要设置黏层，则必须在预定位置实施全幅施工，以确保路面的整体性和稳定性。黏层材料优选改性乳化沥青，且建议使用智能乳化沥青洒布车进行喷洒作业，以提高施工效率和精准度。值得注意的是，在黏层材料完全破乳(即达到稳定状态 24 h)后，方可继续进行上面层透水沥青路面的施工，这一步骤是确保路面各层之间紧密结合、提升路面耐久性的关键。

(8)透水沥青路面封层要求

透水道路封层施工前的准备工作至关重要。首先，基层必须保持清洁与平整，这是确保封层质量的基础。在进行封层施工时，洒布过程需均匀细致，确保无遗漏区域，即所谓的“不露白”。若设计中有明确的厚度要求，则必须严格达标，以保障封层的不透水性。此外，施工时的环境条件也不容忽视，当气温降至 10 ℃以下或风力达到 5 级及以上时，应暂停封层喷洒作业，以免影响施工质量。最后，封层施工完成后，还需妥善进行成品保护，防止任何可能的破坏，确保封层效果的持久性。

(9)透水沥青路面接缝施工要求

①横缝应采用平接缝，摊铺前宜采用接缝加热器对接缝面加热，新铺应与已铺密切结合。摊铺前应对周边黏结物或接槎涂刷改性乳化沥青 2～3 遍。摊铺后应压实，保证平顺。

②纵缝应避开车道的轮迹带位置，应与中面层纵向接缝错开 200 mm 以上。新建道路的纵向接缝应采用热接缝。

透水沥青路面施工完成后，需等待其表面温度降至 50 ℃以下，方可开放交通，以确保路面稳定及行车安全。在此期间，若施工车辆必须通行，应确保车辆轮胎洁净，避免携带杂物或泥土对路面造成污染。同样，人员通行时也应采取相应措施，防止泥土等污染物接触并损害路面。

透水沥青路面的透水标线施工需遵循相关规范。透水标线材料在容器中应保持无结块、无结皮的良好状态，以满足施工需求。同时，施工单位应根据实际施工要求及气候条件，对透水标线材料进行适当的调整，以确保施工质量和效果。在标线材料固化后，应检查其表面是否出现斑点、起泡、粘贴不良等现象，且涂膜颜色和外观需与样板保持一致，以满足透水沥青路面的整体美观性和实用性要求。

3. 透水水泥混凝土路面面层

(1)透水水泥混凝土路面面层材料要求

水泥应采用强度等级不低于 42.5 级的硅酸盐水泥或普通硅酸盐水泥，并应符合现行国家标准《通用硅酸盐水泥》(GB 175—2023)的规定。不同等级、厂牌、品种、出厂日期的水泥不得混存、混用。低温天气施工可采用早强型水泥。

粗骨料应符合现行行业标准《普通混凝土用砂、石质量及检验方法标准》(JGJ 52—2006)的规定。用于透水水泥混凝土路面面层的粗骨料宜采用单粒级或相近级配的骨料，且最大公称粒径不宜大于 10 mm，粒径宜为 5～8 mm。粗骨料含泥量应小于 0.5%，针片状颗粒含量应小于 10%。碎石压碎指标应小于 15%，卵石应小于 13%。

细骨料应符合现行行业标准《普通混凝土用砂、石质量及检验方法标准》(JGJ 52—2006)的规定，宜选择级配良好的中砂，含泥量不应大于 1.5%，泥块含量不应大于 1%。

粉煤灰应符合现行国家标准《用于水泥和混凝土中的粉煤灰》(GB/T 1596—2017)的规

定，且掺量不应超过30%；矿渣粉应符合现行国家标准《用于水泥、砂浆和混凝土中的粒化高炉矿渣粉》(GB/T 18046—2017)的规定，且掺量不应超过35%。

透水混凝土选用的外加剂，应符合现行国家标准《混凝土外加剂应用技术规范》(GB 50119—2013)的有关规定；防冻剂应符合现行行业标准《混凝土防冻剂》(JC/T 475—2004)的规定。

透水水泥混凝土拌和用水应符合现行行业标准《混凝土用水标准》(JGJ 63—2006)的规定。

(2)透水水泥混凝土路面面层的性能要求

透水水泥混凝土路面面层的性能应符合表5.9的规定。

表5.9 透水水泥混凝土路面面层的性能

项目	计量单位	性能要求
耐磨性(磨坑长度)	mm	≤30
孔隙率	%	≥10
透水系数	mm/s	符合设计要求
强度等级	—	符合设计要求
抗折强度	MPa	符合设计要求
抗冻等级	—	≥D50

注：耐磨性能检验可视现场具体情况及设计要求进行。

(3)透水水泥混凝土的耐磨性试验要求

透水水泥混凝土的耐磨性试验应符合现行国家标准《无机地面材料耐磨性能试验方法》(GB/T 12988—2009)的规定。

(4)透水系数试验要求

①仪器设备及材料。

路面透水仪结构包括以下内容：上部盛水量筒由透明有机玻璃制成，内径50 mm，容积1 200 mL，筒上有刻度，在100 mL及1 100 mL处有粗标线，下方通过直径10 mm的细管与底座相接，中间有一球阀开关，量筒通过支架连接底座。仪器附配重铁圈4个，每个质量约2.5 kg，内径150 mm；水桶及大漏斗；秒表；密封材料，比如用水和面制成的面团、油灰或橡皮泥等；水、红墨水、粉笔、扫帚；等等。

②透水系数试验步骤。

a. 红色液体配制：用自来水和红墨水配制淡红色的液体，液体以浅红并易在容器内辨认刻度为准。

b. 将要测定的路面以500 m^2 为1个测区进行划分，总面积不足500 m^2 的亦作为1个测区，6个测点为1组。

c. 在路面上沿圆圈铺一圈密封材料，边涂边用手压紧，使密封材料嵌满缝隙且牢固地黏结在路面上，密封材料圈的内径与底座内径相同。将透水试验仪底座用力压在密封材料上，再加上配重铁圈压住仪器底座，以防水从底座与路面间流出。

d. 关闭细管中间的开关，向仪器的量筒中注入淡红色的水至0刻度位置，总量为

1 200 mL。

e. 迅速将开关全部打开，水开始从细管下部流出，待水面下降至 100 mL 时，立即开动秒表，至水面下降到 1 100 mL 时为止，记录测试时间 t。测试过程中，如水从底座与密封材料间流出，说明底座与路面密封得不好，应移至附近的干燥路面处重新测试。如水面下降速度很慢，从水面下降至 100 mL 开始，测试得 1 min 的透水量即可停止。若试验时水面下降至一定程度后基本保持不动，说明路面基本不透水或根本不透水，则在报告中注明。

f. 按以上步骤在每个测区选择 6 个测点测定透水系数，取其平均值作为检测结果。

③透水系数计算公式。

透水路面的透水系数应按式(5.2)计算，计算时以水面从 100 mL 下降至 1 100 mL 处所需的时间为标准。

$$P=\frac{V_2-V_1}{At}\times 10^3 \tag{5.2}$$

式中：P 为路面透水系数，mm/s，精确至 0.1 mm/s；V_1 为第一次读数时的刻度，mL，通常为 100 mL；V_2 为第二次读数时的刻度，mL，通常为 1 100 mL；A 为透水面积，mm^2；t 为水面从刻度 100 mL 下降至 1 100 mL 的时间间隔，s。

④透水性评定方法。

取 6 个测定值的算术平均值作为测区的透水系数。6 个测定值中如有 1 个测点不透水，则取其余 5 个值的平均值作为测区的透水系数；如有 2 个测点不透水，则应再取 2 点进行测定，如仍有 1 个测点不透水，则该测区路面透水性不合格；如有 3 个测点不透水，则该测区路面透水性不合格。

(5)透水水泥混凝土配合比设计要求

透水水泥混凝土配合比设计，应符合现行行业标准《普通混凝土配合比设计规程》(JGJ 55—2011)及相关规定。

(6)透水水泥混凝土配合比的试配要求

应按计算配合比进行试拌，并检验透水水泥混凝土的相关性能。当出现浆体在振动作用下过多坠落或不能均匀包裹集料表面时，应调整透水水泥混凝土浆体或外加剂的用量，达到要求后，再提出供透水水泥混凝土强度试验用的基准配合比。

透水水泥混凝土强度试验时，应选择 3 个不同的配合比，其中一个为基准配合比，另外两个配合比的水胶比宜较基准水胶比分别增减 0.05，用水量宜与基准配合比相同。

根据试验得到的透水水泥混凝土强度、孔隙率与水胶比的关系，应采用作图法或计算法求出满足孔隙率和透水水泥混凝土配制强度要求的水胶比，并应确定水泥用量和用水量，最终确定正式配合比。

(7)透水水泥混凝土面层混合料搅拌和运输要求

透水水泥混凝土的搅拌过程需采用强制式搅拌机，搅拌机的容量需综合考虑工程量大小、施工进度安排、施工顺序以及运输工具等因素选择，以确保搅拌效率与施工需求相匹配。在搅拌过程中，原材料的计量必须准确无误，其中水泥和矿物掺合料的计量允许偏差控制在±1.5%以内，粗、细骨料的计量允许偏差则为±2.5%，而水和外加剂等的计量允许偏差需控制在±1%以内。此外，透水混凝土混合料从出料到铺筑完成的整个过程，其最长允许时间不宜超过 6 h，以避免混合料性能发生变化。在运输过程中，需采取有效措施防止混合料发生离析，并保持适当的湿度，通常可通过遮盖等保湿手段来实现。特别是在低温天气条件下，还需额外采取保温措施，以保障透水混凝土混合料的质量。

(8)透水水泥混凝土面层混合料铺筑要求

透水水泥混凝土面层施工前应对基层进行检查验收，符合要求后方可进行面层施工。基层表面应平整、清洁、无积水，并应保持一定的湿润状态。

透水水泥混凝土面层施工应符合下列规定：

①模板应选用质地坚实、变形小、刚度大的材料，模板的高度应与混凝土路面厚度一致；立模的平面位置与高程应符合设计要求，模板与混凝土接触的表面应涂隔离剂。

②透水水泥混凝土混合料摊铺前，应对模板的高度、支撑稳定情况等进行检查；透水水泥混凝土混合料运到现场应立即摊铺，摊铺应均匀，平整度与排水坡度应符合设计要求，摊铺厚度可根据试验段的松铺系数确定，松铺系数宜为 1.05～1.12；透水水泥混凝土宜采用平整压实机，或采用低频平板振动器振动和专用滚压工具滚压。

③压实时应辅以人工补料及找平，人工找平时施工人员应穿减压鞋进行操作；透水水泥混凝土压实后，宜使用抹平机对透水水泥混凝土面层进行收面，必要时宜配合人工拍实、整平。

④整平时应保持模板顶面整洁，接缝处板面平整；模板拆除时间应根据气温和混凝土强度增长情况确定；拆模时不得损坏混凝土路面的边角，应保持透水水泥混凝土块体完好。

⑤当采用彩色透水水泥混凝土双色组合层施工时，上面层应在下面层初凝前进行铺筑。

露骨料透水水泥混凝土施工应与普通透水水泥混凝土施工相同，摊铺平整后的工序应符合下列规定：

①应随时检查施工表面的初凝状况，有初凝现象时可均匀喷洒适量缓凝剂，选用塑料薄膜覆盖等方法养护，并应防止阳光直射。

②表层混凝土终凝前应及时采用高压水枪冲洗面层，除去表面的胶凝材料，均匀裸露出天然石材，颗粒不应松动。

③表层冲洗后应及时去除表面和气隙内的剩余浆料，并应覆盖塑料薄膜进行保湿养护。

(9)透水水泥混凝土面层接缝施工要求

路面缩缝切割深度宜为 1/2～1/3 的路面面层厚度，路面胀缝应与路面厚度相同。施工中的缩缝、胀缝均应嵌入弹性嵌缝材料。

(10)透水水泥混凝土面层养护要求

透水水泥混凝土施工完成后，为确保其强度增长和整体性能，应采取适当的养护措施，如使用塑料薄膜或塑料布进行覆盖。养护时间的确定需依据透水水泥混凝土的强度增长情况，通常不宜少于 14 d。在养护期间，透水水泥混凝土面层应严禁通车，且覆盖材料需保持完整，以防止外界因素对其造成不良影响。此外，透水水泥混凝土路面在未达到设计强度之前，严禁投入使用。路面强度评估应以透水水泥混凝土试块的强度为依据，确保路面质量符合设计要求。

4. 透水块材路面面层

(1)透水块材路面面层材料要求

①透水砖的劈裂抗拉强度应符合表5.10的规定，单块的线性破坏荷载不应小于200 N/mm。透水板的抗折强度应符合表5.11的规定。

表5.10　透水砖的劈裂抗拉强度

劈裂抗拉强度等级	平均值/MPa	单块最小值/MPa
$f_{ts}3.0$	≥3.0	≥2.4
$f_{ts}3.5$	≥3.5	≥2.8
$f_{ts}4.0$	≥4.0	≥3.2
$f_{ts}4.5$	≥4.5	≥3.6

表5.11　透水板的抗折强度

抗折强度等级	平均值/MPa	单块最小值/MPa
$R_f3.0$	≥3.0	≥2.4
$R_f3.5$	≥3.5	≥2.8
$R_f4.0$	≥4.0	≥3.2
$R_f4.5$	≥4.5	≥3.4

②透水块材的透水系数分为A级和B级，透水块材的透水系数不应小于1.0×10^{-2}cm/s，透水系数应符合表5.12的规定。

表5.12　透水块材的透水系数

渗水等级	透水系数/(cm·s^{-1})
A级	≥2.0×10^{-2}
B级	≥1.0×10^{-2}

③透水块材的抗冻性应符合下列规定：透水块材应大于D35抗冻指标；单块质量损失率不应大于5%，且冻后顶面缺损深度不应大于5 mm；强度损失率不应大于20%。

④透水块材耐磨性和防滑性应符合下列规定：透水块材顶面的耐磨性应满足磨坑长度不大于35 mm的要求；透水块材顶面的防滑性能应满足检测摆式仪的摆值(BPM)不小于60的要求，当透水块材顶面具有凸起纹路、凹槽饰面等其他阻碍进行防滑性试验时，则认为产品防滑性能符合要求。

(2)找平层施工要求

①施工前应确认透水基层验收合格。

②透水块材面层下应设置找平层，其透水性能不宜低于面层所采用的透水块材。

③透水找平层可采用干砂、碎石和石屑为材料，厚度宜为20～30 mm。碎石或石屑中

针、片状颗粒含量应小于 10%，碎石中的含泥量应小于 1%，泥块含量应小于 0.5%，含水率应小于 2%，找平层用碎石或石屑的级配应符合表 5.13 的规定。砂含泥量应小于 2%，泥块含量应小于 1%，含水率应小于 3%，找平层用砂的级配应符合表 5.14 的规定。

表 5.13 找平层用碎石或石屑的级配要求

筛孔尺寸/mm	通过率/%
10.0	100
5.0	0～15
2.5	0～5

表 5.14 找平层用砂的级配要求

筛孔尺寸/mm	通过率/%
9.50	100
4.75	80～100
2.36	60～100
1.18	25～80
0.60	5～30
0.30	0～15

④摊铺砂找平层的方法可采用刮板法、耙平法、摊铺机摊铺法等。

⑤砂浆找平层应分两层进行摊铺，第一层应覆盖垫层，每一层平整铺摊后应及时洒水，并用抹子拍打抹平。

⑥砂浆找平层摊铺完成后，应立即进行面层施工，施工过程中不得有任何扰动。

(3)透水块材铺砌要求

首先根据平面设计图、工程规模及块材的规格、形状和尺寸，精确设置基准点和基准面，这是确保铺砌质量的基础。铺砌工作应从基准点开始，沿着基准线，严格按照设计图进行。同时，为确保铺筑的精度，每 3～5 m 需设置一个基准点，通过纵横拉通线辅助铺筑。

在铺筑过程中，需不断检查块材的牢靠性和平整度，一旦发现问题，应立即使用切割机械进行修整，严禁采用向块材底部填塞砂浆或支垫等方式来找平面层。透水块材的接缝宽度需严格控制，一般不应超过 3 mm，宜采用中砂多次灌缝，直至缝隙饱满。在曲线段，外侧块材的接缝宽度可适当放宽至 5 mm 以内，内侧块材则不应小于 2 mm，竖曲线段的接缝宽度则建议保持在 2～5 mm。

此外，铺砌过程中，施工人员应避免直接站在找平层上作业，也不得在新铺设的块材面上拌和砂浆或堆放材料，以防止对铺砌质量造成不良影响。对于人行道、广场等透水块材路面的边缘部位，应设置路缘石以保护路面结构。铺砌完成后，透水块材的表面应平整一致，且坡向需根据现场的排水条件进行调整，以确保排水顺畅。

若基层出现沉陷、破碎等损坏情况，应先进行加固处理，然后再铺砌面层砌块。当面层砌块出现错台、凸出、沉陷等问题时，需将其取出，整理基层和找平层后，重新铺砌面层并填缝。更换的砌块在色彩、强度、块型和尺寸上均需与原面层砌块保持一致，且修补部位应适当扩大，以覆盖整个损坏的块材。检查井周围或与构筑物接壤的砌块应尽量切块补齐，无法切块补齐的部分则应及时填补平整。

透水块材铺筑完成后，需对表面进行敲实处理，并清理掉块材面上的杂物和碎屑，确保面砖上无残留的水泥砂浆。在面层铺设完成且基层未达到规定强度前，严禁车辆进入，以防止对路面造成损坏。

(4)养护要求

填缝后及时洒水直至灌缝密实，透水块材面应清洁，铺设后的养护期不应少于 2 d。透水块材路面交付使用后应定期进行养护，透水功能应保持正常。当透水块材路面的透水功能减弱后，可利用高压水流或真空吸附法清洁块材表面并进行恢复。

5. 构造透水块材路面面层

(1)构造透水块材路面面层材料要求

构造透水块材的外观质量应符合表 5.15 的规定。构造透水块材的尺寸允许偏差应符合表 5.16 的规定。构造透水块材的强度等级应通过设计确定，当块材边长与厚度比值小于 4 时，应采用抗压强度控制。构造透水块材的耐磨性试验磨坑长度不得大于 32 mm，吸水率不应大于 6.5%，其抗冻性应符合设计要求。

表 5.15　构造透水块材的外观质量

序号	项　目	要　求
1	铺装面粘皮或缺损的最大投影尺寸/mm	≤5
2	铺装面缺棱或掉角的最大投影尺寸/mm	≤5
3	铺装面裂纹	不允许
4	色差、杂色	不明显
5	平整度/mm	≤2.0
6	垂直度/mm	≤2.0

表 5.16　构造透水块材的尺寸允许偏差　　单位：mm

序号	项目	要求
1	长度、宽度、厚度	±2.0
2	厚度差	≤2.0

(2)透水底基层材料要求

透水底基层宜采用透水性能较好的级配碎石作为材料。

(3)透水基层施工要求

在施工准备阶段，透水底基层需经过严格的验收，确保其质量合格后方可进行后续施工。透水基层的材料选择至关重要，应优先选用强度高、透水性佳且水稳定性优良的材料，所有材料均需符合既定的设计要求。若决定采用透水混凝土作为基层材料，还需特别注意设置纵横温度缝(包括胀缝和缩缝)以及施工缝，这些缝隙的设置旨在增强基层的适应性和耐久性。具体而言，温度缝和施工缝的间距应合理控制，不宜超过 6 m，以确保基层在温度变化及施工过程中的稳定性。

(4)透水块材铺砌要求

透水块材的铺砌应选用具有良好透水性的找平层材料，如中砂、粗砂或干硬性水泥砂浆，这些材料的透水性需满足设计标准。铺砌工作开始前，需依据设计文件、工程规模及材料规格尺寸，精确确定基准点和基准面，为后续施工提供准确参照。

采用干硬性水泥砂浆铺砌时，需确保砂浆饱满，铺砌后的表面应平整稳定，缝隙均匀。透水块材铺砌完成后，其表面应平整一致，两块相邻块材的接缝宽度宜控制在 3 mm 左右，以满足设计要求，同时与检查井等构筑物的连接处应做到平整美观。铺砌质量检查合格后，应及时进行扫缝处理，所用砂料须符合设计要求，缝隙需填充密实。扫缝工作完成后，建议铺设保护板，以防后续施工对铺砌面层造成损害。

透水块材铺砌面层完成后，需封闭交通并进行养护，基层达到规定强度后方可开放交通，以确保铺砌结构的稳定性和耐久性。

5.3.4　海绵道路渗滞设施施工

1. 一般规定

在施工准备阶段，首要任务是详细查阅相关图纸和资料，确保清晰了解施工区域内地下管线的具体埋设情况，以便在施工过程中采取有效措施避免损坏这些管线。接下来，道路绿化工程的施工需严格遵循《园林绿化工程施工及验收规范》(CJJ 82—2012)的现行行业标准，确保施工质量和效果达标。

针对渗滞系统设施的施工，应按照施工图纸精确放线并埋设控制点，同时根据设计图纸和现场实际地形地貌来精确控制高程，确保坡度顺畅、无阻水现象。在绿地土方回填方面，压实度宜根据实际需求调整，例如，土山类压实度应保持在 90%以上；而对于植物栽植区域，若土壤压实度超过 85%，则需采取相应措施以保证土壤的通气透水性。

植物选择应满足设计要求，优先考虑耐旱、耐水湿、抗逆性强且易于养护管理的品种。特别地，下沉式绿地的设计需低于道路顶面 100～200 mm，以便有效地收集场地及道路径流的雨水，经初期雨水弃流设施后，通过路缘石开口、打孔等方式顺畅排入。

渗井的建设同样重要，井身材质优选聚乙烯(polyethylene，PE)，且规格需符合设计要求。渗井井箅的选择需符合多项现行行业标准，包括《再生树脂复合材料水箅》(CJ/T 130—2001)、《聚合物基复合材料水箅》(CJ/T 212—2005)和《球墨铸铁复合树脂水箅》(CJ/T 328—2010)等。此外，高密度聚乙烯(high density polyethylene，HDPE)成品雨水井也应符合设计要求和《建筑小区排水用塑料检查井》(CJ/T 233—2016)行业标准。

最后，截污、溢流设施及检查井的施工需严格按照设计要求执行，并符合国家标准《给水排水管道工程施工及验收规范》(GB 50268—2008)和《给水排水构筑物工程施工及验收规范》(GB 50141—2008)的相关规定，管道的敷设同样需遵循《给水排水管道工程施工及验收规范》(GB 50268—2008)的相关规定，确保整个施工过程的规范性和工程质量。

2. 下沉式绿地

下沉式绿地的构造与施工需严格遵循设计要求。其进水口处应设置流畅的截污设施，确保水流无反流、无积水，以维护绿地内部的清洁与顺畅排水。在雨水的集中入口处及坡度较大的截污设施出水口，应采取铺设卵石、使用隔离纺织物料或设置消能坎等措施，有效减缓水流速度，实现能量的消散，防止其被冲刷破坏。此外，下沉式绿地内的溢流口（雨水口）设计精巧，其顶面标高低于铺砌地面或道路 50 mm，同时高于绿地底面 50 mm，这一设计既保证了雨水的有效排出，又避免了绿地内部的水土流失。

对于绿地的栽植土壤，应选择排水性能良好的砂性土壤，并避免重型机械的直接碾压，以免破坏土壤结构。若土壤本身的渗透性不佳，则需采取改良措施，如添加改良剂或进行混合处理，以提升其渗透能力，使之满足设计要求。若采用成品草皮进行铺设，则在下沉式绿地成型后，需预留出足够的厚度，以确保草皮铺设后的整体美观与稳定性。

3. 生物滞留设施

在铺设砾石排水层时，其厚度需严格遵循设计要求，采用洗净的碎石、砾石等材料，确保不含杂土，同时砾石粒径需大于穿孔管的开孔孔径，并在铺设前进行充分清洗。为了有效隔离换土层的底部，应铺设一层透水土工布或厚度不少于 100 mm 的砂层作为隔离层，其中透水土工布的性能需满足特定的设计要求。此外，换土层所选用的介质类型及其深度需符合《园林绿化工程施工及验收规范》(CJJ 82—2012)的规定。对于生物滞留设施的结构层外侧及底部铺设透水土工布时，搭接宽度不应小于 200 mm，并确保搭接处有效闭合，以维持设施的整体性能和稳定性。

4. 渗井

在进行渗井、基坑、沟槽的开挖作业时，必须采取有效的支护措施防止土方塌方，确保施工安全。开挖过程中，应严格控制挖掘深度，避免超挖现象，一旦发生超挖，应立即采用碎石进行回填处理。当渗井基坑沟槽开挖并通过验槽合格后，应立即在其底部铺设碎砾石或砂层，此过程需避免使用机械进行碾压，以保护基层结构不受破坏。

对于渗井基坑的土方回填，材料的选择至关重要，应优先选用不含有害物质且不易堵塞反滤层的砂类土，以确保回填质量和工程耐久性。此外，渗井的水源应经过植草沟、植被缓冲带等预处理设施净化。同时，渗井的出水管设计需合理，其内底标高应高于进水管的内顶标高，但不应高于上游相邻井的出水管内底标高，以保证水流顺畅，避免倒灌现象。最后，渗井的砾石层应外包透水土工布，以增强其透水性能并防止杂质侵入，从而确保渗井系统的正常运行和长期稳定。

5.3.5 海绵道路净化与转输设施施工

1. 一般规定

在植被缓冲带的建设中，需确保其断面形式、土质以及所选用的植被材料均符合《园林绿化工程施工及验收规范》(CJJ 82—2012)这一现行行业标准的要求。施工过程中，消能沟槽、渗排水管、净化区以及进出水口等关键要素需严格按照设计布局进行实施，同时确保排水管与周边的排水设施能够平滑且顺畅地衔接。对于弃流设施，其设计需严格遵守相关规范及要求，且雨水进水口建议安装格栅，这种格栅设计不仅要便于日常清理，还不能影响进水口的正常通水能力。植草沟的断面形式亦需与设计保持一致，其边坡坡度最好控制在 1∶3(垂直与水平的比例)以内，纵坡则不宜超过 4%。当遇到较大的纵坡时，应在中途的适当位置设置消能坎台，以确保水流平稳。此外，沟渠施工一旦完成并通过检验，应立即进行回填作业。在整个施工过程中，必须采取有效的水土保持措施，尽量减少对施工现场及其周边环境的干扰与破坏。

2. 植被缓冲带

在进行边坡施工时，首先需按照设计断面要求进行精确的放坡放样，确保坡度适中，避免过陡导致雨水流速过快、增加冲刷风险，或过缓而浪费空间。边坡土体应保持整体密实稳定，这是确保边坡安全的关键。同时，种植土的厚度需满足设计要求，为植被生长提供良好基础。在缓冲带与人行道、堤岸、踏步、座椅等连接部位，应进行细致的高程控制及美化施工，确保各部位衔接自然流畅，既防治污染，又提升整体景观效果，营造舒适宜人的环境。

3. 植草沟

植草沟的施工需严格按照设计要求进行，确保其表面平整且密实。在挖掘过程中，沟底应避免超挖，同时不允许出现虚土贴底或贴坡的情况。植草沟的进、出水口需与周围的排水设施实现平顺衔接，若进出水口的坡度较大，则需设置碎石或其他有效的消能缓冲措施来减缓水流速度。此外，植草沟的消能坎施工也应满足设计要求，确保顶部高程准确无误。为了保持植草沟的美观与功能性，沟内土壤不应裸露，植被的生长高度需符合设计标准，以达到最佳的生态与排水效果。

4. 渗管(渠)

在工程施工中，主要设备、材料、成品及半成品需经过严格的进场验收，验收合格后需详细记录并归档相关资料。滤料的选择需严格遵守规定，确保其粒径、不均匀系数及性质满足设计要求。细滤料应质地坚硬、清洁且级配良好，含泥量不超过 3%；粗滤料则应避免使用风化骨料。滤料到场后，需按规格分类堆放于清洁的场地，并做好标识，防止杂质混入。

沟槽开挖需精确控制，底部不应超挖，最后 200 mm 应人工开挖，确保槽底不受扰动。沟槽边坡或支护的施工需符合设计要求，堆土距离槽边缘不小于 0.8 m，高度不超过设计高度且不超过 1.5 m。开孔渗管及透水水泥混凝土渗透管的各项参数，如开孔形式、开孔率、开孔径、孔隙率及埋设位置均须与设计图纸一致。渗管(渠)的接头应牢固连接，防止滤料渗入。

回填时，砾(碎)石滤料应紧密，断面尺寸达标，透水土工布应全断面包裹滤料及渗管，搭接宽度不少于 200 mm 且不得破损。

渗管(渠)的覆土深度及浅沟渗渠组合构造需按设计要求执行，四周填充砾石或其他多孔材料，外包透水土工布应严密。沟槽回填时，反滤层以上宜选用不易堵塞的砂类土，原状土回填最好按原土层顺序进行。回填应分层对称于集水管中心线进行，避免破坏反滤层和损伤集水管。冬季回填时，反滤层以上 0.5 m 范围内严禁回填冻土，所有回填土均应夯填密实。此外，渗管(渠)浅沟沟底表面土壤厚度及砂(砾石)层厚度均不应小于 100 mm，以确保工程质量。

5. 初期雨水弃流设施

在雨水排放系统中，初期雨水弃流装置的位置与标高需经过现场复核确认，以确保其安装符合产品说明书的要求。装置接入排污管的管顶标高和坡度需严格遵循设计标准，从而有效防止污水倒灌进入弃流装置。此外，初期雨水弃流设施的进水口格栅设计需兼顾过水与易于清理的功能，避免造成堵塞。流量控制式初期雨水弃流装置的流量计安装需遵循设计要求，通常安装在管径最小的管道上以提高测量的准确性。同时，初期径流弃流池的入口监测装置及自动控制系统也应与设计要求相符，确保其运行稳定。为了方便管理与维护，自动控制弃流装置的电动阀、计量装置宜就近设置在室外，而控制箱则宜在室内集中设置，以提高操作效率与安全性。

6. 环保型雨水口

环保型雨水口在安装时需确保其表面高程比道路路面低 30 mm，以满足排水需求。雨水口的位置和尺寸必须严格符合设计要求，平面尺寸的误差应控制在 10 mm 以内，以保证其精度。在雨水口的砌筑过程中，推荐使用 M10 水泥砂浆作为黏结材料，同时选择不低于 MU10 标准的实心砖进行砌筑，以确保雨水口的稳固性和耐久性。

5.3.6 海绵道路蓄排设施施工

1. 一般规定

在施工准备阶段，施工单位需对控制桩的坐标进行复核，确保其准确性。调蓄池的建设可采用钢筋混凝土、装配式预应力混凝土或塑料模块等材料，具体需结合地块环境进行选择。施工前，需根据设计要求复核调蓄池与其他配套设施(如收集、弃流、雨水回用系统)的相关管道、控制点及水准位置的准确性，合理安排施工顺序，避免结构安全及运行功能受差异沉降的影响。若调蓄池位于绿地草坪、人员活动广场、小型汽车停车场及人行通道下方，应选用轻型支柱型或支撑板型塑料模块；若位于大中型汽车停车场、货物堆场或需全淹没、半淹没储水的地块，则宜选用重型支柱型塑料储水模块。

土方开挖时，需制订专项施工方案，依据土质按比例放坡，并在接近设计高程 200～300 mm 处，转为人工开挖与整平，以确保精度。调蓄池的预埋管与外部管道连接时，若设计未明确，需对跨越基坑的管下填土进行压实处理，必要时采用灰土、砌砖或浇筑混凝土加固。关键工艺管道，尤其是位于调蓄池底板以下的管道，回填材料可选用灰土、级配砂石或混凝土等。管道穿墙部位应采取有效的防水措施，以保障结构安全。

此外，调蓄池的进水口应设置拦污设施，以防止杂物进入。施工完成后，调蓄池需进行满水试验，该试验应在表面层施工前进行，并遵循《给水排水构筑物工程施工及验收规范》(GB 50141—2008)的相关规定，以确保工程质量。

2. 钢筋混凝土调蓄池

在混凝土结构施工中，预埋管与预埋件需牢固地固定在模板上，位置必须准确无误。安装前需彻底清除铁锈和油污，安装完成后还需设置明显的标志以便识别。钢筋的进场检验、加工、连接及安装等环节，均需遵循现行国家标准《混凝土结构工程施工质量验收规范》(GB 50204—2015)的规定。同样，模板的制作安装、钢筋的处理以及混凝土的施工也应符合该规范的要求。对于混凝土调蓄池的防水工程，其施工标准需遵循《地下工程防水技术规范》(GB 50108—2008)的相关规定。特别需要注意的是，当调蓄池位于地下水位较高的区域时，必须采取有效的抗浮措施以确保结构安全。此外，在墙体施工中，水平施工缝的设置也有讲究，一般应留在高出底板表面不小于 300 mm 的位置；而对于板与墙结合的水平施工缝，则更适宜留在板与墙交接处以下 150～300 mm 的范围内。

3. 装配式预应力混凝土调蓄池

在制作及吊装构件时，需遵循一系列严格的规定。

①预制构件的制作必须控制在允许的偏差范围内，具体应符合表 5.17 的规定。

②构件在运输和吊装时的混凝土强度需达到设计强度的 70%以上，以确保安全。

③带有锚具槽的壁板数量与布置需严格按照设计要求执行，并在安装前对各类壁板按预定位置顺序进行编号，以便于施工。

④构件安装到位后，需在轴线位置及高程校正无误后进行焊接或浇筑接头混凝土。

表 5.17　预制构件制作的允许偏差

<table>
<tr><th>项次</th><th colspan="3">检验项目</th><th>允许偏差/mm</th><th>检查方法</th></tr>
<tr><td>1</td><td colspan="3">平整度</td><td>5</td><td>用 2 m 直尺量测</td></tr>
<tr><td rowspan="4">2</td><td rowspan="4">断面尺寸</td><td rowspan="4">壁板（梁、柱）</td><td>长度</td><td>0，−8，(0，−10)</td><td rowspan="8">用钢尺量测</td></tr>
<tr><td>宽度</td><td>+4，−2(±5)</td></tr>
<tr><td>厚度</td><td>+4，−2(直顺度：$L/750$ 且≤20)</td></tr>
<tr><td>矢高</td><td>±2</td></tr>
<tr><td rowspan="3">3</td><td colspan="2" rowspan="3">预埋件</td><td>中心</td><td>5</td></tr>
<tr><td>螺栓位置</td><td>±2</td></tr>
<tr><td>螺栓外露长度</td><td>+10，−5</td></tr>
<tr><td>4</td><td colspan="3">预留孔中心</td><td>10</td></tr>
</table>

注：L 为预制梁、柱的长度；括号内为梁、柱的允许偏差。

在装配式预应力混凝土水池壁板的接缝施工中，浇筑前需保持接缝壁板表面湿润、模内清洁无杂物。接缝混凝土应采用微膨胀混凝土，其强度需符合设计要求，且至少比壁板混凝土强度提高一级。内模应一次性安装至顶部，外模则需分段随浇随支，分段高度不宜超过 1.5 m。浇筑时间需根据气温和混凝土温度选择，宜在壁板间缝宽较大时进行。混凝土分层浇筑厚度不宜超过 250 mm，并采用机械振捣与人工捣固相结合的方式。

此外，装配式预应力混凝土水池壁板的两侧面应进行凿毛处理，并将浮渣、松动混凝土等冲洗干净。在壁板缠丝方面，预应力钢丝接头需采用 18～22 号铁丝密排绑扎牢固，搭接长度不小于 250 mm。缠绕预应力钢丝时，应从池壁顶向下进行，第一圈缠绕位置距离池顶的高度需按设计要求或缠丝机设备确定，但一般不宜大于 500 mm。对于池壁两端无法使用绕丝机缠绕的部位，应在顶端和底端附近进行局部加密处理。

4. 模块调蓄池

模块调蓄池的安装需严格按照其产品性能要求进行，确保模块间连接可靠，土工布与土工膜铺设平整且搭接方式满足设计标准。安装完成后，需及时进行结构隐蔽验收，并按设计要求进行分层对称回填，回填过程中要对蓄水池、土工布及渗滤膜等成品进行妥善保护。水池的覆土厚度需至少达到 0.8 m，并符合具体的设计要求。支撑开挖与降水开挖应遵循《给水排水构筑物工程施工及验收规范》(GB 50141—2008)的要求。组装模块时，应使用完整无损的模块，避免使用有缺陷的部件，并按设计要求进行精确定位。土工膜及土工布的搭接缝需采用塑料热焊机进行焊接，确保接缝的牢固性。此外，模块调蓄池的安装允许偏差及检验方法应符合表 5.18 的规定。穿墙管道的预埋位置、标高及其接缝填料、止水措施均须符合设计要求，确保不发生渗水现象。

表 5.18　模块调蓄池安装允许偏差和检验方法

项次	检验项目		允许偏差	检验方法
1	轴线位移/mm		8	用经纬仪测量纵横轴线各计 1 点
2	顶、底高程/mm		±10	用水准仪测量，各 1 点
3	侧边垂直度/mm	$H\leqslant5$ m	8	用垂线及尺测量，各 1 点
		$H>5$ m	$1.5H/1000$	
4	土工布(膜)搭接宽度		符合设计要求	用尺测量，每处 2 点
5	平立面尺寸(长、宽、高)(mm)		±20	用钢尺量各 1 点

注：H 为调蓄池高度。

5.3.7　特殊季节施工

1. 一般规定

施工期间，为确保工程顺利进行，必须密切关注天气变化。为此，应当以月、旬、日为单位收集天气预报资料，准确掌握特殊天气的持续时长，以便提前做好应对措施。特别是在进行透水混凝土面层施工时，若遇到雨雪天气、地表温度超过 40 ℃的高温天气或风力达 6 级及以上的强风天气，应立即停止施工，以防施工质量受到影响。此外，还需加强对透水混凝土粗、细集料含水率的检测工作，根据施工时的特殊天气条件，及时调整混凝土的配合比，确保施工质量和安全。

2. 冬季施工

在冬季进行路基施工时，必须采取一系列防冻措施以确保施工质量。

①拌和物中可以适量加入早强剂、防冻剂或促凝剂，具体掺量需通过试验确定，并优先选用 R 型水泥。在配合比方面，可以考虑掺入矿渣粉或硅灰，但不宜使用粉煤灰。

②拌和物从搅拌机中出料时的温度需保持在 10 ℃以上，而摊铺混凝土时的温度不得低于 5 ℃。为了达到这一要求，可以采用使用热水(温度不超过 80 ℃)或加热集料(温度不超过 50 ℃)的方式来搅拌混凝土。

③在养护方面，应采取保温保湿覆盖的方法，同时保温垫的上下表面都应采取隔水措施以防止水分渗透。施工过程中，应密切监测气温以及水泥、搅拌水和集料的温度，每个工班至少需实测 3 次拌和物及表面温度。

④关于受冻临界强度，当整个施工期间的环境温度不低于－15 ℃时，其值不应小于

3 MPa；而当环境温度低于－15 ℃但高于或等于－30 ℃时，受冻临界强度则需在 4 MPa 以上。此外，在低温期施工透水混凝土路面时，覆盖保温保湿的最短养护龄期不得少于 28 d，同时拆模时间应符合表 5.19 的规定。

表 5.19 混凝土路面的最早拆模时间

昼夜平均气温/℃	硅酸盐水泥、R 型水泥/h	道路、普通硅酸盐水泥/h	矿渣硅酸盐水泥/h
－5	240	360	—
0	120	168	—
5	60	72	120
10	36	48	60
15	34	36	50
20	28	30	45
25	24	24	36
≥30	18	18	24

注：允许的最早拆模时间从混凝土面层压抹成型后开始计算。

3. 雨期施工

在雨天进行道路施工时需特别注意：

①基层施工通常不宜在雨天进行，尤其是透水性混凝土面层的浇筑工作，更应避开雨天，以免质量受损。

②施工准备阶段，必须彻底排除现场、车辆、设备、拌和站以及集料堆场内的积水或淤泥，确保运输便道畅通无阻，对易陷车的路段进行必要的修整。

③在摊铺作业前，需清扫干净基层、夹层及封层上的积水，同时保持表面适度湿润。若摊铺过程中突遇阵雨，应立即暂停混凝土拌和与铺筑作业，并迅速采用防雨棚、塑料布等材料覆盖尚未硬化的透水混凝土面层，以防雨水侵蚀。一旦透水混凝土面层因阵雨冲刷导致平整度或抗滑构造不达标，需先磨平以恢复其平整度，再采取刻槽措施恢复其抗滑性能。若遭遇暴雨冲刷，导致路面局部出现坑洞或边缘损毁，则需铲除受损部分并重新铺设，以确保道路的整体质量和安全。

4. 高温期施工

在高温期进行施工需注意以下几点：

①应尽量避免中午高温时段施工，选择更为适宜的时间段作业，夜间施工则需确保有足够的照明并严格保障施工安全。

②对于集料堆，应搭建遮阳篷以防晒，搅拌用的水可以采用冷水或加入冰屑来降低温度。

③水泥方面，应选用中低热水泥，避免使用 R 型高热水泥。

④施工配合比方面，可适当掺入粉煤灰，但不宜添加硅灰。此外，可以采用缓凝剂来适当延长混凝土的凝结时间。

⑤在混凝土运输环节，如果使用罐车，应在混凝土罐舱外贴上隔热层以减少热量损失。为了缩短从拌和到抹面完成的时间，应采取措施压缩运输、布料、摊铺、饰面等各个

工艺环节所耗费的时间。在高温时段，特别是每日气温最高和日照最强烈的时候，应采取有效措施防止阳光直射混凝土。

⑥在高温期进行切缝操作时，应按照不啃边或不超过 250 ℃・h 的原则进行控制，一般宜比常温施工提前进行切缝。特别是在夜间降温幅度较大或经历风雨之后，更应提前进行切缝，以确保施工质量和安全。

5.4 海绵城市理念下的城市道路施工实例

5.4.1 海绵化道路抗裂渗水分流层施工实例

抗裂渗水分流层是一种道路新型材料下面层，主要由苯乙烯-丁二烯-苯乙烯（styrene butadiene styrene，SBS）改性沥青、聚丙烯腈纤维、木质纤维、填料、细集料、粗集料组合而成的沥青混合料，在成都市海绵城市道路中首次尝试使用。成都市天府新区宁波路东段二期（原兴隆 34 路）项目主线段将多孔排水混凝土基层与排水沥青面层结合，打造生态海绵城市道路。但从刚性与柔性结构层的 2 个结构层特性考虑，为防止多孔排水混凝土基层开裂和渗水分流问题，并实现二者的有效衔接，在两个结构层之间设置 PAC－5 抗裂渗水分流层，从而延长路面结构的使用寿命。下文以该项目为例，对海绵化道路抗裂渗水分流层新技术进行详细的介绍。

1. 工程概况

成都市天府新区宁波路东段二期（原兴隆 34 路）项目根据成都市规建局的规划，项目主线 XLK4＋170～XLK4＋826.5 段采用两幅路设计，建成双层式排水性半透水车行道＋生态绿化带＋透水人行步道，形成全新理念的生态海绵城市道路（见图 5.1）。海绵化车行

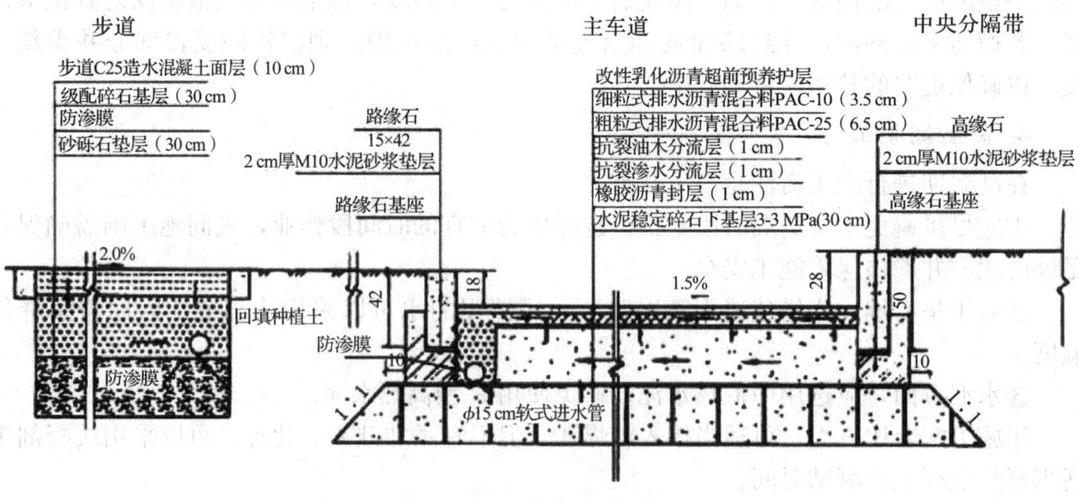

图 5.1 路面设计结构（单位：cm）

道路面结构自上而下为：改性乳化沥青超前预养护层＋细粒式排水沥青混合料 PAC－10(3.5 cm)＋粗粒式排水沥青混合料 PAC－25(6.5 cm)＋抗裂渗水分流层(1 cm)＋多孔排水混凝土(30 cm)＋橡胶沥青封层(1 cm)＋水泥稳定碎石下基层 3～3MPa(30 cm)。PAC－5 抗裂渗水分流层设置在多孔排水混凝土和粗粒式排水沥青混合料 PAC－25 之间，以确保两个结构层的有效结合。

2. 施工重点

海绵化道路抗裂分流层施工需解决以下关键问题：如何避免粗粒式排水沥青混合料 PAC－25 离析，堵塞多孔排水混凝土的空隙；如何使抗裂渗水分流层有效衔接多孔排水混凝土基层与粗粒式排水沥青混合料 PAC－25 中面层；如何利用自身的柔性性能保证多孔排水混凝土基层不开裂及自身不开裂；掺加多少量的纤维能兼顾渗水和分流作用。

3. 沥青混合料配合比

为满足混合料析漏损失、马歇尔残留稳定度、冻融劈裂强度比、动稳定度、低温最大弯拉应变、渗水系数等性能指标，初选 3 组不同粗细的矿料级配，以及 10.0%、10.5%、11.0%、11.5%、12.0%等 5 组油石比进行目标配合比试验。试配原材料为：

①沥青：采用四川宝利生产的 SBS 改性沥青。

②纤维：采用北京科路泰聚丙烯腈纤维和北京天成肯特莱木质素纤维。

③填料：采用成都金世添华建筑材料有限公司生产的石灰岩矿粉。

④细集料：采用洪雅县弘远矿业有限公司生产的 0～2.36 mm 玄武岩机制砂。

⑤粗集料：采用洪雅县弘远矿业有限公司生产的 2.36～4.75 mm 玄武岩粗集料。

结合 PAC－5(1 cm)集料加工工艺和集料组成特点，初选 3 组不同粗细的矿料级配进行马歇尔击实试验，最终选择 B 级配作为本次目标配合比设计方案，以验证体积指标和路用性能优化方案，如表 5.20 和表 5.21 所示。

表 5.20　各种集料筛分方法

筛孔直径/mm	矿粉	0～2.36 mm	2.36～4.75 mm	A 级配	B 级配	C 级配	中值	要求下限	要求上限
9.5	100.0	100.0	100.0	100.0	100.0	100.0	100.0	100.0	100.0
4.75	100.0	100.0	92.3	92.5	93.5	93.6	95.0	90.0	100.0
2.36	100.0	73.1	7.4	17.3	18.3	19.6	18.0	10.0	26.0
1.18	100.0	48.0	1.5	9.6	10.6	11.5	10.5	6.0	15.0
0.60	100.0	33.4	0.9	7.4	8.4	9.1	9.0	5.0	13.0
0.30	99.6	16.6	0.8	5.5	6.5	6.8	7.0	4.0	10.0
0.15	97.3	9.9	0.7	4.6	5.6	5.8	6.0	3.0	9.0
0.075	80.0	6.2	0.6	3.6	4.4	4.5	5.0	3.0	6.0

表 5.21　合成级配汇总

合成级配	矿粉	0～2.36 mm	2.36～4.75 mm
A	3.0	11.0	86.0
B	4.0	11.0	85.0
C	4.0	13.0	83.0

注：均采用11.0%油石比，外掺聚丙烯腈纤维0.1%和木质纤维0.4%。

正式拌制摊铺前，应对确定的混合料目标配合比进行试拌，通过试验段数据验证和改进生产配合比，同时确定压实机械组合方式、压实遍数及摊铺系数，满足设计技术的各项指标后开展大面积施工。根据级配和最佳油石比，验证谢伦堡沥青析漏试验的结合料损失、动稳定度、浸水马歇尔试验残留稳定度、冻融劈裂试验残留强度比、低温弯曲试验破坏应变、渗水系数(车辙板)等性能，检测结果如表5.22所示。

表 5.22　抗裂渗水分流层性能检验结果

试验项目	B级配检测值	技术要求
马歇尔试件击实次数/次	75	双面击实75次
聚丙烯腈纤维/%	0.1	—
木质纤维/%	0.4	—
油石比/%	11.0	—
毛体积相对密度	2.193	—
理论相对密度	2.445	—
空隙率	10.3	7～10
稳定度/kN	4.48	≥4.0
流值/mm	2.2	—
谢伦堡沥青析漏试验的结合料损失/%	0.167	≤0.8
动稳定度/(次·mm^{-1})	1 389	≥1 500
浸水马歇尔试验残留稳定度/%	92.1	≥75
冻融劈裂试验残留强度比/%	86.8	≥75
低温弯曲试验破坏应变/με	8 650	≥2 800
渗水系数(车辙板)/(mL·min^{-1})	715	500～1 200

注：①以压力传感测试压力值的试验机加载速率为35 mm/min；②以测力环测试压力值的试验机加载速率为50 mm/min；③本次采用压力传感测试压力值的试验机加载速率为35 mm/min。

4. 施工工艺

(1)基层处理

多孔排水混凝土至少养护14 d，标养试块养护28 d，经具有资质的检测单位检测合格后方可进行下一道工序。进行下一道工序前，施工班组必须对多孔排水混凝土基层进行喷砂打磨，清除浮浆、浮尘，采用高压水枪冲洗干净后覆盖，以防灰尘或其他污染物降低基层孔隙率。

(2)撒布黏层油

多孔排水混凝土干燥洁净后，在抗裂渗分流层作业前采用沥青撒布车洒布 SBS 改性 PCR 乳化沥青，洒布量为 0.10～0.15 kg/m^2，以增加层间粘结强度。为避免黏层油喷洒到路缘石，沥青洒布车需设置遮挡板，并保持连续均匀地前进。

(3)拌和生产

海绵化城市道路抗裂渗水分流层采取拌和站集中拌和。采用沥青拌和设备进行拌和，并配备电子计量系统。拌和生产过程中，必须严格按照施工配合比进行投料，严格控制投料质量、顺序及拌和时间。

(4)运输

混凝土采用自卸车运输。运输车辆装运混凝土前，需清理干净装料箱斗，保证无杂物等。混凝土应保证在初凝前运输至现场并完成摊铺。运输车应采用篷布进行全面覆盖，防止在运输过程中遗撒。施工摊铺前，根据天气、道路状况和运距情况，保证现场运输车辆能连续供应，正常摊铺后保持两辆运输车等待卸料，从而保证摊铺机匀速前进。运输过程中采取保温措施，确保运送到摊铺现场的混合料温度不低于 175 ℃，由专人负责混合料出厂温度的检测工作，对不符合出厂温度要求的混合料做废料处理。

(5)现场摊铺

运输车辆进入摊铺区时，在车轮上喷涂隔离剂，防止运输车轮胎对黏层的污染。选用福格勒摊铺机(型号 S2100－2、规格 09190138)，受料前在料斗内涂刷防黏结剂，并在施工中及时收拢两侧料堆。施工前提前 0.5 h 预热摊铺机熨平板至温度不小于 100 ℃，铺筑过程中，调整校核熨平板的振捣或夯锤压实装置的振动频率和振幅。调整摊铺机速度(控制在 1.5～3.0 m/min)，以确保缓慢、均匀、连续地摊铺。排水沥青混合料摊铺温度不小于 170 ℃，摊铺过程中随时检查摊铺厚度、平整度及横向坡度。离路缘石内边缘净距 20 cm 的渗沟宽度内严禁摊铺抗裂渗水分流层，为保证面层材料渗水的限流和必要的横向排水，在该区域设置直径 15 cm 的软式透水管的级配碎石渗沟。

采用沥青混合料摊铺机进行摊铺，因铺筑厚度过薄，故厚度难以保证，除了需保证多孔排水混凝土基层的高程、平整度、横向坡度等质量外，对摊铺机操作手的要求也很高，测量人员需密切跟踪摊铺过程中的摊铺厚度，避免抗裂渗水分流层各项设计参数指数不达标。

(6)碾压

抗裂渗水分流层厚 1 cm，采用钢筒式压路机和轮胎式压路机相结合的碾压方式。对于无法用机器碾压的局部点位，采取小型压路机碾压或人工修整、压实的方式。碾压是排水沥青路面施工中至关重要的环节。压实过程中，初压温度不小于 160 ℃，复压紧接初压进行，复压温度不小于 130 ℃，终压温度不小于 90 ℃。通过试验段确定压实机械组合和压实遍数，具体如表 5.23 所示。

表 5.23　沥青混合料压路机碾压速度及遍数

压路机类型	初压		复压		终压	
	速度/(km·h^{-1})	遍数	速度/(km·h^{-1})	遍数	速度/(km·h^{-1})	遍数
钢筒式压路机(CC624HF)	1.5～2.0	3	—	—	2.0～4.0	2
轮胎式压路机(XP263)	—	—	4.0～5.0	4	—	—

初压、终压过程中利用 3 m 靠尺对路面平整度进行实测，并通过水准仪对道路横向坡度进行实测，保证各项数据满足设计要求。

(7)温控管理

抗裂渗水分流层集料拌和、集料运输、集料摊铺对温度控制的要求极高。需设置专人记录温度，对拌和站的出厂温度、进场温度、摊铺温度、碾压温度进行记录和统计，确保每道工序合格。

(8)检测验收

施工完毕后进行现场渗水试验，并委托检测单位对理论相对密度、毛体积相对密度、空隙率、沥青混合料残留稳定度、冻融劈裂强度比、动稳定度、低温破坏应变、析漏损失、渗水系数等指标进行检测。

5. 施工注意事项

①为了防止沥青混合料与运输车厢板粘结，运料前应将运输车厢清理干净，车厢侧板和底板可涂隔离剂。但要注意不得有余液积聚在车厢底部，否则不予装料，由专人负责检查。

②运料车辆应做好混合料的防护工作，装料严禁超载，车顶用帆布或油布严密覆盖，以免因遮盖不严而导致降温过快、雨淋和污染环境。运输过程中宜中速行驶，确保交通安全，尽量避免急刹车，以减少混合料离析。

③由专人负责混合料出厂温度的检测工作，对不符合出厂温度要求的混合料做废料处理。清除未经压实即遭雨淋的沥青混合料，更换新料铺设。

④品质管理：施工过程中应严格进行跟踪测量，控制摊铺高程和平整度、横向坡度。严抓原材料质量关，严格控制、监督配合比。由于沥青混合料断级配、粗料多，温度散失快，容易产生细集料离析和温度离析，需密切关注摊铺过程的连续性、均匀稳定性，减少离析和接缝等环节，同时减少不必要的人工修补。

⑤由于工程所处位置的空气粉尘较多，承重透水混凝土孔隙率大和抗裂渗水分流层的特殊性，对成品保护的要求非常高，每道工序完成后要及时覆盖保护，并设置栏杆禁止人员入内踩踏。

⑥路面应待摊铺层完全自然冷却、混合料的表面温度小于 50 ℃后方可开放交通。道路结构未施工完，尽量不开放交通，确实有需要时必须做好保护措施。

5.4.2　海绵城市透水人行道路面施工实例

1. 工程概况

某城市市政道路建设工程采用透水人行道路面结构，具体方案(由下至上)为：15 cm

C20 透水混凝土＋3 cm 透水砂浆＋6 cm 透水砖。其中，人行道透水砖主要选用陶瓷透水砖，标准尺寸为 40 cm×20 cm×6 cm，颜色主要有深灰色与白色两种，透水砖的透水系数不小于 2×10^{-2} cm/s，耐磨磨坑长度不大于 35 mm，防滑性能不小于 60，透水砖单块抗压强度不小于 35 MPa，抗压强度平均值不小于 40 MPa。盲道板选用深灰色透水砖，标准尺寸为 40 cm×40 cm×6 cm；透水混凝土的强度不小于 C20，空隙率大于 8%，透水系数大于 0.1 mm/s，透水混凝土骨料选用粒径为 5～10 mm 的碎石。透水砂浆的强度等级为 M10，厚度为 3 cm。人行道断面设计如图 5.2 所示。

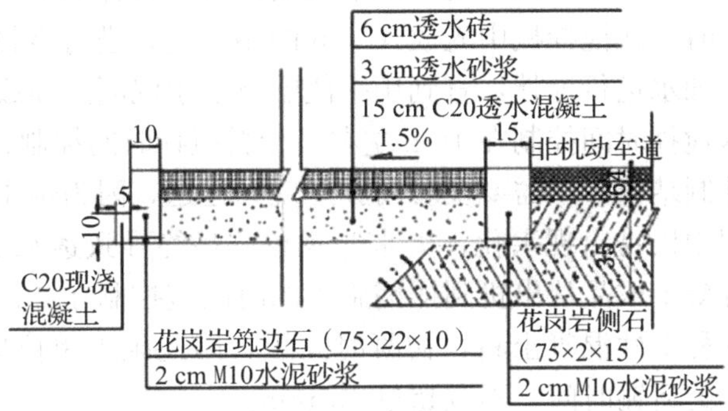

图 5.2 人行道断面(单位：cm)

2. 海绵城市透水人行道路面施工技术要点

(1)施工前期准备

为保证施工的顺利进行，施工单位要做好施工前期准备工作，主要包括确定合理的施工方案、选取施工原材料等。

在对施工方案进行设计时，一定要遵守施工可行性原则，结合工程实际情况确定最佳的施工方案。一般情况下，设计人员需要亲自到工程施工现场进行勘察，了解施工现场的土质结构、气候条件等情况，同时与施工单位进行沟通，并以此为依据，制订出最佳的施工方案。

在采购施工材料时，应优先采购渗水性强的施工材料，选用的人行道施工材料应满足各项技术指标的要求，同时要对原材料质量进行严格控制。与过去的人行道路面施工相比，海绵城市道路透水人行道路面施工有很多不同之处，后者主要选用渗水性强的施工材料，如透水混凝土、透水砖等，而普通人行道路面主要选用普通石材、普通混凝土、普通砖等施工材料，所用的材料不同，施工工艺也不相同。

(2)透水混凝土的施工

①施工原材料的质量控制。

透水混凝土需要的原材料主要包括拌和用水、碎石、水泥等，这些施工原材料均满足设计要求时，方可用于施工。其中，碎石的粒径应保持在 5～10 mm，一定要保证表面洁净，同时具有足够的耐久性和硬度；水泥宜选用强度等级为 42.5 的普通硅酸盐水泥。

②配合比的合理确定。

通过大量施工原材料配合比试验，在确保一定功能的条件下，综合考量施工质量、施工现场的经济性与适用性等因素，经试验表明，选用 5～10 mm 的瓜米石作为骨料较为合适。最后确定透水混凝土施工配合比为水：碎石：水泥＝95：1 540：350，该配合比的透水混凝土的强度不小于C20，同时透水系数不小于0.75 mm/s。

③透水混凝土的拌制与运输。

在混凝土搅拌站拌制透水混凝土，用运输车将拌制好的透水混凝土运输到施工现场，一定要严格按照规定的搅拌方式来搅拌混合料，搅拌时间可以适当延长，以保证浆体能够完全包裹骨料。

投料顺序：应将1/2的骨料先投放至搅拌机中，然后将适量的添加剂、水泥放入其中，最后将剩余的骨料放入搅拌机，这样能够提高混合料的拌和效果。

搅拌透水混凝土时，在搅拌机中先放入1/5的用水量，进行空机搅拌，然后提升料斗进料搅拌，接着分次加水进行搅拌，直到用手能够将透水混凝土捏成团为止。

拌制时间，加水搅拌时间控制在15 s左右，骨料搅拌时间控制在45 s左右。

当透水混凝土拌制结束后，需要及时向施工现场运送，因为透水混凝土拌和物的流动性很小，在施工过程中极易出现水化、失水等现象，最终导致透水混凝土的和易性降低。一般情况下，透水混凝土成品从出机到摊铺施工的时间应控制在2 h以内。

透水混凝土是一种干性混凝土料，初凝时间短，因此施工单位应根据实际天气情况，有效控制透水混凝土的运输时间，不宜超过15 min。

④透水混凝土的浇筑与摊铺。

如果施工现场环境温度持续5 d低于5 ℃，不得进行透水混凝土浇筑施工；如果施工现场环境最高温度大于32 ℃，也不宜进行透水混凝土浇筑施工。

在透水混凝土摊铺施工之前，一定要在人行道下承层适当洒水，使其保持湿润。

透水混凝土运输到施工现场后，应及时进行摊铺与刮平。由于人行道路面宽度较小，再加上人行道上设有树池，所以不能用摊铺机来进行摊铺施工，一般采用挖掘机摊铺、人工整平的施工方法。透水混凝土的松铺系数宜控制在1.1～1.15。宜用平板振捣器振捣透水混凝土，直到其表面泛浆、无气泡为止。

每一个施工段的透水混凝土垫层应一次浇筑成型。

当透水混凝土超过2 h间断施工时，应凿毛、清理冲洗施工缝后继续施工。

⑤透水混凝土的养护。

透水混凝土浇筑12 h以后，应及时养护，可在其表面铺盖土工布，同时适当洒水，养护时间至少要14 d。在整个养护过程中，不得开放交通。

(3)透水砖的施工

①透水砂浆的制备。

将聚合物、水泥、细骨料混合搅拌，在加水拌和、硬化之后，制成透水砂浆，选用石英砂或者玄武岩颗粒作为骨料，粒径为3～5 mm，骨料中泥块的含量不大于1%，微粉含量不大于3%，水泥选用42.5级的普通硅酸盐水泥。

按水泥：骨料＝1：5的配合比进行配置，再向混合料中加入适量的高分子聚合物复合粉料，然后进行拌制，以形成透水砂浆。

②透水砖的安装。

根据施工图纸标定高程与定位，然后复查人行道路面基层的表面，对不满足施工要求的部位进行整平。

在铺砌透水砖之前，需要进行施工技术交底，确保施工人员熟悉并掌握施工图纸。为确保材料质量、规范符合要求，在进场前宜组织检验，只有验收合格的透水砖才可以用于施工。

在铺砌透水砖过程中，应先铺筑 3 cm 厚的透水砂浆，然后及时铺砌透水砖(宜选用一字形铺砌)。

试拼与试排时，要根据规定角度与方位试拼透水砖。在进行施工之前，施工单位需要进行一次试排。

在试铺透水砖过程中，需要将透水砖的纵横缝对齐，然后用胶锤在透水砖中间轻敲，使透水砂浆振捣密实。在透水砖试铺质量达标以后，应将透水砖翻开，检查透水砂浆的密实度与平整度。对透水砂浆进行增补，对准原位以后，放下透水砖，用胶锤对板块上的木垫板进行轻敲，以提高板块的平整度，然后根据规定顺序铺贴透水砖。在铺砌透水砖的过程中，一定要随时检查，一旦发现存在空隙，应将透水砖取出来，用透水砂浆填充与补实后，再铺砌。

③填缝与养护。

每天施工结束后，需要彻底清扫当天施工过程中产生的施工垃圾，以确保施工区域的整洁。

在道路的路口位置放置阻碍物，进行为期 2 d 的养护。然后在透水人行道路面上摊铺细砂，用扫把将细砂全部扫进缝隙中，严禁用干拌砂浆扫缝。

人行道板铺装施工结束以后，需要布设隔离线，不得将重物放置在透水人行道路上。

工程竣工验收后，需要定期清洗与维护透水砖，确保其透水功能持续有效。

第6章 城市给排水工程

6.1 城市给排水概述

6.1.1 给水工程概述

1. 给水系统

(1)给水系统的概念

给水系统是保证城市、工业等用水的工程系统。它的任务是从水源取水，按照用户对水质的要求进行处理，然后将水输送到用水区，并向用户配水。给水包括生活用水、生产用水、消防用水，以及道路浇洒、绿化用水等市政用水。

给水系统按水源种类可分为地表水和地下水给水系统，按供水方式可分为重力(依靠水源所具有的位置水头)供水、压力(水泵加压)供水和混合供水等系统，按使用目的可分为生活给水、生产给水和消防给水等系统，按服务对象可分为城市给水、工业给水和铁路给水等系统。

在工程实践中，给水系统也可分为取水工程、净水工程和输配水工程三个部分。其中，取水工程包括取水构筑物和一级泵站；净水工程包括水处理构筑物和清水池；输配水工程包括二级泵站、增压泵站、输水管(渠)、配水管网、水塔和高地水池等。

(2)给水工程的组成

给水工程由取水构筑物、水处理构筑物、泵站、输水管(渠)和管网以及调节构筑物组成。

①取水构筑物：用以从地表水源或地下水源取得要求的原水，并输往水厂。

②水处理构筑物：用以对原水进行水质处理，以符合用户对水质的要求，常集中布置在水厂内。

③泵站：用以将所需水量提升到要求的高度，分为抽取原水的一级泵站、输送清水的二级泵站和设于管网中的增压泵站。

④输水管(渠)和管网：用以将原水送到水厂或将水厂处理后的清水送到管网，前者称为原水输水管(渠)，后者称为清水输水管(渠)。管网是将处理后的水送到各个给水区的全部管道。

⑤调节构筑物：指各种类型的贮水构筑物，如高地水池、水塔和清水池，用以贮存水量以调节用水流量的变化。此外，高地水池和水塔还兼有保证水压的作用。

在以上组成中，泵站、输水管(渠)和管网以及调节构筑物等总称为输配水系统，也称给水管网系统。从给水系统整体来说，它是投资最大的子系统，占给水工程总投资的60%～80%。

2. 给水分类

给水工程是城市和工矿企业的重要基础设施，需以足够的水量、合格的水质、充裕的水压向用户供水，既要满足近期需求，又要兼顾今后的发展。水是人们生产生活不可或缺的物质资源。

(1)生活用水

生活用水包括家庭、机关、学校、部队、旅馆的饮用、洗涤、烹饪、清洁卫生等用水。生活用水量因当地的气温、生活习惯、房屋卫生设备条件、供水压力等因素而异。

生活用水可分为饮用水和非饮用水。为保障人们的身体健康，给水工程供应的生活饮用水，必须达到一定的水质标准，以防止水致传染病(霍乱、伤寒、痢疾、病毒性肝炎等)的流行成为某些地方病(氟斑牙、氟骨症、氟龋齿、甲状腺肿大等)的诱因。

生活饮用水对水质的要求：首先，必须清澈透明、无色、无臭味和异味，即感官良好，人们乐于饮用；其次，各种有害健康或影响使用的物质含量不超过规定的指标。因环境污染日趋严重，水源中可能存在许多有毒有害物质，所以要严格执行国家水质标准。非生活饮用水对水质的要求可以比生活饮用水低一些。

为了满足用户的使用需要，生活用水管网的水压必须达到最小服务水头的要求。最小服务水头是指配水管网在用户接管点处应维持的最小水头(从地面算起)。

(2)生产用水

生产用水是指生产过程中所需的水。如冶金、化工、电力、造纸、纺织、皮革、电子、食品、酿造及化学制药等工业，都需要数量可观的各种用途的生产用水。

工矿企业部门很多，生产工艺多种多样，而且工艺改革、生产技术发展等都会使生产用水的水量、水质和水压发生变化。因此，在设计工业企业的给水系统时，参照以往的设计和同类型企业的运转经验，通过工业用水调查获得可靠的第一手资料，以确定需要的水量、水质和水压是非常重要的。

各种生产用水的水量视生产工艺而定，并且随着科学技术的发展、工艺改革和水重复利用率的提高等，生产用水量也会发生变化。某些工业企业不但用水量大，而且不允许片刻停水(如火电厂的锅炉、钢铁厂的高炉和炼钢炉等)，否则会造成严重的生产事故和经济损失。

因此，设计工业企业生产给水系统时，应充分了解生产工艺过程和设备对给水的要求，并参照同类型工业企业的设计和运转经验，以确定对水量、水质和水压的要求。

(3)消防用水

消防用水是指在发生火灾时，为扑灭火灾、保障人民生命财产安全而使用的水，一般是从街道消火栓或建筑物内的消火栓中取水。

消防用水只在发生火灾时才从给水管网的消火栓上取用。消防用水对水质没有特殊要求。消防用水量一般较大，国家制定有相应的标准。室外消防用水按水压的要求，分为高压消防系统和低压消防系统两种。在高压消防给水系统中，市政管道的压力应保证用水总量达到最大且水枪在任何建筑物的最高处时，水枪的充实水柱仍不小于 10 m。而在低压消防给水系统中，市政管道的压力应保证用水总量达到最大，灭火时，最不利点的消火栓的水压不小于0.1MPa(相当于10 m水柱，从地面算起)。市政管网一般采用低压消防给水系统，灭火时由消防车(或消防泵)自室外消火栓中取水加压。

(4)市政用水

市政用水包括道路洒水、绿地浇水。市政用水量应根据路面种类、绿化情况、气候、土壤以及当地条件等实际情况和有关部门的规定确定。市政用水量将随着城市建设的发展而不断增加。

3. 给水工程规划

(1)明确任务

进行给水工程规划时，首先要明确规划的目的与任务。其中包括规划设计项目的性质，规划任务的内容、范围，有关部门对给水工程规划的指示、文件，与其他部门分工协议的事项，等等。

(2)搜集资料

①规划和地形资料：包括近远期规划、城市人口分布、建筑层数和卫生设备标准、区域附近的总地形图资料等。

②现有给水设备的概况资料：包括用水人数、用水量、现有设备、供水成本以及药剂和能源的来源等。

③自然资料：包括气象、水文及水文地质、工程地质等资料。

④水文资料：对水量、水质、水压有要求的资料等。

(3)制订规划设计方案

在给水工程规划设计时，通常要拟订几个较好的方案，进行计算，绘制给水工程规划方案图，开展工程造价估算，对方案进行技术经济比较，从而选出最佳方案。

(4)绘制工程系统图及文字说明

规划图纸的比例采用1/10 000～1/5 000，图中应包括给水水源和取水位置，水厂厂址，泵站位置，输水管(渠)和管网的布置，等等。

文字说明应包括规划项目的性质，建设规模，方案的组成及优缺点，工程造价，所需主要设备材料以及能源消耗，等等。此外，还应附有规划设计的基础资料。

6.1.2 给水管网布置

1. 布置形式

给水管网(配水管网)是指将产品水从净水厂或一级供水系统的取水厂(站)输送到用户的网状管道系统，是给水系统的重要组成部分。给水管网布置的合理与否对管网的运行安全性、适用性与经济性至关重要。

根据其在整个给水系统中的作用，水管网可分为输水管网和配水管网两部分。

(1)输水管网

从水源到水厂或从水厂到配水管网的管线，因为沿线一般不连接用水户，主要起转输水量的作用，所以称为输水管。此外，从配水管网接到个别大用水户的管线，沿线一般不接用户管，此管线也属于输水管。

(2)配水管网

配水管网是将输水管线送来的水配送给城市用水户的管道系统。在配水管网中，各管线所起的作用不同，管径也各异，由此可将管线分为干管、分配管、接户管三类。

干管的主要作用是输水至城市各用水城区，直径一般在 100 mm 以上，在大城市为 200 mm 以上。城市给水管网的布置和计算，通常只限于干管。

分配管(或称配水支干管)是把干管输送来的水量送入小区的管道，敷设在每条道路下。配水管要根据消防流量来确定管径的大小。为了满足安装消火栓所要求的管径，防止消防时水压下降过大，通常小城市配水管最小管径采用 75～100 mm，中等城市采用 100～150 mm，大城市采用 150～200 mm。

接户管又称进户管，是连接配水管与用户管道的管道。

2. 布置要求

①按照城市规划平面图布置管网，布置时应考虑给水系统分期建设的可能性。

②管网布置必须保证供水安全可靠，当局部管网发生事故时，停水范围应减到最小。

③管线遍布整个给水服务区内，保证用户可以获得足够的水量和水压。

④力求以最短距离敷设管线，以降低管网造价和供水能量消耗。

3. 布置分类

给水管网的布置可分为环状管网和树枝状管网两种。

(1)环状管网

环状管网是指供水干管之间由其他方向的管道相互连通，形成许多闭合的环。一般在大、中城市，给水系统、供水要求较高或不能停水的管网均应采用环状管网。环状管网每条管都可以有两个方向来水，供水安全可靠性大，降低了管网中的水头损失。为了节省动力，管径可稍微减小。另外，环状管网还能减轻管内水锤的威胁，有利于管网的安全。环状管网的管线较长，投资较大，但供水安全可靠。

在实际工作中，为了发挥给水管网的输配水能力，达到安全可靠、经济适用的目的，常采用树枝状与环状相结合的管网。如在主要供水区采用环状管网，在外围区域或要求不高且距离水厂较远的地点，可采用树枝状管网，这样比较经济合理。

(2)树枝状管网

树枝状管网的干管与支管的布置犹如树干与树枝的形态。主要优点是管材省，投资少，构造简单；缺点是供水可靠性较差，一处损坏则下游各段全部断水，且各支管末端易形成“死水”区，在用水低峰，管道内水的停留时间较长，水质易恶化。这种管网布置形式适用于地形狭长、用水量不大、用户分散的地区，或在建设初期采用，后期再发展成环状管网。

居住区详细规划一般不会单独选择水源，而由邻近的城市主干道下面的城市给水管道供水，街坊只需考虑其最经济的人口规模。

6.1.3　排水工程概述

1. 排水工程的作用

兴建完善的排水工程，将城市污水收集并输送到污水处理厂，经处理后再排放，可以起到改善和保护环境、消除污水危害的作用。

保护环境是社会主义市场经济建设的先决条件，排水工程在我国经济建设中具有非常重要的作用。

消除污水危害，对预防和控制各种传染病和“公害病”，保障人民健康和造福子孙后代有深远的意义。

污水经处理后可回用于城市，这是节约用水和解决水资源短缺问题的重要手段。

2. 排水的分类

(1)城市污水

城市污水通常是指排入城市排水管道系统的生活污水和工业废水的混合物。在合流制排水系统中，还可能包括截流入城市合流制排水管道系统的雨水。城市污水实际上是一种混合污水，其性质变化很大，随着各种污水的混合比例和工业废水中污染物质的特性变化而变化。城市污水须经过处理后才能排入天然水体、灌溉农田或再利用。在城市和工业企业中，应当有组织地、及时地排出上述废水和雨水，否则可能污染和破坏环境，甚至形成环境公害，影响人们的生活和生产，乃至威胁人体健康。

①生活污水。

生活污水是指人们日常生活中用过的水，主要包括从住宅、公共场所、机关、学校、医院、商店和工厂及其他公共建筑的生活间，如厕所、浴室、盥洗室、厨房、食堂和洗衣房等处排出的水。生活污水中含有较多的有机物和病原微生物等污染物质，收集后须经过处理才能排入水体、灌溉农田或再利用。

②工业废水。

工业废水是指在工业生产过程中产生的废水。工业废水水质随工厂生产类别、工艺过程、原材料、用水成分以及生产管理水平的不同而有较大的差异。根据污染程度的不同，工业废水分为生产废水和生产污水。不同的工业废水所含的污染物质有所不同，如冶金、建材工业废水中含有大量的无机物，食品、炼油、石化工业废水中所含的有机物较多。

生产废水是指在使用过程中受到轻度污染或仅水温增高的水，如冷却水，通常经简单处理后即可在生产中重复使用或直接排入水体。生产污水是指在使用过程中受到较严重污染的水，具有危害性，须经处理后方可再利用或排放。

(2)降水

降水即大气降水，包括液态降水和固态降水，主要指降雨。降落的雨水一般比较清洁，但初期降雨的雨水径流会携带着大气、地面和屋面上的各种污染物质，污染程度相对严重，应予以控制。由于降雨时间集中，径流量大，特别是暴雨，若不及时排泄，会造成灾害。另外，冲洗街道和消防用水等因性质与雨水相似，也被并入雨水系统。通常，雨水无须处理，可直接就近排入水体。

3. 排水系统组成

排水系统通常由排水管道系统和污水处理系统组成。排水管道系统的作用是收集、输送污(废)水，由管渠、检查井、泵站等设施组成。分流制排水系统包括污水管道系统和雨水管道系统，合流制排水系统则包括合流制管道系统。污水管道系统是收集、输送综合生活污水和工业废水的管道及其附属建(构)筑物；雨水管道系统是收集、输送、排放雨水的管道及其附属建(构)筑物；合流制管道系统是收集、输送综合生活污水、工业废水和雨水的管道及其附属建(构)筑物。

城市生活污水排水系统由室内污水管道系统、室外污水管道系统、污水泵站及压力管道、污水处理厂、出水口及事故排出口等组成。

(1)室内污水管道系统

室内污水管道系统负责收集生活污水，并将其排送至室外居住小区的污水管道中。住宅及公共建筑内各种卫生设备是生活污水排水系统的起端设备，生活污水从这里经水封管、支管、立管和出户管等建筑排水管道系统流入室外居住小区管道系统。在每个出户管与室外居住小区管道相接的连接点设检查井，供检查和疏通管道之用。通常情况下，居住小区内以及公建的庭院内要设置化粪池，建筑内的污水在经过化粪池处理后才排出小区，进入市政下水管道。

(2)室外污水管道系统

室外污水管道系统包括小区污水管道系统和市政污水管道系统两部分。

小区污水管道系统主要收集小区内各建筑物排出的污水，并将其输送到市政污水管道系统中。它一般由接户管、小区支管、小区干管、小区主干管和检查井、泵站等附属建(构)筑物组成。与控制井相连的管道为小区主干管，与小区主干管相连的管道为小区干管，其余管道为小区支管。

市政污水管道系统由市政污水支管、污水干管、污水主干管等组成，敷设在城市较大的街道下，用以接纳各居住小区、公共建筑污水管道流来的污水。管径大、收水量大和收水范围大的是主干管；管径小、收水量小和收水范围小的是支管。在各排水流域内，干管收集由支管流来的污水，此类干管常称为流域干管。主干管是收集两条或两条以上干管流来的污水的管道。市郊总干管是接收主干管污水并输送至总泵站、污水处理厂或通至水体排放口的管道。由于污水处理厂和排放口通常在建成区以外，所以，市郊总干管一般在污水收集管道系统的覆盖范围之外。管道系统上的附属建(构)筑物包括检查井、跌水井、倒虹管等。

(3)污水泵站及压力管道

污水一般靠重力流排出，但往往受到地形等条件的限制而难以实施，这时就可设置泵站。压力管道是将泵站出来的污水压送至高地自流管，再送至污水处理厂的承压管段。

(4)污水处理厂

对原污水、污水处理厂产生的污泥进行净化处理，使其达到一定质量标准(以便污水利用或排放)的一系列构筑物及附属建筑物的整体，合称为污水处理厂。在城市中，常称为市政污水处理厂或城市污水处理厂；在工厂中，常称为企业废水处理站。城市污水处理厂一般设置在城市河流的下游地段，并与居民点或公共建筑保持一定的卫生防护距离。

(5)出水口及事故排出口

污水排入水体的渠道和出口被称为出水口，它是整个城市污水系统的终端设施。事故排出口是指在污水排水系统的中途，在某些易于发生故障的组成部分前面所设置的辅助性出水渠，一旦发生故障，污水就通过事故排出口直接排入水体。

4. 雨水排水系统

雨水排水系统主要由建筑物的雨水管道系统和设备、居住小区或工厂的雨水管渠系统、主干街道的市政雨水管渠系统、排洪沟和出水口等组成，用来收集径流的雨水，并将其排入水体。屋顶雨水通常用雨水斗或天沟收集，地面雨水通常用雨水箅子收集。雨水排水系统的室外管渠系统基本上与污水排水系统相同。雨水一般直接排入水体。由于雨水管道的设计流量较大，应尽量不设或少设雨水提升泵站。

雨水排水系统分为小区雨水管道系统和市政雨水管道系统。

小区雨水管道系统是收集、输送小区地表径流的管道及其附属构筑物，包括雨水口、小区雨水支管、小区雨水干管、雨水检查井等。

市政雨水管道系统是收集小区和城市道路路面上地表径流的管道及其附属建(构)筑物，包括雨水支管、雨水干管、雨水口、检查井、雨水泵站、出水口等。雨水支管承接若干小区雨水干管中的雨水和所在道路的地表径流，并将其输送到雨水干管；雨水干管承接若干雨水支管中的雨水和所在道路的地表径流，并将其就近排放。

5. 合流制排水系统

合流制排水系统由建筑排水设备、室外居住小区以及主街道的市政管道系统组成。住宅和公共建筑的生活污水经庭院或街坊管道流入街道的市政合流管道系统。雨水经街道两侧的雨水箅子进入合流管道。通常在合流主干管道与截流总干管的交会处设有溢流井。

6.1.4 排水管道布置

1. 排水系统体制

(1)合流制排水系统

合流制排水系统是指将生活污水、工业废水和雨水收入同一套排水管渠内排出的排水系统，又可分为直排式合流制排水系统和截流式合流制排水系统。

①直排式合流制。

直排式合流制排水系统是最早出现的合流制排水系统，将欲排出的混合污水不经处理就近直接排入天然水体。但未经无害化处理而直接排放，会使受纳水体遭受严重污染。国内外许多老城市都采用这种排水系统。这种系统造成的污染危害很大，现在一般不再采用。

②截流式合流制。

截流式合流制排水系统是在邻近河岸的高程较低侧建造一条沿河岸的截流总干管，所有主干排水管的混合污水都将接入截流总干管中，合流污水由截流总干管输送至下游的排水口集中排出或进入污水处理厂。

晴天时，管道中只输送旱流污水，经污水处理厂处理后排放。降雨初期，旱流污水和初期雨水被输送到污水处理厂，经处理后排放；随着降雨量的不断增大，生活污水、工业废水和雨水的混合液也在不断增加，当该混合液的流量超过截流干管的截流能力后，多余的混合液就经溢流井溢流排放。

合流干管与截流总干管相交前或相交处应设置溢流井。溢流井的作用如下：当进入管道的城市污水和雨水的总量超过管道的设计流量时，多余的雨水(实际上是城市污水和雨水的混合物)就会经溢流井排出，而不能向截流总干管的下游转输。截流总干管的下游通常是市政污水处理厂。

③完全合流制。

将污水和雨水合流于一条管渠内，全部送往污水处理厂处理后再排放。此时，污水处理厂要容纳降雨的全部径流量，设计负荷大，运行管理难度高(水量和水质的经常变化不利于污水的生物处理)；同时，处理构筑物过大，平时也很难全部发挥作用，会造成一定程度的浪费，工程中很少采用这种方法。

(2)分流制排水系统

分流制排水系统是指将生活污水、工业废水和雨水分别通过两个或两个以上各自独立的管渠系统排出的排水体制。排出生活污水、工业废水或城市污水的系统称为污水排水系统，排出雨水的系统称为雨水排水系统。根据排出雨水方式的不同，分流制排水系统又可分为完全分流制排水系统和不完全分流制排水系统。

①完全分流制。

完全分流制是将城市的综合生活污水和工业废水用一条管道排出，而雨水用另一条管道排出的排水方式。完全分流制中有一套完整的污水管道系统和一套完整的雨水管道系统，这样可将城市的综合生活污水和工业废水送至污水处理厂进行处理，克服了完全合流制的缺点，同时减小了污水管道的管径。但完全分流制的管道总长度大，且雨水管道只在雨季发挥作用，因此，完全分流制造价高，初期投资大。

②不完全分流制。

受经济条件的限制，城市中只建设完整的污水排水系统，不建设雨水排水系统，雨水沿道路边沟排出，或为了补充原有渠道系统输水能力的不足，只建一部分雨水管道，待城市发展后再将其改造为完全分流制。

2. 排水管道的布置形式

排水管道的平面布置，根据城市地形、竖向规划、污水处理厂的位置、土壤条件、水体情况，以及污水的种类和污染程度等因素确定。下面六种是以地形为主要因素的布置形式。

(1)正交式

在地势向水体适当倾斜的地区，各排水流域的干管以最短距离沿与水体大体垂直的方向布置，这种布置称为正交式布置，如图6.1所示。正交式布置具有干管长度短、管径小、造价低、污水排出迅速等特点。但污水未经处理直接排放易造成水体严重污染。因此，在现代城市中，正交式仅适用于雨水排放。

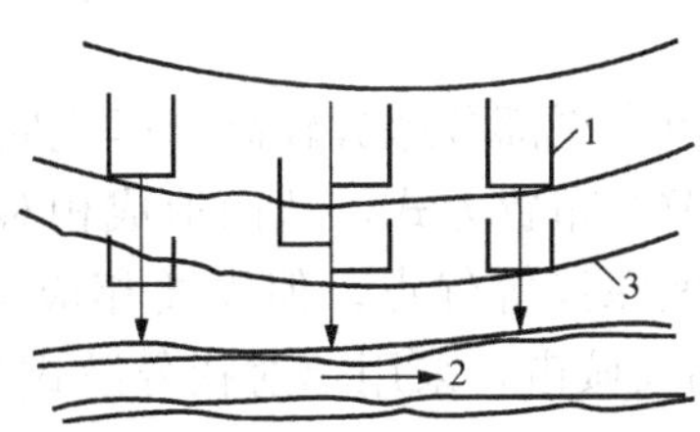

1—排水管网；2—水体；3—等高线。

图6.1　正交式布置示意图

(2)平行式

在地势向河流方向有较大倾斜的地区，为了避免干管坡度及管内流速过大，使管道受到严重冲刷，可使干管与等高线及河道基本平行、主干管与等高线及河道呈一定斜角的形式敷设，这种布置称为平行式布置，如图 6.2 所示。但是，能否采用平行式布置，取决于城镇规划道路网的形态。

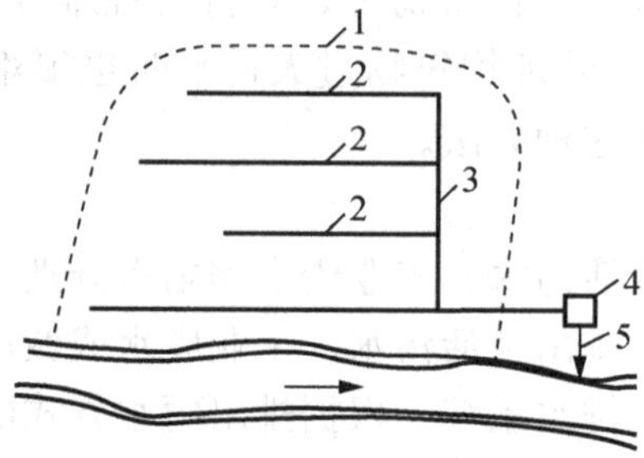

1—城市边界；2—干管；3—主干管；4—污水处理厂；5—出水口。

图 6.2　平行式布置示意图

(3)截流式

在正交式布置的基础上，沿河岸再敷设总干管，将各干管的污水截流并输送至污水处理厂，这种布置称为截流式布置，如图 6.3 所示。截流式布置对减轻水体污染、改善和保护环境有重大作用，适用于分流制的污水排水系统，也适用于区域排水系统。此种情况下，区域性的截流总干管需要截流区域内各城镇的所有污水，将其输送至区域污水处理厂进行处理，而雨天有部分混合污水泄入水体，会对水体造成污染。这是合流制的一个缺点。

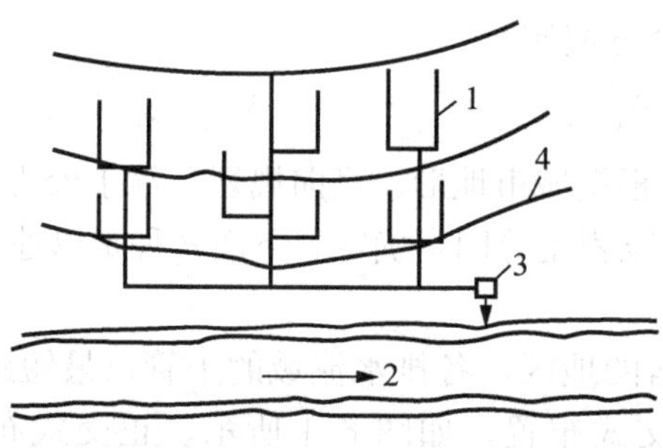

1—排水管网；2—水体；3—污水处理厂；4—等高线。

图 6.3　截流式布置示意图

(4)分散式

当城市周围有河流，或城市中央部分地势较高、呈现向四周倾斜的地形特征时，各排水流域的干管常采用辐射状分散式布置方式，从而形成相对独立的排水系统。这种布置具有干管长度短、管径小、管道埋深浅等优点，但需要相应增加污水处理厂和泵站(如需要设置时)的数量。在地形平坦的大城市，采用辐射状分散式布置可能是比较有利的。

(5)环绕式

在分散式布置的基础上，沿城市四周布置截流总干管，将各干管的污水截流送往污水处理厂，这种布置称为环绕式布置，如图 6.4 所示。在环绕式布置中，便于实现只建一座大型污水处理厂，避免修建多个小型污水处理厂，可减少占地面积，节省基建投资和运行管理费用。

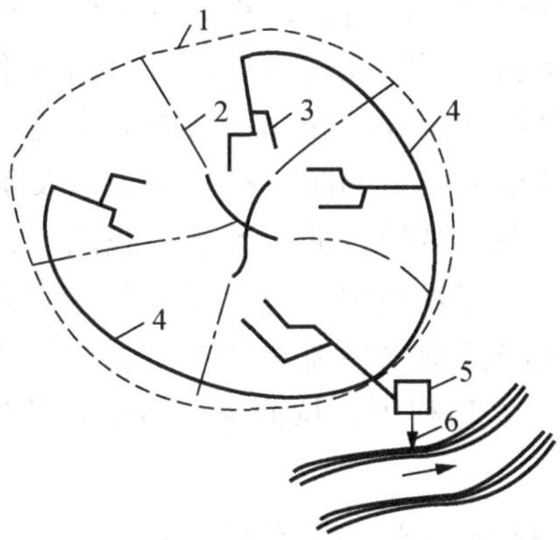

1—城市边界；2—排水流域分界线；3—干管；4—主干管；
5—污水处理厂；6—出水口。

图 6.4　环绕式布置示意图

(6)分区式

在地势高低相差较大的地区，当污水不能靠重力流向污水处理厂时，可采用分区式布置，如图 6.5 所示。分区式布置是分别在较高区和地形较低区，依各自的地形和路网情况敷设独立的管道系统。高地区污水靠重力作用直接流入污水处理厂，低地区污水用水泵抽送至高地区干管或污水处理厂。这种布置只能用于个别阶梯地形或起伏很大的地区，优点是能充分利用地形较高区的地形排水，节约能源。

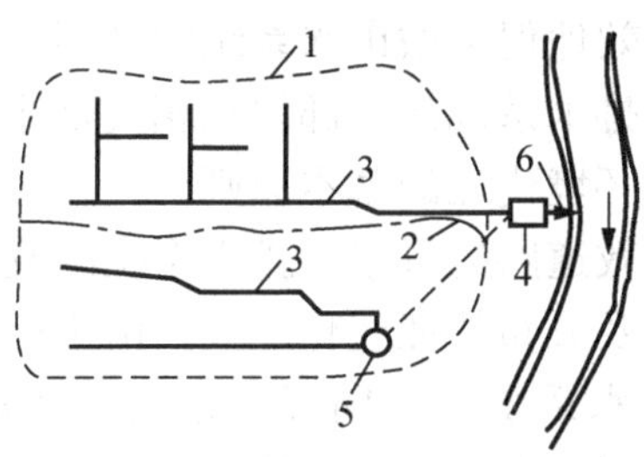

1—城市边界；2—排水流域分界线；3—干管；
4—污水处理厂；5—污水泵站；6—出水口。

图 6.5　分区式布置示意图

6.2　海绵城市理念下的城市给排水规划设计

6.2.1　市政工程给排水规划

虽然我国部分地区市政给排水管网已基本成形，但由于缺乏科学合理的规划建设，遇到雨季和强降雨时，道路会出现积水，造成城市内涝。因此，需要以海绵城市的理念进行优化，加强现代技术的应用，在实际建设过程中充分注意对地下管线的保护，与市政工程的电缆、管线等同步进行规划建设，改进传统单一的市政给排水处理系统，避免问题的发生。海绵城市是一个创新的概念，因其发展迅速，可以结合不同城市的需求进行应用，在当前的市政给排水建设中可以起到很好的作用。海绵城市是一个科学概念，将其应用于市政给水、排水建设，可以提高整个城市的防洪抗旱能力以及确保城市生态的和谐发展，也可以达到涵养水资源和修复生态环境的目的。此前，我国一直以可持续发展为核心，以改善现代化城市地区的生态环境和有效利用资源为开发和建设的主要内容。基于海绵城市理念的城市规划建设，可以有效降低雨水径流对城市地表的侵蚀作用，将天然雨水的径流控制在40%以内，实现雨水的收集和利用，从而保护城市自然生态环境，为后续发展奠定坚实的基础。

1. 海绵城市理念下市政道路给水、排水规划的重要性

海绵城市的概念是把现代化城市视作巨大的海绵，根据现代城市的需求，自动实现蓄水、排水、水资源的综合储备和合理化利用，满足现代城市居民生产和生活的需求。海绵城市的概念打破了城市给水和排水工程规划中传统的给排水概念。目前采取草坪沟渠、侵蚀绿地及雨水庭院等措施，控制水资源的吸收和排水，积极动员城市道路的各系统，收集、净化、储存和合理利用雨水。这有利于改善城市浸水和干旱的问题，降低城市水资源开发利用成本，提高水资源利用效率，创造出和谐的环境。

首先，海绵城市的概念为城市市政道路的给水、排水等规划提供了理论支持。所谓海绵，就是指把城市市政的给水、排水系统改建成具有海绵弹性的功能型系统。在现代化城市给水、排水的运行当中，不仅可以吸收道路上的大量积水，而且可以通过排水系统有效地排出蓄积的水，这样可以有效地促进城市水系统的循环，使城市水污染程度减轻。这一理念将促进市政道路及给水、排水系统建设部门和相关企业、单位，在将来的现代化城市规划建设过程中始终秉持生态环境优先的基本原则。

其次，有利于传统城市市政道路的供水、排水系统的改善。近年来，由于气候条件的变化，我国大部分地区的降水及分布特征变化巨大。由于运营年限以及自然条件等综合作用，现有城市市政道路的给排水系统均不同程度地受到渍水以及水资源流失等问题的影响，给居民的生产和生活带来了极大的不便，特别是洪涝灾害高发地区。若要把海绵城市的概念应用到城市市政给水与排水的规划及建设中，需要将蓄水和防渗结合起来，使道路成为雨水资源利用的载体，从而涵养区域内的地下水源，达到美化城市、改善市民生活环境的效果。在市政给排水规划建设中采用海绵城市的理念，不仅可以全面改善城市的给排水系统，还可以防止雨水过多造成的洪涝灾害，在城市水资源得以调节的同时有效地利用水资源。

最后，改善城市环境。在新时代背景下，随着我国经济建设的快速发展，城市污染问题越来越明显。如何保持生态质量已成为国内城市建设的关键问题。海绵城市对人的生活环境要求更高，内容涉及吸收性和弹性。海绵城市理念推出后，我国相关部门给予了高度的重视，因为这一理念可以为未来城市建设提供发展建议，确定明确的发展目标，使得城市建设与生态环境保护密不可分。

2. 海绵城市理念下市政给排水的规划要点

(1)绿化地带排水规划的要点

城市绿化地带的排水规划是海绵城市规划的重点，其具有收集雨水、过滤等功能，值得特别关注。例如，雨水通过地表直接流入道路的绿化地带，通过道路绿化地带的植物以及土壤等系统来滞留、渗透、净化雨水。绿化带所储存的雨水通过雨水出口流入绿化地带的雨水系统，再流向下游。为了保证雨水顺利收集和减少水资源的浪费，应该合理规划泄水口之间的间隔距离。泄水口的高度应与绿化地带的最大含水高度相匹配，且不得高于绿化地带的倾斜高度。雨水落在地面上，必须进行过滤，以确保雨水的清洁度，可以通过在绿化地带铺上砾石层以及种植土层来实现。雨水渗入地下就可以补充到自然水体中，以满足城市道路水资源开发再利用的需求。

在城市建设的过程中，除了道路和建筑的规划之外，城市周围还有很多相连的绿地。这些区域不仅旨在为城市注入生态元素，还旨在提高市政道路的雨水储存能力。目前，我国一些城市的连接绿地规划存在诸多不合理之处，使得城市绿地的连接部分难以发挥应有的作用。因此，需要保持规划的科学性和合理性，满足当地的实际需求，提高市政道路的雨水调蓄能力。在阴雨天气，可以通过分流的方式减少城市道路的雨水堆积问题，保障道路畅通，不会给交通带来严重的负面影响。在规划工作的初始阶段，可以选择源渗透技术来排放植被缓冲区或下沉式绿地中的积水。中途渗透技术可以利用渗渠、调节塘和植草沟来收集雨水。这样，城市道路就可以和城市绿化带连接起来，共同承担城市排水任务。根据实际情况，选择科学合理的手段，保证雨水净化率，提高雨水的二次利用率，减少雨水中的污染物，保护城市地下水质量。

(2)排水系统顶层规划要点

因为海绵城市建设是一项复杂的工程，需要花费大量的时间和资金支持，相关部门要高度重视，完善配套的给排水基础设施，提供充足的资金支持。城市海绵规划的顶层创新需要结合本地区的实际情况，吸收和借鉴发达国家的给排水规划经验，总结出适合我国城市给排水工程规划和施工的标准。为了保证海绵城市的顺利建设，应优化现有的给排水系统，提高城市现代化水平。此外，还应注意排水缓慢和滞蓄的问题，设置导流系统，使雨水通过道路径流进入海绵城市设施。同时，要完善市政毛细管网，使多余的雨水流向城市排水管。在此基础上，对车行道和人行道的排水规划进行优化，降低路面积水的可能性，从而营造舒适便捷的城市环境。

(3)海绵城市分层规划要点

海绵城市的规划以及建设要因地制宜，需进行整体规划，具体包括城市水系、城市绿地、城市排水防涝、城市道路等多个环节。应符合当地城市总体的开发建设、布局规划范畴，符合当地城市天然水资源的保护及利用要求，推进城市发展的紧凑性。可在城市的公园、道路、停车场以及人行道的绿地铺设透水铺装。城市年降雨量超过 800 mm 的，要按照 1.5%的道路路面进行规划，全部规划为全透水结构来确保路面的透水性。同时，还可以设置雨水花园、抛物线形草沟渠等，利用土壤和植物来对雨水进行渗透和净化。特别需要注重入渗管道的选择，在输送雨水的同时，使部分雨水渗入地下，补充地下水。另外，还应建造下沉式的绿地，下沉值在 100～200 mm，使雨水满溢之后直接流入植草沟，最终流向雨水花园。因地制宜的城市规划建设，需要结合不同的城市系统特点及要求，规划出不同的系统建设方案，包括污水处理系统、给水系统以及排水系统等，合理的规划可以减少水资源的极度浪费。

6.2.2 市政给排水策略设计

我国大部分城市属于工业城市。近年来，工业化发展速度日益加快，随之引发的问题也日益增多，较为突出的问题之一则是严重缺乏水资源。海绵城市理念的引入，使更多的人认识到合理利用和分配水资源的重要性。海绵城市是将城市建造成犹如海绵一样，降雨时存蓄雨水、浸透、就地吸收；干旱时则将降雨时存蓄的雨水吐出，达到循环利用的目的，如冲洗城市道路、灌溉绿化，达到降低水资源使用量和城市维护开支的目的。相比传统市政给排水设计，海绵城市理念具有更大的优势。

1. 海绵城市设计理念的意义

(1)让城市水资源得到充分利用

目前，人们日常生活和生产中所使用的重要资源之一为水资源，但随着经济发展和城市市政建设的扩大，城市水资源已出现短缺的现象。因此，在城市建设过程中需加大对水资源的重视力度。以往在设计城市市政给排水系统时，未充分考虑到利用雨水的状态，海绵城市理念问世后，则有望彻底改变这种缺陷。这属于新型雨水处理方式，以满足现代化城市发展的新要求。海绵城市主要指合理利用城市市政建设中的给排水设计，达到雨水渗透、蓄积、净化目的。充分利用雨水资源，不仅可避免在降雨时城市发生内涝，也可避免发生地下水资源短缺的状况。在此理念下，城市在进行市政给排水设计时，要合理设计给排水系统，提升城市蓄积雨水的能力，高效利用水资源，建成新型自然给排水系统，强化城市给排水的运行功能。

(2)降低干旱与城市内涝压力

海绵城市理念的影响和实施，有利于缓解城市干旱、内涝问题。目前，我国部分城市，特别是南方城市，雨季时发生内涝的概率非常大，发生雨水集中、强降雨状况时，城市排水系统面临着较大压力，甚至会造成城市内涝，严重影响城市居民的生产、生活，威胁人们的生命安全。此外，针对部分城市干旱的状况，基于海绵城市理念，可利用雨水再利用的优势，缓解干旱状况，进一步提升城市功能性，满足社会生产和人民生活等的需求。

(3)改善生态环境及水污染

近年来，我国社会经济快速发展，但自然生态环境问题日益突出，已对人们的正常生产和生活造成影响，甚至危及生命健康。其中，水资源浪费、水环境污染问题尤为突出。践行海绵城市理念，有效优化了城市环境，减轻了人类生产生活对自然生态的负面影响，显著改善了水污染状况，提升了城市污水治理能力、水资源净化能力及市政给排水建设质量，保障了城市水体环境健康，从而推动城市健康且可持续发展。

2. 我国市政给排水设计中存在的主要问题

(1)现阶段我国市政给排水设计系统较为落后

传统的给排水系统无法满足现行排水需求，且无法按照城市发展状况及时更新。较为突出的问题则表现在排水管道施工质量差，容易出现管道坍塌；遇强降雨时，城市给排水系统可能会出现超载的状况，导致城市内涝。此外，大部分老城镇区域的市政给排水系统存在参数不合理、管道老化的问题，无法满足现代化城市的排水需求，给城市给排水设计建设带来较大的隐患。

(2)气候因素的影响

城市市政给排水设计方案易受城市实际环境因素，特别是气候因素的影响。受地理条件的限制，各城市的气候因素均有所不同，降雨量也存在较大的差异，对市政给排水系统设计质量有直接的影响。设计人员需考虑气候因素带来的影响，最大限度地提升雨水资源和水资源的利用率，发挥城市给排水功能的作用。

3. 海绵城市理念在城市给排水系统设计中的具体应用

(1)多层次雨水收集与利用策略

①智能雨水收集系统：结合物联网技术，设计智能雨水收集站，能够实时监测降雨量和收集效率，自动调整收集策略，确保雨水资源的最大化利用。

②生态滞留设施：在城市绿地、公园及道路沿线设置雨水花园、生态滞留池等，通过植物和土壤的自然净化作用，收集并滞留雨水，减少地表径流，同时美化城市环境。

③雨水回用网络：构建雨水回用管网，将收集到的雨水经过适当处理后，用于城市绿化灌溉、道路清洗、公厕冲洗等非饮用水需求，减轻城市供水压力。

(2)高效污水处理与循环利用策略

①分流制排水系统优化：实施雨污分流，减少污水处理厂的负荷，同时提高污水处理效率。对于老旧城区，逐步改造为分流制或合流制截流式，确保污水得到有效收集和处理。

②生态净化技术：利用人工湿地、生物滤池等自然净化手段，对污水进行深度处理，提升出水水质，实现污水资源化利用。

③中水回用系统：建立中水回用网络，将处理达标的中水用于工业冷却、城市景观补水等，形成水资源循环利用的闭环体系。

(3)弹性防洪排涝与地下水位管理策略

①透水铺装与下沉式绿地：在城市道路、广场等硬化地面采用透水铺装材料，增强雨水渗透能力；同时，设计下沉式绿地，作为临时雨水蓄水池，降低城市内涝风险。

②智能防洪调度系统：结合气象预报和实时监测数据，利用大数据分析技术，预测洪水风险，智能调度防洪设施，如开启闸门、启动泵站等，提高城市防洪应急响应能力。

③地下水位调控：通过合理布局雨水渗透设施，如透水砖、雨水井等，结合地下水回灌技术，平衡地下水位，防止地面沉降，保护地下水生态。

(4)绿色基础设施与生态网络构建策略

①绿色屋顶与墙体绿化：推广绿色屋顶和墙体绿化，增加城市立体绿化面积，减少雨水径流，同时发挥隔热保温作用，改善城市微气候。

②生态廊道与水系连通：构建城市生态廊道，连接城市公园、湿地、河流等自然水体，增强城市生态系统的连通性和稳定性，促进生物多样性保护。

③智慧水务管理系统：集成物联网、大数据、云计算等技术，建立智慧水务管理平台，实现给排水系统的远程监控、智能调度和故障预警，提高管理效率和应急响应速度。

6.3 海绵城市理念下的城市给排水设施设备施工

6.3.1 渗透设施

1. 生物滞留设施

(1)概述

生物滞留设施的典型构造见图 6.6。

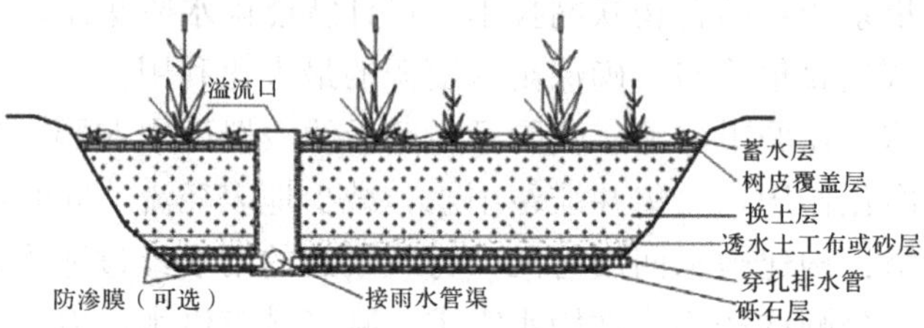

图 6.6 生物滞留设施构造示意图

生物滞留设施分项工程涵盖土方开挖、进排水设施构建、防渗层与排水层铺设、隔离层设置以及种植土铺设与植被种植等多个环节。在施工过程中，所使用的种植土、砂砾、碎石、土工布、防渗膜及管道等材料均需提供产品合格证书与检测报告，并需按照设计要求及国家相关标准对材料的类别、材质、规格、外观进行复核，确保质量达标并形成相应的质量记录，验收通过后方可投入使用。

(2)施工工序与要点

生物滞留设施的施工是一个系统而精细的过程，需遵循特定的步骤与规范，以确保其功能与美观并存。生物滞留设施应按下列工序施工，见图 6.7。

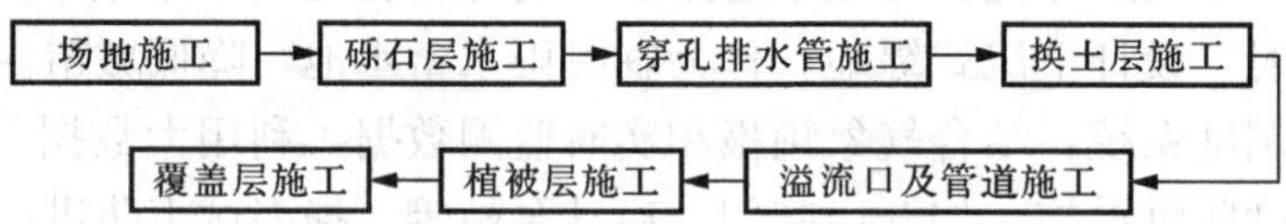

图 6.7 生物滞留设施施工流程图

施工宜在汇水面完工后启动，此时需根据实际汇流路径调整进水口位置，并由设计单位确认，同时确保设施的竖向高程以进水口处的汇水面高程为基准。土方开挖时，需依据地形设计控制坡度与高程，保持坡度顺畅，避免形成阻水点，且平面形态应与周围环境相协调。开挖完成后，周边或预留进水口处应采取临时挡水措施，如挡水坝或挡水袋，以防水土流失。

进水和排水设施的施工要求严格，进水口铺砌需平顺、不阻水，植被、卵石缓冲带及消能设施需按设计施工，以防止雨水直接冲刷土壤。溢流井或溢流口的安装需控制标高，位置正确、垂直且牢固，与排水管接缝紧密，并符合国家相关标准《给水排水管道工程施工及验收规范》(GB 50268—2008)的要求。

在结构层之间及设施外侧需按设计要求设置防渗或透水土工布。防渗层施工前，需清理沟槽内的尖锐物体。防渗膜搭接宽度不小于 500 mm，且接缝牢固、严密，符合《土工合成材料 聚乙烯土工膜》(GB/T 17643—2011)标准的要求。透水土工布搭接宽度不小于 200 mm，防止损坏，连接方式等符合《土工合成材料应用技术规范》(GB/T 50290—2014)的要求。

排水层施工时，碎石、卵石等材料需清洗干净，穿孔排水管开孔率控制在 1%～3%(或按设计)，端头和侧壁采用透水材料包裹。回填时，结构层高度需与设计一致，保证有效调蓄深度。覆盖层铺设需防漏土，同时考虑景观效果，避免使用轻质树皮。种植土按设计要求配制，分层轻拍填充，避免压实，整个种植过程还需符合《园林绿化工程施工及验收规范》(CJJ 82—2012)的相关规定。

2. 渗透塘

(1)概述

渗透塘的典型构造见图 6.8。

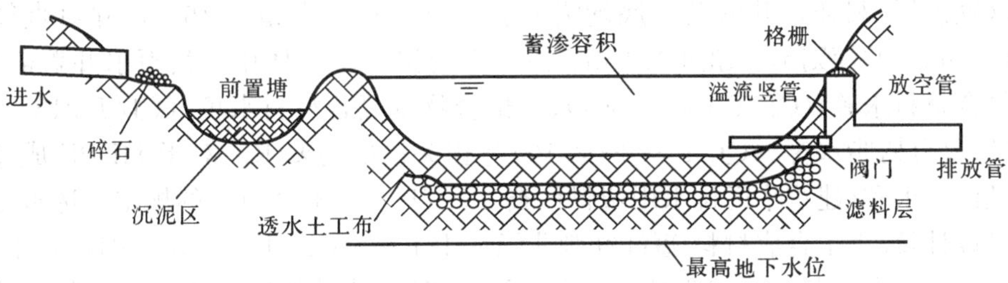

图 6.8　渗透塘典型构造示意图

在渗透塘施工之前，首要任务是探明施工区域内的地下管线和地下构筑物，确保对地下管线采取有效保护措施后，方可进行开挖作业。值得注意的是，建筑物周围 3 m 范围内或地下构筑物上方区域应避免设置渗透塘。若渗透塘所在区域的土质无法满足种植土的要求，则需对该区域的土壤进行改良处理或换填符合标准的种植土。此外，在施工过程中，应根据现场作业面的实际情况合理选择施工机具，并严格保护周边绿地和植物，严禁将开挖产生的土方堆放在周边绿地内，以防对生态环境造成破坏。

(2)施工工序与要点

①渗透塘应按下列工序进行施工：

施工准备→开挖→施工进水、排水设施→铺设卵石、种植土→种植植物。

②渗透塘施工应符合下列要求：

a. 渗透塘应低于周边地面，周边雨水宜分散进入渗透塘，当集中进入时应在入口处设置截污缓冲措施，如沉砂池、前置塘等。

b. 进水管道的高程、消能碎石的摆放位置、厚度、面积应符合设计要求。

c. 前置塘底的混凝土或浆砌块石施工应满足规范要求。

d. 渗透塘内的透水土工布的作用为防止种植土随雨水流入滤料层，透水土工布采用胶黏剂进行搭接，搭接宽度应不小于 150 mm，并防止尖锐物体破坏。

e. 渗透塘的平面形态控制应在满足调蓄容积的基础上，保证线形流畅、平滑和景观效果的前提下尽量维持自然地形，渗透塘内竖向高程应符合设计要求。

f. 渗透塘的边坡坡度应符合设计要求，设计无明确要求时，坡度(垂直∶水平)一般不大于 1∶3，塘底至溢流口的高度一般不小于 600 mm。

g. 渗透塘设置的放空管、阀门等的材质、管径、规格应符合设计及相关规范的要求。

h. 渗透塘的溢流设施应与城市雨水排水系统衔接顺畅。

i. 渗透塘外围应按设计要求设置护栏、警示牌等安全防护设施。

3. 渗井

(1)概述

辐射渗井的典型构造见图 6.9。

在径流污染严重或设施底部距离季节性最高地下水位、岩石层不足 1 m，以及与建筑物基础水平距离小于 3 m 的区域，渗井的使用需谨慎考虑。若确定采用渗井，则需按设计要求增强其井壁和井底的渗水能力，可辅以在周围设置水平渗排管并铺设砾(碎)石来优化渗水效果。渗井的材质、井壁及井底的开孔率需严格满足设计要求，若无特定要求，推荐使用 PE(聚乙烯)材质，井壁及井底均需开孔，且开孔率宜超过 15%，井口直径建议为 600～800 mm，井深则不宜超过 1.4 m。渗井常与渗管配合使用，其雨水井盖需符合《再生树脂复合材料水箅》(CJ/T 130—2001)、《聚合物基复合材料水箅》(CJ/T 212—2005)及《球墨铸铁复合树脂水箅》(CJ/T 328—2010)等相关标准的要求。对于 HDPE 成品井，则需遵循设计要求和《建筑小区排水用塑料检查井》(CJ/T 233—2016)的规定。透水土工布同样需满足设计及《土工合成材料 短纤针刺非织造土工布》(GB/T 17638—2017)标准的要求。若设计未指明穿孔管材质，可选用 PE 实壁管、PE 缠绕结构壁管或无砂混凝土管等，管径至少 150 mm，具体根据排水量确定，其中塑料穿孔管的开孔率不得低于 15%，无砂混凝土管的孔隙率则需达到 20%以上。管道铺设时，坡度以 1%～2%为宜。

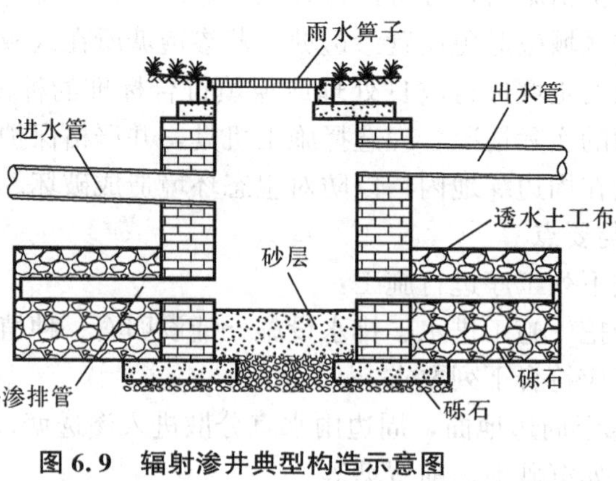

图 6.9 辐射渗井典型构造示意图

(2)施工工序与要点

①渗井应按下列工序进行施工：

施工准备→沟槽开挖→井底基础→砌筑井室→渗滤料回填→土工布施工→土方回填。

②渗井基坑土方施工应符合要求：

a. 沟槽开挖时，应做好支护措施，防止塌方。

b. 基坑应避免超挖，如局部出现超挖，不得采用超挖土方回填，宜采用碎石回填。

c. 验槽合格后，井坑底部铺一层粗砂，砂层上铺透水土工布，土工布的宽度应足够包裹碎石层，不得用机械碾压。

d. 渗井在达到预设的标高时，套穿好预制的土工布罩，放在相应的井位上，井体与土工布间填碎石，碎石粒径宜为 20～30 mm，碎石层在土工布上分层填埋，达到设计厚度，合拢顶部的土工布。

e. 井室包裹碎石层的土工布外均需填一层粗砂，并用原土回填到地面或填实井坑。填砂与回填土的两道工序应交替进行。

f. 土方回填材料宜选用不含有害物质、不易堵塞反滤层的砂类土。

③渗井施工，应符合下列要求：

a. 渗井的井室应符合《给水排水管道工程施工及验收规范》(GB 50268—2008)、《塑料排水检查井应用技术规程》(CJJ/T 209—2013)的有关要求。

b. 渗井的水源应通过植草沟、植被缓冲带等设施对雨水进行预处理，且出水管的内底高程应高于进水管的内顶高程，并低于上游相邻井出水管的内底高程。

c. 渗井砾石层应外包透水土工布，透水土工布的主要性能指标应符合表 6.1 的规定。

表 6.1　透水土工布的主要性能指标要求

项目	性能指标
单位面积质量/($g \cdot m^{-2}$)	≥200
厚度/mm	≥1.78
断裂强度/($kN \cdot m^{-1}$)	≥6.5
断裂伸长率/%	25～100
撕破强力/kN	≥1.6

6.3.2　储存设施

1. 蓄水池

(1)概述

蓄水池的典型构造见图 6.10。

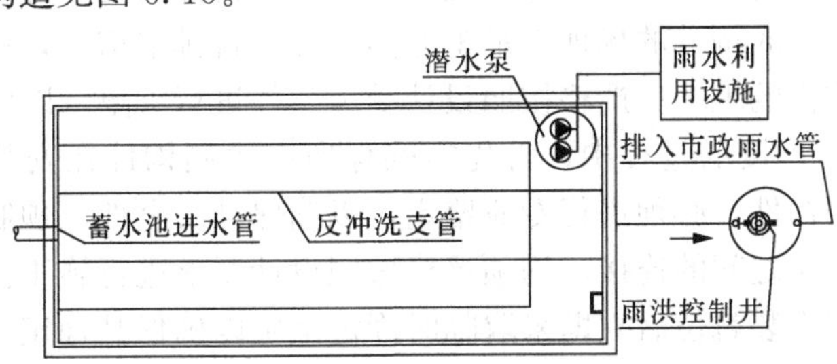

图 6.10　蓄水池的典型构造示意图

在施工钢筋混凝土蓄水池或装配式预应力混凝土蓄水池之前，首要任务是复核蓄水池与周边建构筑物的空间关系，合理规划施工顺序，从而有效避免管道与建构筑物间产生危及结构安全或影响运行功能的差异沉降。蓄水池的基础必须严格按照设计要求进行建设。针对管道穿墙部位，防水处理同样需满足设计要求，若设计未作具体说明，可采用环形止水板来确保管道穿过蓄水池池壁时的防水效果。此外，蓄水池的进水口必须严格按照设计要求配置拦污设施。为确保结构本体(包括混凝土和装配式预应力混凝土)的施工质量和抗渗性能，蓄水池还需进行满水试验，该试验应在表面层(如防水层、防腐层、保温层及喷浆保护层)施工前完成，并严格遵循《给水排水构筑物工程施工及验收规范》(GB 50141—2008)的相关规定。

(2)施工工序与要点

①钢筋混凝土蓄水池施工应满足下列要求：

a. 应按下列工序进行施工：施工准备→土方开挖→基础处理→模板、钢筋制作安装→商品混凝土浇筑振实→养护→拆模→满水试验→土方回填。

b. 施工单位在施工前应对业主所交控制桩进行复核。

c. 制定土方开挖专项施工方案，根据土质按比例放坡，应减少对地基土和周边土的扰动，在机械开挖至设计标高以上 200～300 mm 处，由人工完成开挖与整平。

d. 固定在模板上的预埋管、预埋件的安装必须牢固，位置准确；安装前应清除铁锈和油污，安装后应做标记。

e. 钢筋的加工、连接、安装，模板的制作安装以及混凝土的施工应符合《混凝土结构工程施工质量验收规范》(GB 50204—2015)的相关规定。

f. 混凝土蓄水池防水的施工应符合《地下工程防水技术规范》(GB 50108—2008)的相关规定。

g. 蓄水池位于地下水位较高区域时，应严格按照设计要求，采取抗浮措施。

②装配式预应力混凝土蓄水池施工应满足下列要求：

a. 应按下列工序进行施工：开挖→构件的制作与吊装→壁板缠丝→电热张拉钢筋→预应力混凝土喷枪喷水泥砂浆→砂浆保护层→养护→检查验收。

b. 构件的制作允许偏差应符合《给水排水构筑物工程施工及验收规范》(GB 50141—2008)的相关规定。

c. 在构件的运输与堆放过程中，需确保混凝土强度符合设计要求，若设计未明确指定，则强度不应低于设计强度的 75%。运输时，应采取有效的固定措施，以防止构件发生移动、倾倒或变形。同时，为保护构件免受损坏，应在构件的边角部或链索接触处的混凝土上设置保护衬垫。堆放构件的场地需平整夯实，并具备排水措施，以确保场地的稳定性和安全性。此外，构件的堆放应严格按照设计受力条件进行支垫，以保持其稳定性。

d. 在构件安装与连接的过程中，首先需确保所有预制构件在安装前已通过复验且合格。对于存在裂缝的构件，必须进行专业鉴定，以确保其安全性。预制构件与现浇结构之间，以及预制构件相互之间的连接，均须严格按照设计要求进行施工。构件的起吊需按照设计位置进行，并在安装就位后立即采取临时固定措施以确保其稳定。此外，已安装的构件必须在轴线位置及高程上进行精确校正后，方可进行焊接或浇筑接头混凝土，以确保整体结构的稳固与准确。

e. 预应力张拉施工需严格遵循相关规范与设计要求。预应力筋、锚具、夹具及连接器的进场检验需按照《混凝土结构工程施工质量验收规范》(GB 50204—2015)执行，确保材料质量达标。在施工过程中，必须防止电火花对预应力筋造成损伤。一旦发现损伤，应立即更换受损的预应力筋，并确保无黏结预应力筋的外包层完好无损。后张法有黏结预应力筋的预留孔道安装与无黏结预应力筋的铺设同样需遵循《混凝土结构工程施工质量验收规范》(GB 50204—2015)及设计要求。进行预应力筋张拉或放张时，混凝土的强度需满足设计要求，若设计无具体说明，则混凝土强度不得低于设计强度的75%。此外，预应力筋保护层的施工应在池体满水试验合格后，于满水条件下进行喷浆作业，喷浆层厚度需满足预应力钢筋的净保护层厚度要求，且最小厚度不得低于20 mm。对于有黏结和无黏结预应力筋的后张法张拉施工，还需符合《给水排水构筑物工程施工及验收规范》(GB 50141—2008)的相关规定。

f. 有黏结预应力筋张拉后应尽早进行孔道灌浆；孔道水泥浆灌注应符合《给水排水构筑物工程施工及验收规范》(GB 50141—2008)的相关规定。

g. 装配式预应力混凝土在连接节点及叠合构件浇筑混凝土之前，应进行隐蔽工程验收。

2. 雨水罐

(1)概述

雨水罐的典型构造见图6.11。

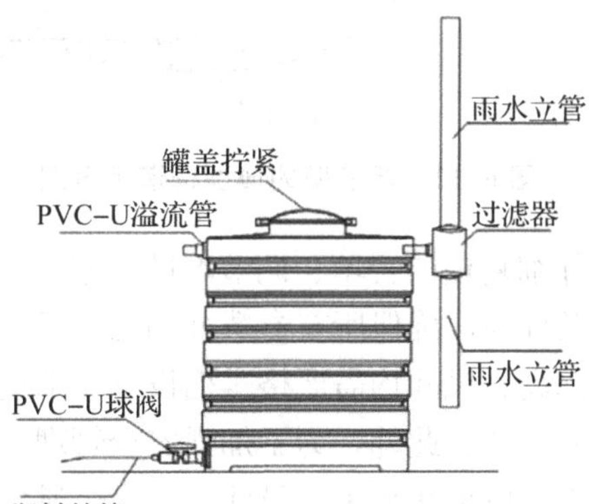

图6.11 雨水罐的典型构造示意图

雨水罐安装施工前，应对雨水罐的平面位置及安装高程、进出口管线进行复核，确认无误后方可施工。另外，成品雨水罐埋设前也应进行渗漏检查。

(2)施工工序与要点

①埋地式雨水罐应按下列工序进行施工：

施工准备→开挖→基坑及边坡处理→建造进水出水设施→安装雨水罐→土方回填。

②雨水罐施工要求：

a. 雨水罐通常被安置在雨水收集系统的末端，以确保最大限度地收集雨水。为确保雨水的初步净化及降低后续维护难度，雨水罐的进水口应配备符合设计要求的拦污设施。

b. 对于埋地式雨水罐的施工，需特别注意基坑的承载力和放坡坡率，必须严格满足设计要求。若采用垂直开挖方式，应对支护结构进行稳定性验算，以确保施工安全。在开挖前，应对土体进行降水处理。开挖完成后，应保持基坑底部干燥，并采取有效的排水措施。

c. 在埋地式雨水罐回填前，应对雨水罐进行注水，注水容积需超过总容积的 2/3。回填过程应分层对称进行，且回填密实度需达到设计要求，以保证雨水罐的稳定性和使用寿命。

d. 对于地面上的雨水罐，其安装应确保固定牢靠，同时注重外形美观、使用方便以及便于后期维护。此外，雨水罐周边应按设计要求设置溢流排水设施，以防止雨水溢出造成不必要的麻烦。

e. 在雨水罐的顶部检查口，应按要求设置防坠落设施，以确保检查人员的安全。若雨水罐设置在公众可接触的区域，还应采取额外措施，防止误接、误用甚至误饮等情况的发生，确保公共安全与卫生。

6.3.3　调节设施与泵房

1. 调节塘

(1)概述

调节塘的典型构造如图 6.12 所示。

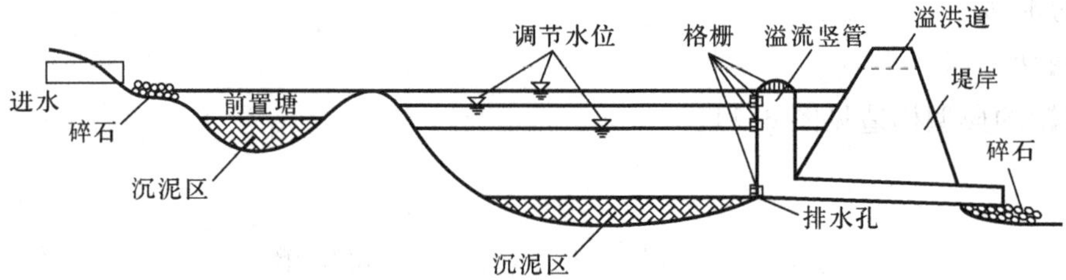

图 6.12　调节塘的典型构造示意图

在施工开始之前，必须仔细复核前置塘、调节塘的进水口、溢流竖井、护坡及堤岸、出水口等关键部位的平面位置及标高，确保所有参数准确无误后，方可进行施工。对于溢流竖管，其上的排水口及格栅的标高、尺寸均需严格遵循设计要求进行施工，这是保障调节塘能够充分发挥其调节功能的重要一环。此外，为了加强安全管理，调节塘周边应合理设置警示牌等安全防护措施和警示标志，以提醒相关人员注意安全，避免意外事故的发生。

(2)施工工序与要点

①调节塘应按下列工序进行施工：

施工准备→开挖、支护→塘底设施施工→进水口、出水口、格栅、溢流设施、溢洪道、堤岸施工→护坡施工→植物种植。

②调节塘施工要求：

a. 调节塘应按设计要求设置进水口、排水口的碎石、消能坎等消能设施，防止水流冲刷和侵蚀。

b. 前置塘与调节塘之间的溢流口标高应按设计要求设置，应防止水流对前置塘与调节塘之间坝体的冲刷和侵蚀。

c. 挡水堤岸的基础、堤身、排水管与挡水堤之间应密实、不透水。

d. 溢洪通道高程、断面、坡度应满足设计要求，确保溢洪道的排水能力，防止出现漫堤现象。

2. 调节池

(1)概述

调节池典型构造如图 6.13 所示。

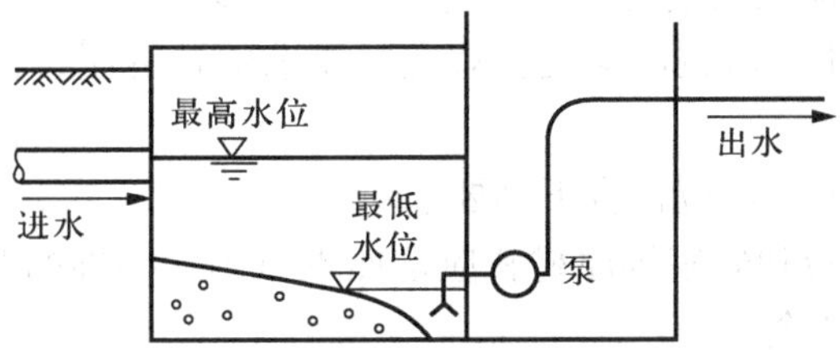

图 6.13　调节池典型构造示意图

调节池的施工需选择地质条件良好的场地，并尽量避开湿陷性等不良地段。若无法避免，则需按照设计要求，采取换填等有效措施进行处理，确保地基与基础施工符合《建筑地基基础工程施工质量验收标准》(GB 50202—2018)的相关要求。施工前，应复核原有管线的位置坐标和标高，科学规划施工顺序，遵循先深后浅的原则，以防止出现影响结构安全和使用功能的不均匀沉降。施工完成后，调节池需进行蓄水试验，确认合格后，方可进行土方回填。此外，钢筋混凝土结构还需遵循《混凝土结构工程施工质量验收规范》(GB 50204—2015)的相关要求。

(2)施工工序与要点

①施工工序：

a. 当采用钢筋混凝土结构时，应按下列工序进行施工：施工准备→基坑开挖、支护→垫层施工→钢筋绑扎施工→模板安装→混凝土浇筑→养护→拆模→蓄水试验→土方回填。

b. 当采用砌体结构时，应按下列工序进行施工：施工准备→基坑开挖、支护→垫层施工→砌筑施工→内墙抹灰→外墙抹灰→蓄水试验→土方回填。

②钢筋混凝土调节池施工，应符合下列要求：

a. 钢筋混凝土结构采用的钢筋、水泥等原材料的质量证明材料应齐全、有效，应按《混凝土结构工程施工质量验收规范》(GB 50204—2015)的要求进行复检，合格后方可使用。

b. 模板施工前，应根据结构形式、施工工艺等条件进行模板及支撑系统设计，模板设计应包括以下内容：模板的形式和材料的选择；模板及其支架的强度、刚度及稳定性验算；各部分模板的结构设计，各结合部位的构造，预埋管、止水板和各种预埋件的固定方法；安装、拆除的顺序和安全措施。

c. 模板、钢筋的制作安装和混凝土浇筑施工应符合《混凝土结构工程施工质量验收规范》(GB 50204—2015)的要求。

d. 分层分段浇筑的调节池，应在池壁、底板处预埋止水板或止水带，安装位置应正确有效，止水带严禁用铁钉固定，止水板需要焊接时，所有焊接口应双面满焊。

e. 池壁进出水口处的预埋防水套管应符合设计要求，当设计无要求时，应参照《防水套管》(02S404)图集的做法施工。

f. 当混凝土采用分层分段浇筑时，应在施工缝处埋置止水钢板，水平施工缝宜留置在底板以上不小于 200 mm 处。

g. 后浇带浇筑应在两侧混凝土养护天数达到 42 d 以后进行，其混凝土技术指标不得低于两侧混凝土。

h. 混凝土浇筑后，应及时进行养护，养护天数不少于 14 d。

i. 混凝土浇筑过程中，应按国家现行规范的要求留置抗压、抗渗试块，遇有冬期施工时，还应留置抗冻试块。

③砌体结构调节池施工，应符合下列要求：

a. 砌筑施工使用的砖和砂浆等原材料应按照现行国家标准的要求进行复检，水泥等原材料的质量证明文件应齐全。

b. 砌筑施工除应执行本节规定外，还应符合《砌体结构工程施工质量验收规范》(GB 50203—2011)的相关要求。

c. 砌筑砂浆强度等级应符合设计要求，当设计无要求时，强度等级不应小于 M10。

d. 池壁抹灰前，基层表面的孔洞和缝隙应填塞并抹平。

e. 砂浆抹灰施工应分层压实抹平，最后一层表面应进行压光。

f. 砂浆抹灰各层宜连续施工，不能连续施工时，应留置阶梯坡型施工缝，留置位置距阴阳角不小于 200 mm。

g. 抹灰层终凝后应及时进行养护，养护时间不少于 14 d。

3. 埋地式泵房

(1)概述

在埋地式泵房施工前，需做好充分的准备工作。首先，需对施工影响范围内的各类建筑物、河岸及管线基础进行详细勘察，并根据安全需求采取相应的保护措施。其次，需复核泵站内泵房及各单体构筑物的位置坐标、控制点和水准点，确保泵房及其连接的管道或构筑物(如进出水流道、进出水构筑物等)的位置、走向、坡度和标高均符合设计要求。对于分建式泵站，应兼顾泵站内进出水构筑物、其他单体构筑物及连接管道的施工，合理安排施工顺序；而一体式泵站的泵房施工需包括进出水构筑物等部分。

在施工过程中，需采取措施控制泵房与进、出水构筑物和管道之间的不均匀沉降，以满足设计要求。此外，泵房的主体结构和内部装饰工程须施工完毕，并经检验符合设备安装要求后，方可进行设备安装。为确保施工安全，应制定高空、起重作业及基坑、模板工程等相关的安全技术措施。

需特别注意，对于以钢板或玻璃钢为壳体的一体式泵房，需采取可靠的防腐措施，以防止渗漏问题的发生。同时，岸边泵房宜在枯水期进行施工，并在汛前施工至安全部位；若需度汛，则应对已建部分采取必要的防护措施。

(2)施工要点

a. 埋地式泵房施工前应会同设备安装单位，对相关的设备锚栓或锚板的预埋位置、预留孔洞、预埋件等进行检查核对。

b. 底板混凝土施工应符合下列规定：施工前，地基基础验收合格；设计无要求时，垫层厚度不应小于 150 mm，平面尺寸宜大于底板，混凝土强度等级不应低于 C15；混凝土应连续浇筑，不宜分层浇筑或浇筑面较大时，可采用多层阶梯推进法浇筑，其上下两层的前后距离不宜小于 1.5 m，同层的接头部位应充分振捣，不得漏振；在斜面基底上浇筑混凝土时，应从低处开始，逐层升高，并采取措施保持水平分层，防止混凝土向低处流动；混凝土表面应抹平、压实，防止出现浮浆和干缩裂缝。

c. 泵送混凝土结构的高、大模板以及流道、渐变段等外形复杂的模板架设与支撑、脚手架搭设、拆除等，应编制专项施工方案并符合设计要求。模板安装中不得遗漏相关的预埋件和预留孔洞，且应安装牢固、位置准确。

d. 水泵和电动机的基础与底板混凝土不同时浇筑时，其接触面除应按施工缝处理外，底板应按设计要求预埋钢筋。

e. 平板闸的闸槽安装位置应准确。闸槽定位及埋件固定检查合格后，应及时浇筑混凝土。

f. 采用转动螺旋泵成型螺旋泵槽时，应将槽面压实抹光。槽面与螺旋叶片外缘间的空隙应均匀一致，并不得小于 5 mm。

g. 泵房进、出水管道穿过墙体时，穿墙管部位应设置防水套管。套管与管道的间隙，应待泵房沉降稳定后再按设计要求进行填封。

h. 在施工的不同阶段，应经常对泵房以及泵站内其他各单体构筑物进行沉降、位移监测。

i. 采用沉井施工时，应符合现行国家标准《给水排水构筑物工程施工及验收规范》(GB 50141—2008)的规定。

6.3.4　转输与截污净化设施

1. 渗管(渠)

(1)概述

渗管(渠)的典型构造见第 4 章的 4.5.2 节。

渗管(渠)系统的构建需严格遵循设计要求，首要步骤是配置预处理设施，如植草沟与沉淀(砂)池等，以有效预处理水流，提升系统效能。在进行沟槽开挖与支护作业时，需综合考虑地质条件、拟采用的施工方法以及周围环境因素，通过技术经济分析确定最佳方案，旨在确保施工过程中的安全，并最大限度地保护周边环境。此外，渗管(渠)的布局规划还需注意与建筑物的距离，原则上应保持不小于 3 m 的间距，以防范潜在的安全风险。当管渠施工圆满结束并通过质量检验后，应及时依据设计要求回填沟槽，这一步骤对于维护系统的稳定性和后续运行至关重要。

(2)施工工序与要点

①施工工序：

a. 渗管施工工序：测量放线→沟槽开挖→基底处理→验槽→铺设土工布→填筑管道基础→管道铺设→管道连接→管道两侧及顶部填筑→回填。

b. 渗渠施工工序：测量放线→沟槽开挖→基底处理→验槽→铺设土工布→填筑渗渠基础→渠箅安装→盖板安装→渗渠回填。

②管材应符合下列规定：

a. 管材的规格、性能及尺寸偏差应符合设计要求和国家相关产品标准的规定。

b. 管材的外观应直顺，无残缺、无裂缝，管端光洁平齐且与管节轴线垂直。

c. 不得使用有裂缝、缺口、漏筋的集水管，进水孔眼数量和总面积的允许偏差应为设计值的±5%。

③滤料的选用应符合下列规定：

a. 滤料的粒径、不均匀系数及性质符合设计要求。

b. 不得使用风化的岩石质滤料；细滤料应质地坚硬、清洁、级配良好，含泥量不应大于3%。

c. 粗滤料不得采用风化骨料，粒径应符合设计要求，含泥量不应大于1%。

d. 滤料运抵现场后，应按不同规格有序堆放在干净的场地上，并防止杂物混入。

e. 滤料堆放处，应标明滤料的规格和铺设的部位。

④沟槽边坡或支护的施工应符合设计要求。

⑤渗管的开孔形式、开孔率、开孔孔径应符合设计要求，当设计无要求时，开孔形式宜采用圆形，道路下渗管开孔率宜为1%～3%，其他渗管开孔率宜为4%～6%；渗管的环刚度、透水水泥混凝土渗管孔隙率和渗管在滤料中的埋设位置应符合设计要求。

⑥渗管(渠)的接头应可靠，滤料不得渗漏至接头及管渠中。

⑦渗渠四周应按设计要求填充砾石或其他多孔材料，外包透水土工布应严密结实，透水土工布应全断面包裹滤料，且不得出现破损现象，搭接宽度不应小于200 mm。包裹渗管时，应在透水土工布接缝处粘接。

⑧渗管(渠)的坡度、覆土深度、浅沟渗渠组合的构造做法应符合设计要求。渗管(渠)设在行车路面下时，覆土深度不应小于700 mm。

⑨沟槽回填应符合下列规定：

a. 回填土应符合设计要求，当设计无要求时，宜选用不含有害物质、不易堵塞反滤层的砂类土。

b. 若槽底以上原土呈层分布，宜按原土层顺序回填。

c. 回填土时，宜对称于集水管中心线分层回填，并不得破坏反滤层和损伤集水管。

d. 冬季回填土时，滤料层顶部以上0.5 m范围内，不得回填冻土。

2. 初期雨水弃流设施

(1)概述

初期雨水弃流设施的典型构造见第4章第4.4节。

初期雨水弃流设施应按照设计的雨水去向进行弃流，当设计无明确要求时，可弃流至市政污水管网，集中收集的初期雨水应按照设计要求处理。

(2)施工工序与要点

①初期雨水弃流设施应按下列工序进行施工：

施工准备→土方开挖、基层清理→构筑物施工、给水排水管线预留→设备或装置安装调试→土方回填、设施验收。

②初期雨水弃流设施的施工，应符合下列要求：

a. 雨水弃流设施、设备、装置的位置及构造应符合设计要求。

b. 宜优先采用无动力自动开启或关闭的设施。

c. 初期弃流雨水排入市政污水管网时，应按设计要求设置流水坡度，确保其不回流至弃流装置。

d. 弃流设施的进水口、出水口应按设计要求施工并保持流水通畅。

e. 弃流设施采用自动控制弃流时，检测设备应满足设计规范的要求。

③初期雨水弃流设施、设备、仪器、装置应按设计和技术说明书的要求进行安装。当在原有构筑物上安装时，不应破坏原有构筑物的结构和防水功能。

④施工中严禁向初期雨水弃流设施内排放污水、废水，严禁将污水管网接入初期雨水弃流设施。

⑤施工过程中应考虑坍塌、滑坡、自然灾害以及其他具有安全隐患的因素对初期雨水弃流设施的影响。

⑥自动弃流装置、设备的施工及验收应符合《建筑电气工程施工质量验收规范》(GB 50303—2015)的相关规定。

⑦弃流池(井)、进水管、排水管等设施的施工及验收应符合《给水排水构筑物工程施工及验收规范》(GB 50141—2008)及《给水排水管道工程施工及验收规范》(GB 50268—2008)的相关规定。

6.3.5　监测设备

(1)雨量监测设备

在施工准备阶段，确保基础施工所需的材料，如水泥、砂、石料等准备充足，并合理规划运输道路及材料安放地点。同时，现场的雨量监测设备安装需严格按照施工组织设计和施工技术措施中的安全要求执行，确保施工安全。此外，施工工地应设置醒目的安全生产宣传牌，特别是在主要施工部位、作业点、危险区域及主要通道口，须悬挂安全宣传标语或设置安全警示牌，以增强安全意识。只有当监测设备经检验合格、项目按合同规定全部完成且质量达标后，方可启动合同完工验收流程。验收前，承建方须向监理方提交完工报告、竣工图纸等相关资料，待监理方审核同意后，再报送至建设方进行最终验收。

(2)地表水监测设备

地表水监测设备的安装地点需精心选择，以避免信号屏蔽和其他潜在干扰，并确保信号场强不低于设计要求的强度值，为终端安装预留足够的安全距离及操作空间。在项目施工与验收过程中，首要任务是满足设计要求。对于明渠、排口及河道的流量设置，应采用流速-面积法、薄壁堰流或专用流量计进行测定，监测设备的选型亦需与设计要求相契合。薄壁堰在线流量计在安装时，堰箱需水平放置，且堰中心线应尽量与水流中线重合。

地表水水质自动监测系统的验收涵盖站房及外部保障设施、仪器设备、数据传输及数据平台等多个方面，并须遵循《自动化仪表工程施工及质量验收规范》(GB 50093—2013)的要求。站房及外部保障设施的验收内容包括对工程实体质量的检查、竣工资料的审核、建筑工程使用功能的抽查试验，以及发现问题时的整改与重新验收的安排。仪器设备验收时则需按合同清点自动监测及系统集成设备，核对出厂编号与数量，检查设备外观并处理损坏部位，同时测试仪器设备的性能指标是否达标。

在确保自动监测仪器设备性能验收合格的基础上，还需进一步检查自动监测系统的数据传输、数据平台功能及软件性能等指标，确保它们符合国家现行标准及合同规定的技术指标要求。

(3)管网监测设备

管网监测设备的施工集成方式需根据具体安装位置及环境条件精心选择，以确保其满足设计要求。在管道上安装的仪表或测量元件，其标定流向必须与介质的实际流向保持一致。同时，检测设备与探头应保持完好状态，控制设备、仪表、信号指示以及监测数据的采集与记录功能均需正常运转。为确保质量，应委托具备相应资质的第三方机构进行质量检测，具体包括将流量计的水位测量设备与标尺测得的水位数据进行比对，流速测量设备则需与已知设备的标准测量值进行比对，所有比对结果均需符合相关仪器标准的规定。此外，监测数据还需与人工监测数据进行对比验证，同样需满足相关仪器标准的要求。

6.4 海绵城市理念下的城市给排水施工实例

6.4.1 海绵城市排水管道施工实例

下文将海绵城市理念融入城市排水管道的施工建设中，提出了一种全新的施工技术，该技术具备应用可行性，可在一定程度上提升城市的抗洪涝能力，促进城市建设的可持续发展。

1. 工程概况

该市新区某道路为城市次干路，长 6 532.32 m，双向四车道，道路红线宽 25 m，需要进行海绵排水管道改造的示范段区间为 K1＋265～K1＋385。

①该道路的海绵设计思路是由机动车道排出雨水，经路边石孔流入绿色区域，再由种植沟渠和雨水花园调节吸收，剩下的雨水流入调储和净化装置，如果仍有剩余，则流入雨水管道。

②在雨水花园设置溢流雨管时，溢流管采用 DN300 PVC 管材，与雨水井连接，并在溢流孔周围适当铺上鹅卵石；在植草沟安装溢流管道时，应选用 DN150 PVC 管材，并将其末端与雨水井连接。

③雨水花园和干式植草沟滤材厚度以 500 mm 为宜，滤料可选用改良的种植土壤。排水层由厚 300 mm、颗粒直径为 20～30 mm 的鹅卵石构成。根据具体情况，对斜坡的放坡比例进行适当调整。上述操作完成后，改造区已初步具备“水弹性”特性，在此基础上，对排水管道进行施工设计。

2. 施工要点

(1)测量放线

①在管道测量过程中，必须特别注意仪器应用时的温度和湿度，以确保数据的准确性。

②排水系统数字化测量过程中，必须先进行全面的结构分析，根据建筑物的结构形式做出早期的测量规划。当地形比较复杂时，应用无人机进行探测，再进行下一步测量。利用北斗数字技术，可对管线测量资料做出完整显示。

③通过三维视图分析排水管道的构造，能迅速找到水流方向和平衡点。在全面掌握城

市排水管道施工方案，并完成对原有道路的开挖后，需要开展测量放线工作。

④根据海绵城市理念，结合沟渠的实际深度、坡度等参数，采用合理的放线技术开展工作。在已设置建筑基线或建筑网格的施工现场，按建筑基准、建筑网格或建筑物角点的设计坐标，利用直角坐标法进行测量。

⑤在测量过程中，需检查设置的4个节点是否垂直，每一条边的长度与设计的长度是否一致，误差是否在允许范围之内。当沟渠开挖宽度增加后，施工面会逐渐变窄，进而导致沟渠原有的支撑条件缺失。针对这一问题，在开展测量放线时，应尽可能结合相应的安全技术，避免沟渠塌陷问题的出现。针对地下水位较高、土质较差的工程，在测量放线时，应设置抽水机，及时将积水排出，避免地下水干扰地基。

(2)沟槽开挖施工

沟槽开挖前，需对施工区域周边的土壤理化性质进行分析，并根据分析结果，结合海绵城市理念进行合理规划。

①若施工区域的地下水位过高，需采取辅助措施，适当增加路基顶面标高。若实测结果无法达到设计标高，则需采用细砂或少量的石灰作为地基的填充物。

②根据需要在边沟位置设置排水沟，降低地下水位高度，从而减小甚至避免地下水运动对施工效果造成的影响，同时能分隔地下水与路基填筑的区域，实现对地下水运行的有效控制。

③在调配水泥材料时，必须对现场的气温、湿度进行监控，并合理分析灌浆区域，进行混凝土的配比。

④配制水泥浆时，应按规定选用适当的配比，控制好水灰比。配料要从浓稠到稀薄，防止因为浓度过高而导致活性组分失效。混凝土浇筑时，应注意混凝土的温度，保证浇筑完毕后有一定的凝结时间。

⑤沟道开挖时，应充分考虑工程设计的实际差异，既保证边坡放坡的合理性，又保证整体工程的安全性和经济性。沟槽断面结构如图6.14所示。

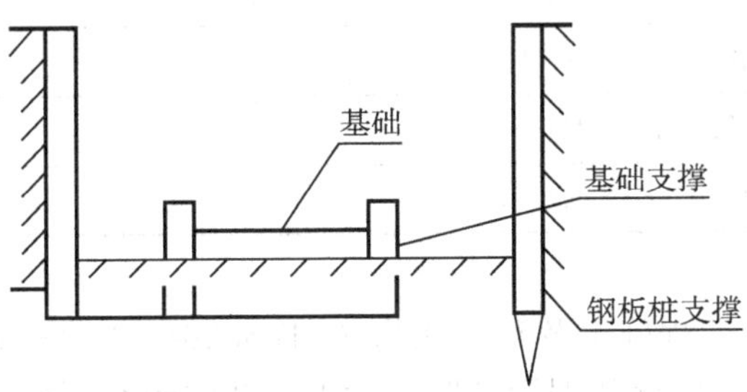

图6.14　沟槽开挖断面结构示意图

⑥开挖至一定深度后，应规范、细致地测量并控制开挖后的基坑高度，尤其要防止超挖。若出现超挖现象，应立即进行回填，避免坑道底部低洼位置出现积水、渗水现象，同时不允许有腐殖土、垃圾土、淤泥等混入。

(3)管道安装

沟槽开挖完成后，进行排水管道的安装。

①确保选用管材的合理性。

②安装管道之前，要检查管道的接头位置，保证接头间隙符合相关规范，并检查密封

性和气密性。安装管线时，要加强履带和缆绳的强度，保证整个施工过程的安全。

③安装过程中，如果胶圈的密封性能达不到要求，可以通过人工方式调整密封，也可以使用植物油润滑，但不能使用化学润滑剂，以免造成腐蚀，缩短管道的使用寿命。

④在邻近排水管道安装施工前，要将地基表面的杂物、积水、淤泥等清理干净，确定中心部位及高度，再由下往上进行排水。

⑤施工期间，吊车必须停在沟边 2 m 以外，以免因为水沟侧压力太大而导致塌方。下管时，必须采用人工辅助方式，确保接头与轴之间的平稳。

⑥采用专用的柔性绳起吊，配合人工操作，确保钢管平稳起吊和轻放，避免发生碰撞，保障施工质量和安全。

3. 施工效果分析

在上述施工完成后，为验证施工技术的可行性，须及时对排水管道进行闭水测试，验证施工成效。测试前，施工人员须全面、细致地清理被检测管道，防止垃圾、杂物等影响检测结果。闭水测试将 K1＋265～K1＋385 划分为 6 段，各段范围为 K1＋265～K1＋285、K1＋285～K1＋305、K1＋305～K1＋325、K1＋325～K1＋345、K1＋345～K1＋365、K1＋365～K1＋385。测试流程为：检查排水管内壁→封堵管口→灌注水→浸泡 24 h→测量渗水量→测试结果分析。

根据上述测试流程，完成各分段的闭水测试，并测定 24 h 后各分段的渗水情况。测定结果如表 6.2 所示。

表 6.2　各分段闭水测试结果记录表

序号	分段	渗水量/($m^3 \cdot km^{-1} \cdot d^{-1}$)
1	K1＋265～K1＋285	1.25
2	K1＋285～K1＋305	1.32
3	K1＋305～K1＋325	1.24
4	K1＋325～K1＋345	1.25
5	K1＋345～K1＋365	1.23
6	K1＋365～K1＋385	1.24

根据《给水排水管道工程施工及验收规范》(GB 50268—2008)的要求，管道渗水量不得超过 17.6 $m^3/(km \cdot d)$，以该数据为参照，对表 6.2 中闭水测试的结果数据进行分析。按照上文提出的施工技术对该城市排水管道施工后，各个分段的渗水量基本控制在 1.22～1.32 $m^3/(km \cdot d)$范围内，均未超过上述标准的要求。此次闭水测试可以证明，上文提出的排水管道施工技术具备实际应用的可行性，可确保城市排水管道的使用功能得到充分发挥。

6.4.2　市政街道雨污分流综合改造实例

许多老城区的给排水管网在长期的运营过程中出现了各类问题，如管网溢流等，可能会影响雨污管网的正常使用功能，造成内涝，因此建设海绵城市与实施雨污分流改造非常重要。雨污分流是在海绵城市建设背景下，有效分流雨水和污水的关键举措。海绵城市建设是绿色发展的必然趋势，能够有效地适应自然环境的变化。城市基础设施系统凭借强有力的弹性减少内涝的形成，提升城市抵御内涝灾害的能力，可见海绵城市建设为雨污分流改造提供了有利契机。下文以山东省济宁市的雨污管网改造工程为例，对海绵城市理念下的市政街道雨污分流综合改造技术进行具体阐述。

1. 工程概况

(1)工程简介

项目区域位于山东省济宁市任城区的主干道和主要的商业生活片区。为改善城市环境质量，保护城市环境，推动社会和环境协调发展，污水管道工程被列为政府重点投资项目。此次雨污管网改造是促进社会和环境的协调发展、打造生态环保城市的重要举措。

(2)现状分析

片区城市黑臭水体是百姓反映强烈的水环境问题，不仅损害城市人居环境，也严重影响城市形象。在重点推进“控源、截污”等工作后，形成了水环境综合治理新格局，治水工作取得了一定成效。多条黑臭河涌水质基本达到国家初见成效的考核标准，其他黑臭河涌整治有序推进，全市水环境实现阶段性好转。但是，区域黑臭水体整治工作形势仍然十分严峻，还存在一些突出的问题。

①污水收集处理基础设施存在短板，管网数量明显不足，污水处理能力缺口较大，雨污分流比例较小。

②附近“散乱污”场所等污染源较多，截污不彻底，“散乱污”场所众多。环保部门需对周边生活废水成分进行调查，要求并督促片区污废水先进行预处理，做到达标排放，从而确保污水处理厂工艺的正常运行。

③存在合流管道接入市政污水管的情况，导致雨水流入污水处理厂，使得污水处理厂的污水进水浓度低。在片区新建的污水管道可以有效地实现“清污分流”，进而提高污水处理厂的污水进水浓度，提高污水的处理效率，降低污水处理成本。

2. 雨污分流施工关键技术

(1)沟槽开挖

目前沟槽开挖常用的方法有放坡开挖、支护开挖和顶管施工等，详见表6.3。

表6.3 管道施工方法比较表

项目	优缺	缺点
放坡开挖	施工简便；施工场地大	地下水对施工影响大；地质条件要求较高；对周围环境影响大
支护开挖	施工稍复杂；不受地下水的影响	地质条件要求较高；对周围环境有影响；管基有一定的承载力
顶管施工	顶管可解决地下水问题；可适应多种土层；对周围环境无影响	施工技术复杂；需设置工作井、接收井

根据表6.3，当管道埋深较浅且地质条件较好时，采用放坡开挖埋管是经济合理的；

当管道埋深稍深时，若土层渗透性较差，可采用支护开挖埋管；对于管道埋深较深、地质条件复杂的情况，应采用顶管施工方法。

沟槽开挖过程中，需要确定相应的挖掘参数。首先需要掌握施工区域的地质构造和周边环境的特点，因此在勘察阶段必须进行全面且详尽的调查，充分了解现场和周边环境条件，为制定施工方案提供有效的基础。项目采用分层挖掘的方法，同时采用钢板桩作为开挖过程中的临时支撑结构。为了避免沟槽临边荷载过大影响沟槽的稳定性，在沟槽开挖过程中，及时将开挖出的土体清走，严禁在沟槽两侧堆土，确保施工作业达到理想的效果。

开挖时利用放线法控制沟槽开挖的深度、尺寸等，此外还要根据现场情况在施工过程中确定好相应的挖掘参数。雨水是影响沟槽稳定性的重要因素，因此必须做好防水、排水措施。项目通过设置排水沟和防水层，避免了沟槽内水流汇聚，有效地防止了沟槽底部泡水，保证了沟槽的开挖质量。

(2)管道敷设

管道的材质和质量，以及现场的施工技术方案和施工人员的技术水平，共同决定了管道敷设的施工质量。因此不仅需要严格把控施工材料质量，还需要结合施工方案为现场管理人员和作业人员提供技术支持。选择管道材料时，必须综合考虑水体压力、型号、性能、耐压和耐磨特性等因素。当管道材料的各类参数均符合施工要求时，相关施工单位方可在前期选择现场施工材料。为了防止管道在敷设前出现问题，在管道材料进场验收时，由现场管理人员按照进场验收流程进行检查，必要时可委托相关检测单位进行材料复试，确认其具有符合施工要求的性能和质量，不合格的材料严禁进场。

管道安装过程中需提前确认橡胶圈的完整性和配套性，确保其与管道连接紧密。同时应保证管道承口内壁干净整洁。为提高连接效率和质量，必要时可涂抹润滑剂。现场管道敷设时采用从下游往上游的安装顺序，当需要使用顶管施工技术时，设置合理的坡度，顶管井的基础部分采用钢筋混凝土，防止沉降现象的发生。

(3)管道闭水测试

管道接口处容易出现渗漏问题，该问题会直接影响管网的运行效率。为了避免雨污水管道出现漏水问题，必须对管道进行闭水测试，确保管网运行时接口位置不发生渗漏。在测试之前，须先检查管道外观，将内部积水排出后进行下一步检查。一般在管道拼接后检查管道连接处的密闭性，利用管道信息确认实际连接情况。当出现渗漏问题时，需检验管道敷设的质量并采取相应措施，确保敷设质量符合使用要求。针对不同的管道状况，应当采取与之相对应的处理措施，如可采用注浆填充的方式封堵管道接口。

(4)回填沟槽

沟槽的回填质量直接影响管网整体的受力情况、质量和使用寿命。沟槽回填前，需对管道的各项参数进行全面且详尽的检查，合格后方可进行回填工作，如管道的探伤试验检测。沟槽回填时，管顶以上 500 mm 内应采用人工回填及分层对称回填的方法，控制每层的厚度，将回填质量和含水率控制在最佳范围内。回填时为避免管道出现位移的现象，应严格按照相关的操作流程施工。

第 7 章　海绵城市集雨型绿地工程

7.1　集雨型绿地概述

2014 年，北京市园林局首先提出了“集雨型绿地”这一概念，首次从设计层面关注了如何推进集雨型绿地建设。2017 年，首部《集雨型绿地工程设计规范》(DB11/T 1436—2017)发布，将集雨型绿地定义为“通过采取一定的工程技术措施，提高雨水收集、渗透、回用及调蓄能力的绿地”。2022 年，《集雨型绿地工程设计规范》(DB11/T 1436—2017)进行了第一次修订，《集雨型绿地工程设计规范》(DB11/T 1436—2022)将集雨型绿地定义为“通过采取一定的工程技术措施控制与利用雨水，提高雨水渗透、调蓄、回用能力，且根据需要可消纳客水的绿地”。

7.1.1　集雨型绿地的基本特征

(1)以城市绿地为基础

在城市规划术语标准中，城市绿地是指被各种植被覆盖的城市建设用地，对改善城市的居住环境、为民众提供各种活动场所具有重要意义，在城市建设和发展中占比较大。根据最新的分类标准《城市绿地分类标准》(CJJ/T 85—2017)，城市绿地分为城市建设用地内和城市建设用地外两大部分(如图 7.1)。

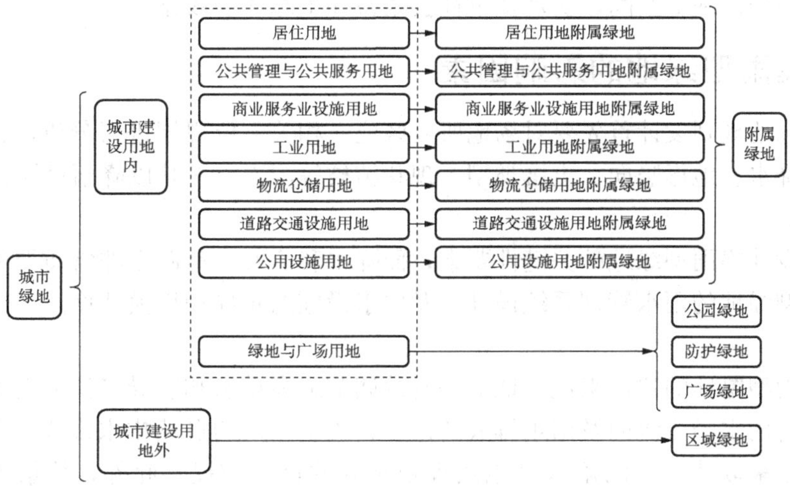

图 7.1　城市绿地分类

集雨型绿地是对城市绿地的升级改造，它将景观设计与雨水系统结合起来，进一步突出了城市绿地的生态功能，使原来城市绿地从单一作用转变为多重综合效益。在传统绿地设计的基础上，增加雨水下渗、过滤、储蓄及缓解降雨径流的功能，并力求实现绿地各功能之间的平衡，提升集雨型绿地的雨水控制能力。由此，具有上述功能的城市绿地便慢慢转化为集雨型绿地。不同类型的城市绿地承担的功能有所不同，因此对于集雨型绿地的建设要求也有所不同(详见表 7.1)。

表 7.1　不同类型集雨型绿地建设需求

城市绿地类型	主要功能	集雨型绿地建设需求
公园绿地	休闲游憩及服务	增加土壤自然下渗，提高植物冠层截留作用
防护绿地	提升生态效应	通过疏导和引流雨水径流
广场绿地	公共活动空间	增加城市硬质下垫面的下渗
附属绿地	配套绿地设施	增设雨水设施
区域绿地	自然资源保护	保护湿地、森林等自然资源

(2)以雨水管理为目标

集雨型绿地要以海绵城市建设为导向，构建因地制宜的可持续雨水管理系统，最大限度地利用雨水资源，减少城市灰色基础设施的压力，缓解雨水内涝问题，控制地表的雨水径流，恢复城市自然水文循环系统，使城市在面对雨洪问题时具有一定的弹性。

(3)以景观营造为途径

集雨型绿地在满足雨水管理功能的基础上，要进一步提升其空间服务及场地景观效果，通过雨水设施的优化布局和丰富的植物配置探寻具有景观效益的生态雨水管理模式，强调将雨水管理过程融入绿地景观设计，借助生态设计方法打造高效率、低成本、可持续的绿地景观，营造能够展现地域特征、激发场地活力的可持续新型城市绿地，为人们提供休闲、娱乐的城市绿地空间，实现多重社会效益和生态环境效益。

7.1.2　集雨型绿地的影响因素

集雨型绿地规划设计首先要对场地所处区位、相关上位规划进行分析，其次综合考虑区域的气候降水、地形竖向、土壤类型、现状植被等因素，尤其以降雨量最为重要。

(1)降水

降水是设计集雨型绿地的关键性要素，而降水和蒸发也是两个非常重要的条件，直接影响到集雨型绿地的雨水管理系统设计以及雨水设施的布局和规模计算。

(2)地形

对于集雨型绿地的建设来说，地形是有效调节地表排水和引导径流方向的关键。地形与坡度影响着雨水径流流向及雨水排放的速度，决定场地的自然排水模式，全面分析和研究地形是决定采取什么样的雨水设施及规划布局的重要前提。此外，从景观设计角度考虑，结合活动场地及空间需求，设计前应充分了解地形，辨别低洼地与坡度，如下沉式绿地适宜设置在地势低处或雨水汇集处，方便场地雨水汇入；植草沟则适用于地形平缓的道路边缘，边坡坡度不宜超过 4%。

(3)土壤

土壤的类型直接影响雨水的渗透功能和地表植被状况。当降水下渗时，土壤起到过滤净化作用。根据土壤质地和渗透率等因素，将土壤分为不同类型(详见表 7.2)。渗透率高的土壤可以直接建设雨水花园等下渗型雨水设施，而一些渗透率较低的土壤，则建议使用砂质土壤改良，提高土壤的渗水能力和过滤能力。

表 7.2　不同土壤类型的渗透率参考表

类型	渗透率	渗透性
砂土、砂壤土、壤质砂土	>7.24	较高
粉质壤土、壤土	3.80～7.24	中等
砂质黏壤土	1.21～3.80	较低
砂质黏土、粉质黏土、黏壤土、粉质黏壤土、黏土	0.00～1.21	很低

(4)植被

乡土植物以及设计场地现有植被的状态和长势，会间接影响雨水径流的速度以及下渗和截留量。地表植被的覆盖比例越大，对雨水径流的削弱作用越强，地表植物的分布与组成在很大程度上影响着地表水循环的功能，而植物长势则决定了景观效果的好坏，设计时可以适当考虑保留或替换现有植被。

7.1.3　集雨型绿地技术途径

集雨型绿地通过适当的雨水设施，结合市政管网，实现生态化雨水管理。在这个过程中，根据雨水设施发挥的滞留下渗、净化转输、受纳调蓄三个主要功能，可将其分为以下类型(见表 7.3)。各项雨水设施不是单独作用的，而是在相互联系的基础上结合场地景观要素，形成完整的雨水管理系统。根据气候降雨和地形地貌等自然条件，合理地选择组合，达到削减径流总量、调蓄雨洪峰值、净化改善水质、雨水资源化利用等目标，使得集雨型绿地更好地发挥雨水管理功能。

表 7.3　各项雨水设施汇总表

主要功能	名称	主要功能	雨水调蓄效率/($m^3 \cdot m^{-2}$)	污染物控制率/%
滞留下渗	透水铺装	渗透、净化、补充地下水	—	80～90
	下沉绿地	渗透	约 0.105(蓄水高 150 mm)	70～80
	雨水花园	净化、滞留	约 0.238(蓄水高 150 mm)	80～95
净化转输	植被缓冲带	拦截、下渗	约 0.192(蓄水高 150 mm)	70～95
	植草沟	渗透、转输	约 0.08(下凹 150 mm)	35～90
	雨水沟渠	渗透、转输	视有效蓄水空间高度而定	—

续表

主要功能	名称	主要功能	雨水调蓄效率/($m^3 \cdot m^{-2}$)	污染物控制率/%
受纳调蓄	调蓄池	净化、渗透	视有效蓄水空间高度而定	50～80
	渗透塘	削减峰值	视有效蓄水空间高度而定	50～80
	多功能调蓄设施	存储利用	—	80～90

在径流产生的初始环节，尽量滞留雨水，使其在源头渗透；当渗透能力有限时，将雨水转输到渗透净化的雨水设施，在转输过程中利用植草沟等设施对雨水进行生物净化；最后，雨水进入受纳调蓄设施进行调蓄和储存利用，过量的雨水则通过溢流口排入市政管网(如图7.2)。

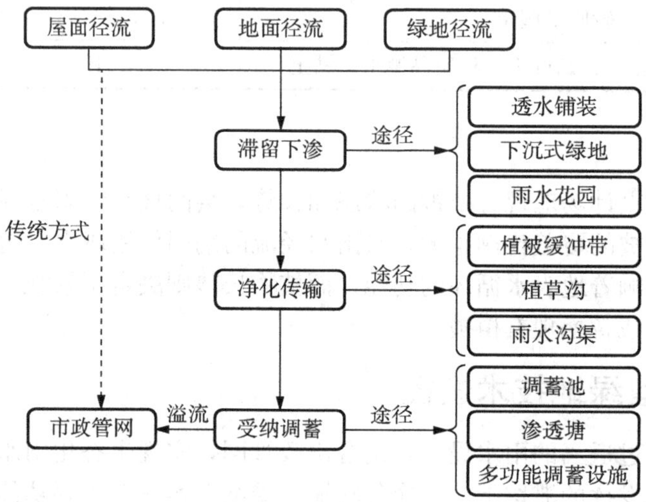

图7.2 雨水径流管理过程

(1)滞留下渗

以渗透下渗为主要功能的雨水设施包括透水铺装、下沉式绿地、雨水花园3类，可以阻断或减缓雨水径流，促使其尽早从源头渗透到地表以下。

(2)净化转输

以净化转输为主要功能的雨水设施有植被缓冲带、植草沟、雨水沟渠3类，在疏导径流的同时净化径流的水质，雨水在该类设施中能够被过滤净化大多数的污染物，通常与其他雨水设施连接共同发挥作用。

(3)受纳调蓄

以受纳调蓄为主要功能的雨水设施有调蓄池、渗透塘、多功能调蓄设施3类，主要承接容纳局部或整片场地的雨水径流，起到临时储存、调节雨量、控制雨洪峰值的作用，通常在有水景营造或雨水调蓄的需求时采用。

7.1.4　集雨型绿地景观途径

(1)空间塑造

集雨型绿地的整体设计应融合景观功能需求与雨水空间布局，将软硬场地对应结合。地形空间不仅可以塑造景观空间，也能通过地形的竖向和坡度调控雨水径流。道路空间不仅涉及参观场地的交通导向，也是雨水的转输路径，设计时要强化对径流雨水的控制。在重要节点，可以设置生物滞留池、雨水花园等景观效果好的雨水设施，提升场地氛围，同时用于雨水的暂时贮存与净化。

(2)设施优化

在雨水管理和景观融合的过程中，将雨水设施景观化，赋予其一定的休憩、观赏等功能价值，建设过程中注意和周边环境的融合，遵循土方平衡原则，一般和地形相互结合。在收集雨水时使其马上渗入地下，这样可以大大减少径流污染。同时通过关注景观小品自身形式与材质表达，增强视觉观赏性，凸显雨水利用的主题，使其成为景观中的活跃因素，烘托环境氛围。

(3)植物配置

植物作为集雨型绿地景观营造不可缺少的造景要素，通过本身具有的特质和形、色、香等营造旱湿两季不同的季相景观，同时可以丰富绿地空间形式，展现植物的美学特性，营造空间层次丰富的植物景观。植物除了造景之外，还能截留、净化雨水，植物可以利用自身的叶片来加强对水的吸收，植被的树冠和根茎还能截留雨水。当雨水淋湿植被后，植被的树冠会吸收一部分水分，除此之外，雨水还会顺着树干滑落，形成地表径流或者直接下渗到土壤中，因此减小了雨水直接冲刷地面的强度。选择冠层截留性能强的植物，利用叶片、树冠、枝干有效滞纳截留雨水，延长雨水到达地面的时间以及减小对地面的冲刷速度，可促进雨水自然循环。

(4)功能完善

在满足雨水管理目标的基础上，通过雨水设施的多功能、多目标、多途径设计，将集雨型绿地的雨水理念作为宣传目标，教育大众要珍惜雨水资源，加强对雨水资源的利用，提高人们利用雨水进行生产生活的意识。

7.1.5　集雨型绿地与海绵城市的关系

集雨型绿地是海绵城市建设的重要基础，同时海绵城市也为其提供规划空间，二者协同共生，但是又有区别。集雨型绿地整合各类城市绿地空间，赋予其下渗、滞留、净化以及减缓径流的功能，从而减轻城市内涝的压力，实现水资源的最大化利用；而海绵城市需要解决的棘手问题是城市发展过程中遇到的雨洪问题，为集雨型绿地的规划设计提供前瞻性指导。

(1)海绵城市指导集雨型绿地建设

在海绵城市理念的影响下，以集雨型绿地为代表的新型绿地应运而生。集雨型绿地增强了绿地的渗水、蓄水和储水功能，实现雨水的自主循环，进而缓解城市的雨水压力，使城市绿地雨水利用的效能进一步提高，因此这一优势对于夏季容易发生城市内涝却经常缺水的西北半干旱地区尤为重要。近些年来，通过不断加强对海绵城市的研究，多种集雨型绿地相互联系、互相整合，发挥自身的优势条件来调蓄水量，净化水质，促进水循环，调节地表和地下径流，减少水污染，从而形成完整的绿地系统布局形态，使集雨型绿地在海绵城市体系的统筹规划下运行，与整个城市的海绵体系形成共生关系。

(2)集雨型绿地建设响应海绵城市

自 2014 年我国开始海绵城市的探索性建设工作以来，集雨型绿地便成了构建海绵城市体系的实施载体。集雨型绿地通过调蓄径流，促进了海绵城市的建设与发展。在建设海绵城市的过程中，通过合理规划设计集雨型绿地，使其过滤、净化、储存场地以及周边地区的雨水径流，有效地控制雨水径流总量，减少雨水径流污染，一定程度上缓解了传统排水管网压力，有效提高了区域雨水管理能力，缓解了城市建设与水环境之间的矛盾，构建了更为合理的雨水管理系统，缓解了城市内涝问题，对于提升城市整体的雨洪调蓄能力和改善城市的雨水循环系统有重大意义。随着城市雨水问题的日益凸显，集雨型绿地的生态化雨水管理潜能得以发挥，在海绵城市理念下进行集雨型绿地的建设，在完善自身的雨水系统和景观风貌的同时优化了整个区域的海绵城市体系，发挥着不可替代的生态效益。

7.2 集雨型绿地规划设计步骤与策略

7.2.1 集雨型绿地规划设计步骤

集雨型绿地规划设计应综合土地利用、给排水系统、风景园林以及自然水系等有关层面实行共同管控，如果使用单个管理的形式，也许会割裂该地区内土地和含有水文关联的基质，导致自然生态系统的破坏。将各种因素融入雨水管理方案，是雨水系统构建的关键。在安排规划设计步骤时，应该将它与部分相关环节有机链接起来，形成一个完整的体系，从而有效地实现规划及雨水管理目标。具体步骤如下。

1. 资料收集

基础资料收集是集雨型绿地规划设计的第一步，也是集雨型绿地雨水管理达到预期指标的保证，包括自然背景、现场勘查、政策背景三方面。首先，分析该地区所处的自然区域，涵盖气候降雨和水文条件、地形地貌与径流分布、排水系统、水污染情况等现实因素；其次，现场勘查绿地类型、地形坡度、市政管网、交通道路、小气候环境等情况，充分把握场地与周边区域环境的关系，以便更好地对场地内部及周围的雨水进行管理，把集雨型绿地的生态效益最大化；最后，把握场地所属的上位规划以及地方性海绵城市政策。

2. 分析评估

分析影响场地进行雨水管理的因素以及有利于雨水管理的现状因素，研判场地雨水管理潜力及目前存在的问题，根据存在的问题提出专门的设计方案，设立相应的控制目标，然后依据场地条件提出具有针对性的解决策略，尽可能地挖掘该区域雨水的潜力，实现雨水资源化利用。

3. 制定目标

(1)雨水控制目标

设计时应熟悉本地的气候条件、经济发展状况、绿地种类和规模等，根据国家与地方的海绵城市规划标准，分设不同层级的控制指标(如表7.4)。

表7.4 雨水控制目标划分表

规划层级	控制指标	方式方法
总体规划	年径流总量控制率及其对应的设计降雨量	根据《海绵城市建设技术指南——低影响开发雨水系统构建(试行)》确定年径流控制率以及相应的设计降雨量
详细规划	单位汇水分区设计调节储蓄的容积	依据总体策划阶段提议的年径流总量控制率方向，结合不同地块绿地率等控制标准，计算单位汇水分区设计调蓄容积根据场地的自然条件和现状条件，合理选择单项或组合雨水设施，并对总的雨水指标进行合理分配
	雨水设施蓄水深度和规模大小	

(2)景观营造目标

设计时需关注雨水设施与场地使用功能、设计形式表达的协调性，加强雨水设施与道路、地形、植物、雕塑小品等景观要素的融合。在雨水渗透、调蓄以及净化的过程中，构造集雨型绿地雨水景观，发挥雨水设施的景观功能以及绿地的生态海绵功能，实现雨水管理与美学欣赏功能的统一协调。

4. 方案设计

集雨型绿地规划设计需要结合当地的自然条件，在遵循自然雨水循环的基础上，合理构建雨水管理系统，划定雨水空间落位和雨水设施布局与规模，缓解城市绿地雨水问题。同时在满足场地集雨功能的基础之上，综合考虑当地的气候和场地特征，从空间、设施、植物、功能四个方面进一步提升雨水管理过程中划分汇水区、调控雨水径流、落定调蓄点位等管理环节的雨水功能以及景观观赏性，让雨水和景观达到优势互补，实现多重效益和价值。

7.2.2 集雨型绿地规划设计策略

1. 模拟自然，科学构建雨水系统

规范、严谨的雨水管理系统是集雨型绿地完成消纳、净化、蓄滞等生态服务功能的首要前提。在具体设计环节中，根据水文及地形汇流情况，结合雨水空间落位和各项雨水设施的功能类型，组合选择景观性强、造价低和维护便捷的雨水设施进行合理布局，使场地内的雨水管理形成一个系统，同时根据年径流总量控制率计算雨水调蓄容积，进而确定雨水设施的规模大小，使得集雨型绿地更好地实现雨水生态化管理。

2. 空间落位，景观空间加强集雨

集雨型绿地规划设计过程中不能一味地专注于雨水管理而忽视设计场地的景观功能。

在满足雨水控制目标的基础上，进一步考虑通过景观空间、交通体系、景观小品与雨水空间相融合，在设计地块中形成存储、汇聚雨水的公共空间，并通过汇水线路加以衔接，形成蓄水净化、相互联系的景观系统。将景观中所有可以利用和可以改变的元素纳入雨水管理系统，包括路面铺装、绿地形式、小品设计等可利用元素，利用边缘空间最大限度地发挥场地集雨功能，提升景观消纳雨水的能力。

3. 景观风貌，雨水设施优化选型

集雨型绿地的雨水系统主要通过雨水设施配合市政管网来调控径流的峰值和流量，采用分布分散的方式及时处理场地过量的地表径流，并加强植物选配，充分展现雨水设施的滞留渗透效果，达成区域内雨水的精细化管理。此外，各类雨水设施不能一概而论、生搬硬套，要分析当地的自然状况以及地方特有的文化特色、乡土风情，通过材料选择以及优化选型，确定适合当地的雨水设施，加强雨水设施和场地的景观融合，展现艺术以及科学的双重效益，体现独特的景观风貌。

4. 生态优先，雨水截留植物景观

植物景观是集雨型绿地规划设计的重要环节，植物不仅可以作为景观要素造景，还具有延缓雨水径流形成、促进雨水下渗以及滞留净化的重要功能。单个植株对雨水的吸收和截留效果不明显，只有在植物群落的冠层覆盖之下，才能使截留效益最大化。因此植物配置要适当增加植物种类，产生群落效应，同时注重植物冠层截留的作用，选择和配置冠层截留雨水性能高的植物，并结合对植物景观空间及美学等综合设计，丰富景观类型与层次，完善和改进整个植物景观，使集雨型绿地更好地发挥雨水管理和景观空间的作用。

5. 服务功能，游憩休闲和科普展示

集雨型绿地景观应注重人的体验感受，设置与人互动的景观小品、休憩设施，使人们参与进来，更好地体验集雨型绿地带来的益处，增加绿地景观中关于雨水景观理念的科普，讲解各种雨水设施的应用，使人们更好地认识集雨型绿地，能够更高效地推行集雨型绿地建设。此外，还需要提高集雨型绿地对雨水资源的利用率，如用于绿化灌溉、景观水体以及回补地下水。

7.3 雨水系统构建

7.3.1 构建前期分析

在对场地进行集雨型绿地规划设计时，需要前期综合考虑场地的水文条件、土壤性质、地形变化、植被覆盖等因素，进而有效地划分区域，分别进行有针对性的规划设计。如该区内的水敏感区域，尽可能不破坏其特性，减少人为改造。非敏感区域则可以根据景观功能的不同设置场所和道路等设置，最大程度地减轻对区域内自然水文过程的干扰，把对该场地原生态的不利影响降到最低，场地具体可以分为自然基底区、生态恢复区、景观功能区。

(1)自然基底区

自然基底区是指场地内部具有地域性特征的水敏性自然功能单元，生境条件良好。该区域强调依靠环境自身的代谢实现雨水消纳及生态系统的自我修复与维持，严格控制对此区域水文环境的干扰破坏，营造完整的自然雨水系统。最大程度地保护该地区天然具备雨水收集和涵养以及渗透功能的区域，如有坡度的地区和土壤渗透系数偏高的地区，以及含有多样化植被覆盖的地区等，隔离外部因素对其的干扰，以最小化的生态介入来保持原有场地雨水系统的完整性，维持场地开发前的自然水文特征，以保护性设计的方法实现场地原生下垫面的完整性。

(2)生态恢复区

生态恢复区是自然基底区与景观功能区之间的过渡区域，其目的是减少人工干预对自然基底区的干扰。生态恢复区应着力于修复与保持水循环系统，对场地进行合理的汇水分区划分，使得雨水径流在规定区域内收集下渗，通过地形、道路等调控雨水径流汇集路线，同时布设雨水设施，最终实现雨水消纳下渗，既有效利用土地空间，又实现雨水管理的目标。

(3)景观功能区

在集雨型绿地当中设置一定的硬质场地是必不可少的，既能保留区域内的原始风貌，又可以为游人展示场地雨水收集消纳过程。但此类场地的硬化铺装势必会给场地的水文条件带来影响，因此要进行合理的规划设计，尽可能减少人工干预对场地水文的影响。针对此区域雨水难以下渗易形成雨水径流的问题，设计时要考虑增加透水铺装，让雨水及时下渗，没有下渗的雨水则通过设计的线路及时排走。

7.3.2 划分汇水区

(1)源头滞留下渗

划分汇水区作为雨水管理的起始环节，主要动作是滞留下渗雨水，从源头控制流量，通过自然下渗以及雨水设施的组合应用，将雨水进行汇集、渗透，最大程度地限制地表径流的形成，使雨水不需要汇聚到排水系统，起到源头控制和错峰排洪的作用。

(2)划分汇水区

汇水区是指地表径流或其他物质汇聚到同一出水口过程中所流经的地表封闭区域。降落在一个汇水分区里的雨水，通过汇流蓄渗及集流后全部流向该区域内的最低点，这个最低点与雨水管道或者蓄水池相接。在场地竖向设计中，地势下凹区域一般为汇水区域，划分相邻两个不同汇水区的边界线是分水岭，通常为凸地形，也被称为分水线。通过汇水分区划分，可以明确场地水文循环关系与最优雨水空间落位，保障场地雨水管理的空间可达性。根据场地内的地形、水体、道路广场、绿地、各类边界等信息划分汇水区，手动划分的方式有助于更深入地了解场地特征，也可以采用GIS(geographic information system，地理信息系统)软件进行汇水区的划分，通常场地划分汇水区有以下两种方式。

①依建筑划分。

依据建筑雨水管设置的位置，通常把一栋建筑物的不同部位划分到两个或两个以上的汇水区里，一般一栋完整的建筑基本上不会出现在同一个汇水区内。

②依道路划分。

在集雨型绿地中，汇水区的边界线一般由道路决定，同时道路的排水位置是确认道路能否被划分进同一个汇水区的重要标志，也可把道路中线作为界线划分到两个不同的汇水区内。以下结合道路特征进行汇水区的划分(见表 7.5)。

表 7.5 依道路划分汇总表

道路坡向	特征	汇水区划分
中间高、两边低	雨水沿着道路横坡流向道路两旁，通常在道路中间增加绿化带	道路被划分到两个汇水区内
两边高、中间低	雨水从两侧汇集到道路中间，道路中部是径流聚集的主要区域，可在这个区域布设雨水设施	划分到某侧的汇水区内
单坡排水	在道路单侧布设雨水设施	划分到某侧的汇水区内
透水铺装	雨水直接下渗	依据道路的排水方向决定

7.3.3 调控雨水径流

(1)中端净化转输

该环节是雨水管理的中间环节，连接汇水区和调蓄点两个环节。根据场地总体地形的变化，所有高程较高的汇水区都有着向低处汇水的倾向，当降雨量超出场地渗透上限后必然会形成一定的雨水径流。借助 GIS 软件建立 DEM 模型(digital elevation model，数字高程模型)，结合场地特征分析场地高程、坡度、坡向、径流方向，通过雨水设施的类型选择和空间布设，或者利用原有的河渠系统，将过量的雨水径流输送到末端调蓄利用设施中，起到引导和控制雨水径流、促进下渗、串联雨水汇水点的作用，并兼具减缓雨水径流流速、净化雨水径流等多重功能，形成雨水径流的规划方案。

(2)调控雨水径流

地形和坡度的大小对雨水径流的汇集速度和方向有很大的影响。常见的五种地形汇水类型，分别为中间隆起，中间向四周汇水；中间下凹，四周向中间汇水；单坡汇水；中间隆起的平行双坡汇水；两边隆起的平行双坡汇水(如表 7.6 所示)。

表 7.6 地形调控径流分类表

类型	特点
中间隆起，中间向四周汇水	场地的最低点在四周，雨水沿坡面形成径流，最终在坡底收集下渗
中间下凹，四周向中间汇水	最低点在中间，雨水向内汇集，该点可以是溢流口，也可以是雨水设施
单坡汇水	向场地的另一侧排水，雨水汇集点在场地的边界上
中间隆起的平行双坡汇水	场地中间隆起，向平行的两侧边界汇集
两边隆起的平行双坡汇水	场地边界隆起，向与边界平行的中间汇集

7.3.4　落定调蓄点位

(1)末端受纳调蓄

该环节是雨水管理的最后环节，作为雨水径流的最终去处，主要作用是将下渗不了的地表径流收集储存为可利用的再生水资源。雨水经过调蓄塘、雨水花园等雨水设施后，可根据景观需求汇集到景观水体内或者引流至蓄水池中，用于植物养护、植被灌溉等，逐步形成可持续的雨水管理系统，这对水资源匮乏的西北半干旱地区具有重要的意义。调蓄点位可以选择设计地块原有河道、湿地等水体，也可以选择新建雨水花园、调蓄池等。

(2)雨水设施布局

选址布局是决定雨水设施能否发挥作用的重要前提。雨水设施的布局不是独立的，它是以汇水分区为位置依据，以雨水径流流向为线索，考虑不同类型雨水设施的组合使用。需先结合景观效果进行综合分析，研究每一项雨水设施在雨水功能上的侧重点；然后根据场地特点判断设施的特性、建造规模等是否适合该场地；最后根据雨水设施的特性，充分掌握不同设施在雨水管理中发挥的主要功能，对设施进行链接及重组布设，有效突破了自身功能的局限性，最大化实现雨水管理能力，实现生态、经济和社会三方面的综合效益(见表 7.7)。

表 7.7　集雨型绿地雨水设施布设要点

雨水设施	景观风貌	布设位置	布局形式
透水铺装	清洁、清新	硬质广场、道路	无特定形式
下沉式绿地	自然、野趣	建筑周边绿地硬质铺装周边绿地	依绿地形式与土壤下渗参数决定
雨水花园	精致、自然	建筑周边与落水管相连的绿地，场地内的集中式花坛、树池	绿地面积的 5%～10%
植被缓冲带	一般	道路两旁的集中式绿地区域	根据道路地形坡度决定
植草沟	自然、野趣	道路边界绿地，建筑、场地边界绿地，绿化隔离带	线型布局，沟底宽度为 0.6～2.4 m
雨水渗沟	一般	顺应斜坡绿地或铺装地面	可与挡土墙、景墙等构筑物整合
调蓄塘	野趣、良好	现状水体区域，地势低凹区域	布局方式灵活，根据区域水量和造景需求而定
多功能调蓄设施	生态功能	结合下沉广场	规模根据现状场地

①雨水空间。

雨水设施的布置应与场地的汇水分区划分以及雨水径流线路相契合，并考虑坡度等限制因素对设施布局的影响。

②土壤渗透。

土壤的渗透率会影响雨水设施的布局和结构。在渗透率偏高的土壤区域，可优先利用绿地自身的渗透能力，如设置下沉式绿地和植被浅沟等；在渗透率偏低的土壤区域，可以进行土壤改良或者通过在垫层上铺设排水管道，以减少积水导致植物死亡的情况。

③景观空间。

在重要的景观节点以及人流量大和视线比较集中的空间，首先设置景观效果好的雨水设施，综合考虑场地的景观需求，优化平面形态和空间布局，力求与整体的景观营造相协调。

④建筑距离。

在建筑周边布置设施时，应注意与建筑相隔 3 m 以上，避免雨水下渗破坏地基。

⑤地下水位。

若地下水位偏低，则布设雨水花园、下沉式绿地等以渗透为主要功能的雨水设施，以利于雨水下渗回补地下水。同时为了防止污染地下水，设施底部与地下水位之间要有 1 m 以上的距离。

⑥光线。

设施应避免建在阴暗处，保证有充足的光线，利于植物生长以及避免蚊蝇滋生。

7.3.5 径流总量计算

集雨型绿地需要通过计算场地的设计调蓄容积，确定场地雨水管理目标的边界条件，精准实现场地的雨水收集与消纳等生态功能指标。

(1)综合径流系数计算

通过统计各汇水分区内的下垫面组成类型，再根据不同下垫面的径流系数(见表 7.8)，按照其各自面积占汇水分区的比例，运用加权平均的计算方法，根据式(7.1)计算出不同汇水分区的综合雨量径流系数 Ψ_Z。

表 7.8 不同下垫面的径流系数

下垫面类型	雨量径流系数
绿化屋面(绿色屋顶，基质层厚度≥300 mm)	0.30～0.40
硬屋面、未铺石子的平屋面、沥青屋面	0.80～0.90
铺石子的平屋面	0.60～0.70
混凝土或沥青地面及广场	0.80～0.90
大块石等铺砌地面及广场	0.50～0.60
沥青表面处理的碎石地面及广场	0.45～0.55
级配碎石地面及广场	0.40
干砌砖石或碎石地面及广场	0.40
非铺砌的土地面	0.30
绿地	0.15
水面	1.00
地下建筑覆土绿地(覆土厚度≥500 mm)	0.15
地下建筑覆土绿地(覆土厚度<500 mm)	0.30～0.40
透水铺装地面	0.08～0.45

$$\Psi_Z = \sum F_i \Psi_i / F \quad (7.1)$$

式中：Ψ_Z 为综合雨量径流系数；F 为汇水面积，m^2；F_i 为 i 地块面积，m^2；Ψ_i 为 i 类下垫面的径流系数。

(2)设计调蓄容积计算

根据场地所处的年径流总量控制率分区得到对应的设计降雨量，结合场地雨水管理目标，在不计雨水的蒸发量以及雨水设施有效排空的基础上，可以结合各汇水分区的具体状况，根据式(7.2)采用容积法，代入详细数据，计算出各汇水分区的设计调蓄容积 V，据此作为雨水设施必须满足的调蓄容积的参照，进而确定雨水设施的规模大小。

$$V = H \times \Psi \times F \times 10^{-3} \tag{7.2}$$

式中：V 为年径流总量控制率下的设计调蓄容积，m^3；F 为汇水分区面积，m^2；H 为年径流总量控制率下对应的设计降雨量，mm；ψ 为综合雨量径流系数，由不同类型的汇水面径流系数加权平均计算得出。

(3)雨水设施规模计算

年径流总量控制率下的设计调蓄容积见式(7.3)。

$$V = V_S + W_P \tag{7.3}$$

式中：V 为年径流总量控制率下的设计调蓄容积，m^3；V_S 为雨水设施调蓄量，m^3；W_P 为雨水设施渗透量，m^3。

雨水设施调蓄量见式(7.4)。

$$V_S = A_S h \alpha \tag{7.4}$$

式中：V_S 为雨水设施调蓄量，m^3；A_S 为有效渗透面积，m^2；h 为设计蓄水深度，mm；α 为考虑植物、土壤、蒸发、溢流口、纵坡影响等因素的折减系数，一般取 0.7～0.8。

雨水设施的渗透量见式(7.5)。

$$W_P = K A_S J T_S \tag{7.5}$$

式中：W_P 为雨水设施的渗透量，m^3；K 为土壤(原土)渗透系数；A_S 为有效渗透面积，m^2；J 为水力坡降，通常取 1；T_S 为渗透时间，也就是降雨时设施的渗透历时，一般取 2 h。

集雨型绿地内的雨水滞留、渗透、净化功效主要由雨水花园承担，雨水的渗透净化能力较强，布设面积相对较大，植物配置的景观效果也更丰富多元。

(4)综合排污效率计算

年径流污染控制率是指通过雨水设施的渗透、滞留、调蓄、净化、回用，使得场地内全年预期得到控制的雨水中污染物的百分比，即径流污染物总削减率，以 SS 的削减量为例(见表 7.9)。

径流污染控制容积与年径流总量控制容积相等。

径流污染控制容积见式(7.6)。

$$V_W = V \tag{7.6}$$

式中：V_W 为年径流污染控制容积，m^3；V 为年径流总量调蓄容积，m^3。

年径流总量控制容积见式(7.7)。

$$P = P_W \times PT \tag{7.7}$$

式中：P 为汇水分区年径流污染控制率；P_W 为雨水设施径流污染控制率(以 SS 计)；PT 为汇水分区年径流总量控制率(取加权平均值)。

表 7.9　雨水设施径流污染控制率汇总表

雨水设施	SS 控制率
透水砖铺装	85%～90%
透水水泥混凝土	80%～90%
透水沥青混凝土	80%～90%
下沉式绿地	70%～80%
简易型生物滞留池	70%～80%
复杂型生物滞留池	70%～95%
湿塘	50%～80%
蓄水池	60%～70%
人工湿地	70%～80%
调蓄塘	70%～90%
转输型植草沟	35%～80%
干式植草沟	35%～80%
湿式植草沟	60%～80%
植被缓冲带	50%～75%

7.4　场地空间塑造

将景观空间与雨水系统进行融合设计，建设更多适宜雨水收集的场地空间。结合地形与下沉式绿地、渗透坑塘、雨水沟等雨水设施，就地处理与消纳雨水，避免长距离转输引发的径流污染问题，构建自然的雨水管理模式；道路、广场的规划要将雨水径流路线考虑进来，使雨水设施与景观节点相融合，丰富景观性，有助于集约用地、优化户外空间并创造具有亲和力的集雨景观(如图 7.3)。

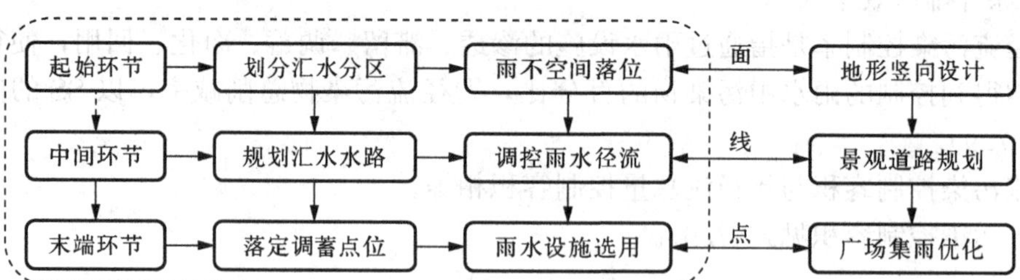

图 7.3　空间塑造过程

7.4.1　地形融合雨水系统

地形的坡度影响着雨水径流的方向和速度，对雨水的渗透和收集起到了关键性的作用。结合景观空间需求，塑造地形空间，以及为其他景观要素提供依附平台，使其与周围环境有机结合，营造起伏变化的竖向景观，使空间更富于变化，增强雨水管理的趣味性。根据不同的地形竖向形态，地形可分为平地、凹地、凸地、单坡和双坡五种，在地势低的地方形成汇水面，在地势高的地方形成坡地。

1. 平地

该类型地势平坦，方便进行场地的排水布置，雨水汇集方向可以是单向或多向(如图 7.4)。这种地形的优点在于空间流畅舒展、视野开阔，能够将雨水设施与小品、植物、石景、园路等景观要素融合起来，但在视觉效果上缺少变化，缺乏层次感和立体感。设计中可以通过塑造微地形来丰富地形骨架，有效地组织雨水分流与汇集，降低地表径流的速度，增加雨水入渗，也可结合建筑、绿地和水景，为人们的交往创造条件。

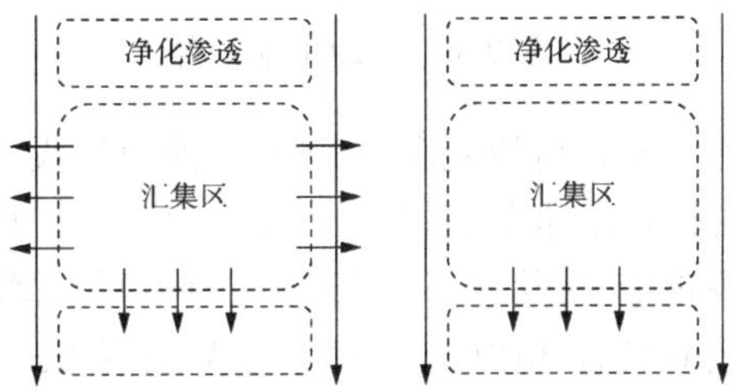

(a) 多向　　(b) 单向

图 7.4　平地排水方向

2. 凸地

该类型中间区域高，而周围的区域低。场地往周围排水，利于尽快使该地维持清洁且无积水。这类地形有一条峰脊线，从景观的角度来看，该地可以形成视觉高点，坡面形成视觉观赏面。通过合理规划排水的坡度值，让雨水沿坡度向场地边界流动，同时在四周区域布设适宜的雨水设施，既能确保雨水沿着坡度向雨水设施里汇集，又能确保雨水径流速度适中，不至于冲刷毁坏排水坡面的土壤以及植被(如图 7.5 所示)。

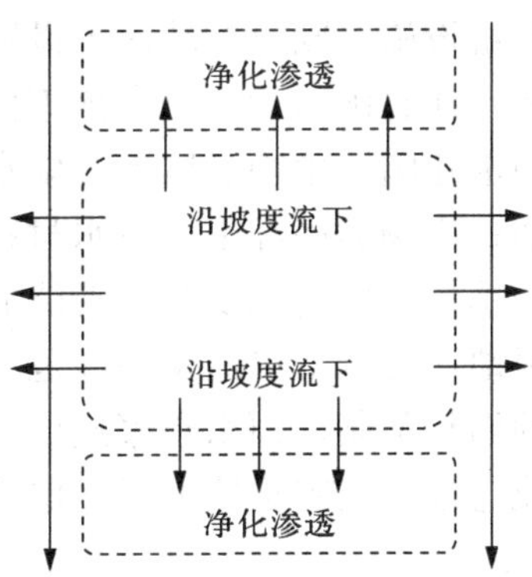

图 7.5　凸地排水方向

在满足景观空间造景的前提下，尽可能降低绿地的坡度，减缓雨水径流的流速，在转输过程中增加雨水的下渗。在地形坡度、土壤渗透率等自然条件相同时，坡度小、坡面长的场地往往会下渗更多的雨水径流。

3. 凹地

凹地类型的场地四面高、中间低，会在中心形成汇水区域，因此可以在外部地势较高的地方营造景观，在内部地势较低的场地布置多功能调蓄设施或者下沉式绿地(见图 7.6)。

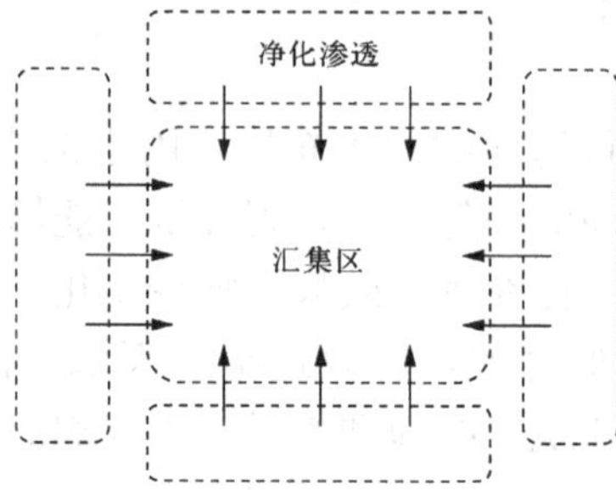

图 7.6 凹地排水方向

依据场地汇水点数量的不同，可以划分为以下三种地形设计方案。当场地只有一处汇水点时，场地内汇水坡度较长，汇水的区域集中且过程简洁，所以第一种地形适宜汇水面积小、坡度小且人为干扰少的景观设计；当场地里有两处汇水点时，场地内有一条峰脊线，在规划时峰脊线应与造景需求相融合，对场地划分区域，但要对峰脊线进行加固处理；当场地中的汇水点有多个时，需要分散式地对雨水进行处理，将场地灵活地分成多个区域，尽可能地保证每个区域都配有雨水设施，更好地发挥雨水管理作用(见图 7.7)。

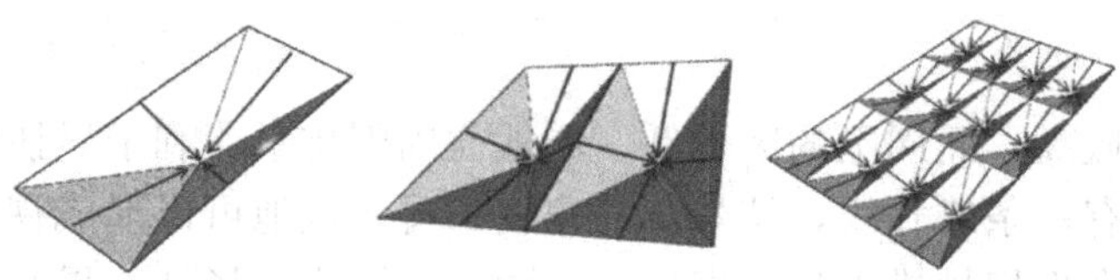

(a) 只有一处汇水点　(b) 有两处汇水点　(c) 有多处汇水点

图 7.7 凹地汇水点分类

该类场地若设计为多功能调蓄设施，同时在坡面上设置台阶，其内聚的空间形态可以创造出尺度宜人的休憩活动场所，在有雨与无雨时发挥不同的作用。雨季时，雨水由场地四周的高地汇聚至广场，经过雨水花园、生物滞留池等雨水设施的拦截净化，阻挡随径流混入的污染物，保证水质的清洁；广场的底部采用渗水材料，配合埋在地下的蓄水池实现雨水的蓄积。若处于干旱缺雨的季节，广场则变为多功能的下沉式广场。

该类场地若设计为下沉式绿地，可以下渗滞留绿地范围内的雨水，还可以消纳周边场地的地表径流。由于汇水区域的面积限制，雨水集聚速度显然超出下渗速度，此时可通过边坡设置植被缓冲带减缓雨水流速或者改善土壤增强土壤的下渗能力，在短期内滞纳并蓄存雨水，减缓径流汇集速度。

4. 单坡

该类地形一边高，一边低，形成的是单一汇水方向(见图 7.8)。需要设计合理的坡度，沿坡度设置植被缓冲带等雨水设施，减少雨水径流对坡面的冲刷。

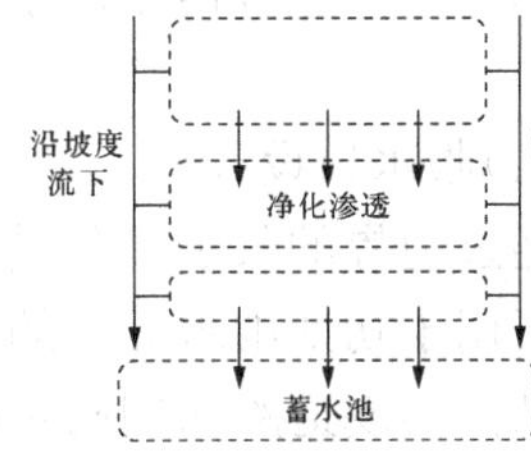

图 7.8　单坡排水方向

对于坡度较小的场地，在雨水向下汇集过程中实现雨水的层层下渗和净化，通过植被缓冲带等设施营造倾斜下凹空间，同时结合缓坡在竖向实现空间的半围合，给人们带来安全感和多样的体验。对于缓坡底部的积水，可以结合植草沟、雨水花园等雨水设施下渗排出，实现高效的雨水管理。

而对于坡度较大的场地，此时雨水的汇集速度加快，雨水迅速汇集且不易下渗，雨量大时坡底部易积水。为防止水土流失，可以通过多坡度设计等方式延长雨水汇集路径，在原始的单坡面上进行曲面改造，将陡坡与缓坡结合，形成多个雨水汇聚点，改变雨水径流的流向和速率，延长雨水流经路线，使各个方向的坡面雨水及时下渗，增加下渗量，加快雨水处理速率，这样既有利于增加景观观赏性，又有利于在转输过程中增加下渗量。

5. 双坡

双坡分为两种，第一种是在场地中间形成一个峰脊，使得雨水沿着峰脊两边的坡面排放；第二种为位于场地中央的带状线性空间，借助场地的双向坡度朝内集聚雨水。坡底布设植草沟、雨水花园、旱溪等雨水设施，收集沿坡面汇集、未能及时下渗的雨水。在规划场地的坡度时，根据排水所需的坡度和雨水径流冲刷土壤的影响，把排水的坡度值设置在1%～5%，可达到减慢雨水径流速度、防止雨水冲刷土壤的目的。该类地形通常布置在绿地内部或者绿地与硬质铺装的交界处，营造线性空间(见图 7.9)。

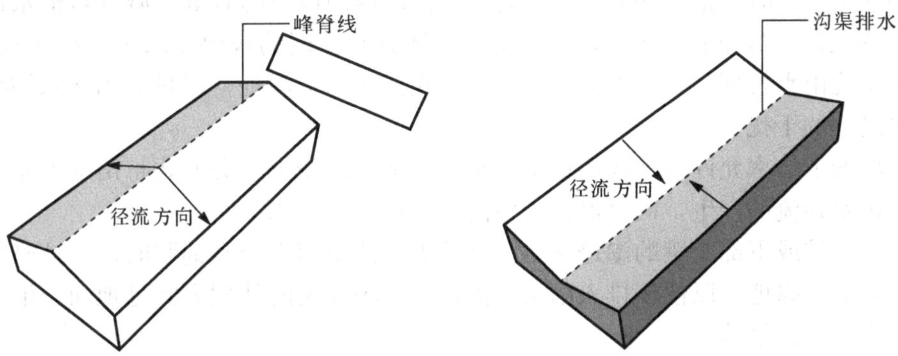

(a) 第一种双坡类型　　(b) 第二种双坡类型

图 7.9　双坡排水方向

7.4.2　道路融合雨水系统

道路作为集雨型绿地中必不可少的交通系统，也是雨水控制和转输的主要通道。道路一方面提供了交通便利，一方面增加了雨水径流量，因此，在满足土壤下渗和承重的情况下，优选透水铺装来增加雨水下渗，避免破坏场地的自然排水路径，并充分考虑道路和两侧绿地的空间关系，在道路两旁设置植草沟等雨水设施，接收来自道路的雨水径流，净化下渗补充地下水，充分利用雨水资源。

当道路不适宜使用透水铺装时，可以采用收水口设计、断接引流等方式来引导路面径流。

(1)收水口设计

通过边界的收水口和过滤设计，实现绿地对道路雨水的收集和初步过滤净化。收水口中设置用于初期雨水弃流的粗砂过滤带，其下设置穿孔收水管，收水管直接与市政管网相连，从而实现道路初期雨水的弃流。在粗砂过滤带的靠近绿地的一侧设置景观效果比较好的植草沟、雨水花园等设施，将收集到的雨水暂时贮存与净化，超过下渗限度的雨水通过溢流口排出，同时起到提升景观的作用，最终实现道路对初期雨水弃流及道路径流的收集下渗。

(2)断接引流

在设计道路横坡或横渡槽的基础上，间隔断开道路铺装两侧的路缘石，采用断接引流的方式让雨水平均分散流向道路绿地里的雨水设施内。该方法的优势为保留立道牙先前的效能，便于初期构建雨水的弃流设施，极力缩减雨水的污染程度，减少雨水对地表的冲刷，注重雨水设施与道路横断面的整体设计，在减少地表径流的同时涵养绿地。

7.4.3 广场融合雨水系统

对于集雨型绿地，硬质广场的布置是必不可少的，设计时既要考虑广场的承重以及人流集散的功能性，又要考虑其对雨水系统的影响。通过对地形的改造设计，可以分为三种情形：当场地只存有一处汇水区时，广场应安置于汇水区的周边地势偏高的区域，除了拥有极佳的观赏角度外，还可免除单一朝向系统汇水过多而造成的水土流失的影响；倘若场地里有两处汇水区时，把广场安置于两处汇水区的四周以及峰脊处，减少对汇水过程的干扰；倘若场地存有多处汇水区时，以集雨型绿地景观空间的构建要求为依据来规划广场，但应避免干扰雨水管理系统。如需将广场安置在汇水的下渗处，尽量采用透水铺装，以减少对汇水过程的干扰。

当土壤的下渗率允许时，运用透水铺装以及透水混凝土这类方式将雨水下渗至广场以下，减少雨水径流的产生，同时保证人们的活动场所的使用。

当需要承重或下部土壤的渗透率达不到要求只能采用不透水铺装时，设计时广场的高程应高于两侧的绿地，以便于排入雨水径流，对广场径流的处理方式是地面交汇排水，如明渠、暗沟、引流槽等。

(1)明渠

设计广场时要有坡度，从而使雨水能沿着坡度流入明渠，当明渠转输雨水时，部分雨水进行下渗，借助直径 80～150 mm 的碎石来初步净化雨水，沟底部的砖与砖之间要留出缝隙，雨水通过缝隙，在经过土工布过滤以后，少量下渗至土壤中，而大部分雨水经明渠排进雨水设施当中(见图 7.10)。

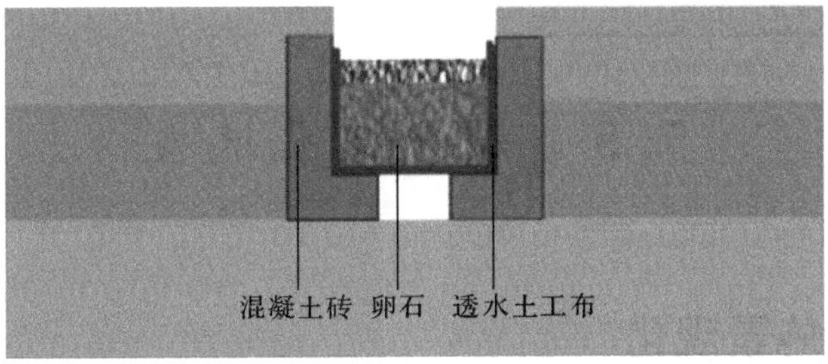

图 7.10　明渠构造图

(2)暗沟

为了不影响广场的结构以及景观功能，需要将排水沟设置于不透水铺装广场之下，暗沟底部和两侧需采用混凝土进行防水，顶部设置带孔金属盖板，以便于收集广场径流(见图 7.11)。

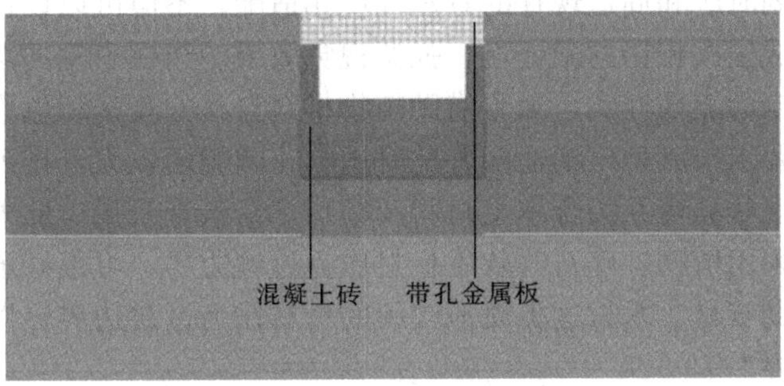

图 7.11　暗沟构造图

(3)引流槽

设计时应规划广场的横向和纵向坡度，通过引流槽引导雨水径流，同时将径流路径设计为仿自然蜿蜒形态，既形成铺装线，又丰富广场平面形式(见图 7.12)。

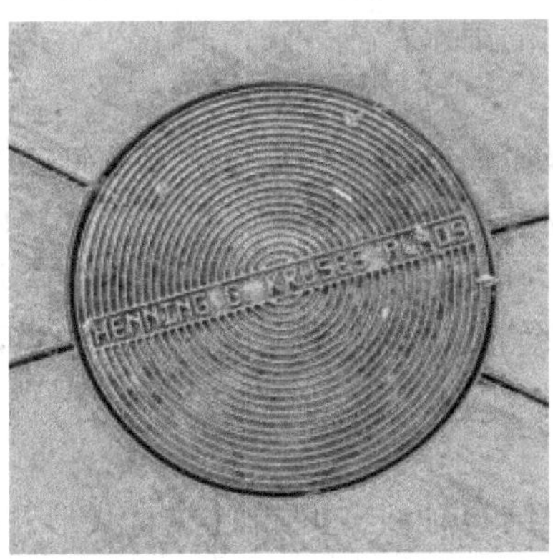

图 7.12　引流槽示意图

7.5 设施优化选型

7.5.1 雨水设施景观化

雨水设施景观化就是使雨水管理过程可视化，富有景观表现力，根据雨水设施自身的设计结构、景观效果、场地适建条件以及与周边环境相协调等因素进行景观优化，以增强雨水管理能力为目标，将具备一定景观效果的雨水设施与场地景观营造融合起来，成为场地中重要的景观造景要素。

(1)雨水花园

雨水花园在规划时应和周边现存的景观环境相适配，不但可以设计成简洁的生物滞留设施，也可以设计成层次相错的微地形，强调视觉效果。当在小型的场地进行布设时，不用过多凸显雨水花园的表现样式，大多借助植物材料自身的疏密和色彩以及季节变换特性构造出景观；倘若要求与大型广场适配，此时雨水花园规模较大，排列布局的样式多数为集中或分散，依据现状高程并结合本土材料及植物丰富景观效果。此外，雨水花园的边界处理也尤为重要，采用植物、碎石等软质材料作为过渡边界，可很好地突出其自然性、弱化边界；也可以借助石材、木材这类质地较硬的材料作为过渡边界，以凸显差异性，展现雨水花园的轮廓边界。

(2)下沉式绿地

下沉式绿地可结合地形竖向、景观水体等造景要素来丰富观赏性，在大型场地中分区分段规划下沉式绿地，借助竖向的起伏和平面形式呈现优良的景观效果。同时弱化下沉式绿地与景观空间两者的边界，利用植物与卵石等自然材料以最自然的方式引入雨水；与硬质广场接壤的下沉式绿地则设计为硬质边线，开口于特定的方位，与雨水的引流槽或明沟暗渠相连，收集其服务范围内的雨水径流。

(3)透水铺装

铺装是集雨型绿地当中极为关键的一项设计因素，铺装不同，所营造的场地环境氛围也有所不同，铺装的应用不仅需考量生态问题，还应与周边的设施以及植物互相协同，保证景观性。规划透水铺装时，可单独把这类材料应用于整个场地，以凸显整体成效，同时搭配多类材质，经比对质感及色彩构造出多元的图案和式样，进而引发关注，并丰富视觉效果、照应规划的主题。

(4)植草沟

线性特征明显的植草沟可结合轴线空间布置成直线形、曲线形和折线形等多种形式，在接收道路径流的同时起到凸显空间形态、增强视线引导的效果。除此之外，植草沟还可以结合坡地、台地等，利用高差设计为阶梯状，以适应原地形的坡度，但要注意与地表径流汇集地、转输受纳场地的连接问题。

(5)雨水渗沟

雨水渗沟与场地现存地形特征相结合进行规划，其平面布局可以模拟自然界中溪流特有的蜿蜒状态，与植物、汀步这类造景要素相融合，赋予其优良的观赏性及参与性。渗沟里的植物应优先挑选耐湿耐旱型的本地草本植被，而卵石之间的缝隙则给予多类植物优良的成长空间，丰富生物多样性，使生态环境构建更为自然。

(6)调蓄池

调蓄池的岸线设计应凹凸有致，增大水体与驳岸连接的面积，使岸边的水生植物能够更好地发挥净化作用。设计时借助场地的高差，并结合汀步、卵石等元素，组成不同的层次，做到深浅结合，形成不同的雨水景观，营造灵动活泼的生态景观环境。此外，调蓄池周边应设立说明牌，介绍调蓄池下渗净化雨水的原理及其中的动植物品种，更好地发挥科普与教育效能。

7.5.2　景观小品雨水化

秉持雨水管理规划设计理念，把集雨型绿地当中存在的景观小品进行集雨性优化改良，包括户外的坐凳、景观雕塑和标识标牌这类设施，再与雨水景观特有的自然野趣特性相融，在样式及材料等层面呼应原先的设计，使雨水系统和景观营造两者协调统一。

(1)形式变换

景观小品可借助雨水径流特有的可塑性这一物理特性展开设计，经过各类容器或喷淋管道，构建多种样式的小品，凸显雨水静谧或是活泼的特性，借助雨水由高向低流的位移改变，以及雨水径流自身运动的状态，构造出生动的雨水景观或参与性的景观小品。

雕塑有渲染场所气氛、提升感官体验，以及彰显设计理念的效用。设计与雨水主题相关的雕塑，吸引人们观察、想象和思索。雕塑在发挥造景效用的同时，还能提供休憩与遮阴等，同时融入雨水管理系统，并连接至四周的雨水设施，构成雨水管理过程中的一个环节。

(2)材料使用

使用石笼、碎石等可渗透材料设计景观小品，能够很好地融入自然的雨水循环系统，借助砂石等自然材料减缓雨水径流对地表的冲击力，提升渗入地表的能力。不但丰富了场地的景致，还能向大众展示雨洪的汇集输送过程，起到科普宣传的作用。选用的材料除了应与生态构造及景观需求相符以外，还需确保安全及具有耐久性和稳定性。

7.6　植物景观营造

目前的植物配置研究大多集中在雨水设施中植物的选择与应用上，其中涉及最多的是耐涝耐旱型草本植物，在此基础上研究植物的雨水截留与净化作用。而对于雨水设施外的植物配置以及发挥的促渗截留功能的研究较少，主要停留在植物美学层面，即以植物的空间、质感、季相等设计为主，对于植物叶片截留、植物种植密度以及植物立面结构的研究不多，忽略了植物群落对雨水的促渗截留作用。与此同时，雨水设施内的植物配置往往以草、灌为主，而雨水设施外的绿地植物配置往往以乔、灌、草为主。在实际应用中，雨水设施内外的植物配置缺少系统性，垂直层次上植物的联系性不强，植物群落景观没能在视觉层面呈现很好的效果。为此，营造雨水截留型植物景观对于加强集雨型绿地的雨水管理能力尤为重要。

7.6.1 营造原则与营造思路

1. 营造原则

集雨型绿地的植物景观融合应遵循自然规律，从发挥集雨型绿地的雨水管理效益的角度出发，统筹雨水管理空间落位、种植土壤保水性，以及长期缺水、短期积水的特点，结合植物自身的生态习性与冠层截留特性进行合理配置，确保植物正常生长，降低维护成本，合理引入外来植物种类，保障植物群落的稳定，有利于营造多品种、多层次的植物群落景观。

(1)自然适应性

乡土植物对当地的气候、土壤和周边地域有很好的适应能力，具有易成活、生长快等特点，在进行植物景观营造时要优先选择，且不少于 2/3，保证在自然粗放管理模式下可以正常生长和繁殖，使功能性及景观性的成效最大化，使植物充分发挥对雨水的截留、净化作用，形成极具地域特色的植物景观。

(2)冠层截留性

植物通过冠层以及茎干截留雨水，在覆满植被的绿地里，雨水的下渗程度能达 70%～90%，而不透水的硬质场地中，下渗量仅大概有 10%。因此提高绿地植被的覆盖率，丰富植物的立面结构，选用根系发达、茎叶繁茂和冠层截留性能强的植物，增强植物群落的雨水截留能力，在一定程度上可以减小地表径流对表土的侵蚀，促进雨水的下渗，减缓雨水冲刷土壤的速率，有助于植物净化雨水里的污染物，特别是重金属类，提升绿地的雨水生态效益。

(3)生态抗逆性

集雨型绿地夏季多雨，冬季较为干燥少雨，可能存在枯水期和丰水期，植物在丰水期承担着增加雨水下渗及补充地下水的作用。因此，植物选择应满足周期性水淹耐受(最长 48 h 积水)与抗旱双重特性，确保自身在枯水期及丰水期自然存活，以及雨中和雨后的景观效果。选用植物的根系应足够发达，能够抵御污染，通过改良土壤的渗透性能，吸附及净化雨水里的污染物。

(4)景观观赏性

根据不同场地的造景需求选取不同品种的植物，综合考察它们的形态特征、季节变化以及配置成效，依据美学原理，采用平面及垂直结构上的搭配设计，注意植物花、叶等的季相变化，常绿搭配落叶性的乔灌木，强化冬日植物景观的观赏性，构造植物空间，并丰富配置的层次性，提高整体景观的丰富度。此外，还应注意雨水设施内外植物配置的相互衔接，使总体景观在效果上达成和谐。

(5)生物多样性

植物多样性配置应适应集雨型绿地当中干湿变化下的生境条件以及复杂多变的气候，通过以本土的优选植物为基石、外来品种适度引种的组合策略，借助合理的搭配使植物群落构造出复层结构，丰富群落的竖向结构层次。该配置模式既能保证场地景观的多样性，又能维持植物种群的生态稳定性，提升其降解雨水污染物的功效。此外，多类观果植物以及蜜源植物可供给鸟类及其他动物食物来源与栖息地，提高集雨型绿地中物种的多样性。

2. 营造思路

在雨水的不同阶段，雨水设施内外的植物对雨水所发挥的作用是不同的。在降雨初期，植物冠层及枝干会对雨水进行截留，促进雨水下渗，减少雨水径流，提高集雨型绿地管理雨水的总体功效；而当植物冠层所截留的雨水趋向饱和后，雨水依据下垫面的不同汇聚形成径流，进入雨水设施内部，此时植物会对雨水进一步下渗净化。

设计时雨水设施内的植物应以草本和灌木为主，因为草本植物通常是构成植物景观的基础，其观赏多样性以及地面覆盖程度远高于乔木与灌木。面对多变的旱涝环境，植物配置既要适应短期的水生环境，又要有一定的抗旱能力，同时还要对污染物具有较强的吸收能力。雨水设施外的植物要以乔木、灌木为主，优先选择根系发达、吸水性较强的阔叶树种，并搭配阔叶类灌木，增强对雨水的截流、下渗，同时丰富植物群落空间。因此，典型的集雨型绿地植物景观可被划分为以雨水花园为代表的雨水设施内植物景观和雨水设施外植物群落景观。

7.6.2　配置模式

(1)植物选择

植物的叶片粗糙程度、冠层疏密结构、冠层的形态以及植物茎干特征等对雨水具有不同的截留效果，叶面积指数高的植物对雨水的截留性能较强，反之则较弱。对于植物冠层截留下的植物景观营造，要在植物种植密度及垂直结构一定的情况下，对于不同层次的植物空间，优先选择冠层截留能力强的植物，提升植物群落的雨水截留能力，减少雨水径流的产生，从而增加雨水下渗。

除此之外，集雨型绿地中的植物选择还可积极开发野生植物。野生植物抗逆性强，抗病虫害能力强，仅仅依靠降雨就能生长良好，降低了养护的能量消耗，同时，野生植物具有较好的观赏价值，可作为观赏草应用于雨水设施，满足人们亲近自然的需求。

(2)平面配比

在同一覆盖率的条件下，乔灌木截留雨水的效能通常远高于草本植物，因此，在设计集雨型绿地时，应合理提升乔木、灌木的覆盖面积以及占比，在特定范围内提高植物的种植密度。把场地内的植物平面划分为三大部分，依据功能的不同对雨水进行留取，即雨水蓄滞带、缓冲下渗带和径流延伸带，三部分占比通常为3∶2∶2，以充分发挥植物冠层截留雨水的效能。

①雨水蓄滞带设计。

该区域植物配置以冠层覆盖率高的乔木为主，通过平面配比组合，从而达到最大雨水截留量。下雨时，因为乔木冠层的覆盖，所以雨水会先落在乔木层和亚乔层，在降雨量达到一定量之后，冠层截留量接近饱和，雨水才会穿过乔木层和亚乔层落在下面的植被上。因处在雨水蓄滞带的植被多为乔木，若想植物冠层有着最大留取量，在栽种植物之时便应提升密度，植物栽种覆盖比例应达雨水蓄滞面积的30%～60%。同时，常绿乔木和落叶乔木的栽种比例需达到7∶3。因乔木冠层有着更大的面积，相比之下灌木单体冠层面积更小，故乔木与灌木比例应在1∶5左右。

②缓冲下渗带设计。

该区域所配置的植物多数为灌木，应合理搭配更高密度的草本植物，实现二次截取雨水的功效，减缓雨水冲刷土壤的速度。设计时应优先选用截留能力更强的灌木，主要有海桐、黄杨和龙柏等。其中灌木及草本配比约 1∶4，而常绿灌木与落叶灌木配比约 7∶3，具备雨水滞留效能的灌木和具备景观效用的灌木配比以 8∶2 最为适宜。缓冲下渗带植物的合理覆盖率为 30%～60%。

③径流延伸带设计。

该区域需对多年生草本、小灌木、地被植物等进行合理设计，最大程度地发挥绿地的生态效能，减缓雨水径流，净化初期污染的降水。设计时需大面积栽种灌木及草本植物，形成一定的地表覆盖率，草本植物选用鸢尾、麦冬等截留功效较强的品种。对于各类生活型植物，小灌木主要为群植，常绿及落叶配置以 7∶3 为最优，栽种草本植物时，间距应在 2 m 以上，坡度需小于 10%，径流延伸带草本植物的地表覆盖率要尽量达到 100%。

(3)垂直结构

植物群落的垂直结构应综合考量植物的冠层截留、场地效用及景观展现等因素，植物在垂直结构层面共划分为上层、中层及下层，它们分别对应植物群落当中的乔木和亚乔木层、灌木层(绿篱层)及草本层(地被层)。

截留型植物景观按截留雨水效能的不同，可划分为两类：第一类指乔木、灌木冠层截留，第二类指草本植物自身的滞留。研究表明，乔木、灌木冠层截留雨水的效能远超草本层截留雨水的效能，可借助植物冠层的特征以及空间的层次性特征，提升集雨型绿地中植物冠层的截留能力，因此应挑选单体截留效能强的植物，再结合具体绿地条件及绿地类型，进而构建层次丰富的植物群落，最大程度地发挥植物对雨水的截留作用。

7.7　服务功能完善

1. 游憩休闲互动

集雨型绿地景观应注重人的体验感受，在雨水径流的处理上，要充分考虑设施与人的关系，特别要关注雨水景观的参与性和教育性。通过设置与人互动的雨水景观小品，吸引人们参与，更好地体验集雨型绿地带来的益处。运用一定的设计手法，展示雨水的收集过程，讲解各种雨水设施的应用，使人们认识到雨水是一种宝贵的资源，加深对集雨型绿地的了解，更高效地推进集雨型绿地建设。

2. 雨水资源利用

在集雨型绿地中建立雨水循环利用系统，将场地的雨水收集储存起来，实现雨水资源化，既可以缓解城市缺水问题，又能减少景观对自来水的依赖。经过净化的雨水不仅可以用来灌溉，也可以用于补充景观水体。雨水利用要将雨水处理与场地景观设计相结合，成为实现工程技术与景观融合的有效途径。

3. 集雨科普展示

将雨水设施与环境景观结合，展示雨水收集利用的过程，增加景观中关于雨水理念的科普内容，增强人与雨水的互动，形成收集利用和教育相互促进的良性循环。设计中可通过标识牌展示雨水收集的过程，引起人们对雨水资源的重视，强化人们对雨水循环和雨水净化的认知。例如，透明的亚克力板清晰展示了高位雨水花坛内部的结构，下雨时可以看到来自建筑屋顶的雨水在这里滞留、下渗、净化及储存的过程，结合石笼共同形成围合的停留空间，碎石渗池同时为人们提供了进入花园的入口，方便人们在这里学习、休憩和观赏。

第8章 海绵城市背景下的市政工程建设实践

海绵城市理念作为应对城市化进程中的水资源管理与防洪排涝挑战的前沿策略，其精髓在于通过构建具有自然积存、渗透、净化功能的生态系统，实现“雨时吸水、蓄水、渗水、净水，旱时释水、用水”的良性循环。本章旨在通过南北两个地域鲜明而典型的市政工程项目案例，展现海绵城市建设在不同地理、气候条件下的创新应用与成效对比，以期为更广泛的实践提供宝贵的经验与启示。

8.1 西安高新区中央创新区核心区海绵城市建设

8.1.1 工程概况

本次项目位于西安高新区中央创新区核心区，南北长约4.5 km，规划总用地面积约为39.62 hm^2，公园景观面积约180 000 m^2。该项目紧邻中创区北侧的休闲商住混合社区，融合文化传播、信息交互、商业及社区生活功能，并以构建城市“大海绵”体系为目标。本工程为一项综合性项目，涵盖范围广，包括水系、驿站等土建设施，以及景观工程、绿化工程、给排水工程等专业工程。

在海绵城市及生态综合治理工程建设过程中，各分项工程都有明确的施工顺序和技术指标。为了优质、准时竣工，在施工过程中除需抓住各工程的管理要点外，还要兼顾全局统筹和各工种、各设施的特征，遵循“先深后浅，先里后外”的总施工方针。

8.1.2 海绵城市建设方案

1. 设计原则

本次示范段改变传统雨水的排放方式，通过雨水花园、下沉式绿地、植草沟等形式收集道路雨水。设计原则如下。

(1)生态文明建设，低影响开发

贯彻生态文明建设和低影响开发理念，摒弃快排模式，制定小规模的分散式源头生态控制开发模式，加大雨水径流源头控制力度。

(2)渗、滞、蓄、净、用、排

源头减缓径流，净化初期雨水污染；延缓峰值出现时间；降低峰值流量，为雨水利用创造条件；减少面源污染，改善城市水环境；缓解水资源短缺，实现节水减排；及时排水，确保安全。详见图8.1。

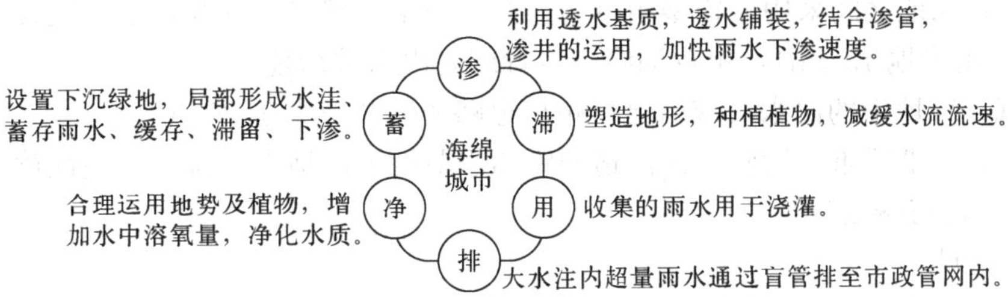

图 8.1　渗、滞、蓄、净、用、排详图

(3)整体设计，重点突出

坚持科学发展观，结合建筑及道路的区域位置、周边关系、外部环境等，满足规范要求，打造重点突出和特色鲜明的设计。

(4)提升品质，尊重民意

放眼整体与未来，尊重群众意愿，以点(线)带面推进改造。整体区域内的居住品质提升，有利于带动区域竞争力的长远发展。

(5)安全宜居，和谐发展

以保障城市安全、提升居住舒适度为目标，实现水资源循环利用与城市可持续发展。

2. 措施布置

(1)设施布置

①绿地设计。选取本土树种布置下沉式绿地，用以收集铺装及道路雨水。下沉式绿地选址要结合设计竖向及整体地形，在绿地的低点及空旷处设置下沉式绿地和生物滞留设施。

②铺地设计。铺地尽可能采用透水材料。

③路面截流、引流措施。雨水首先通过植草沟进行初步净化，再引入下沉式绿地或生物滞留设施进行深度净化。净化后的雨水部分自然下渗，在邻近建筑区域设置下沉式绿地，并在该生态设施与建筑物接触面设置防渗膜，保护建筑基础不受侵蚀。

④辅助引流措施。包括路缘石开口(道路临近下沉式绿地或植草沟)、界石下卧(铺装临近下沉式绿地处)、植草沟(道路铺装两侧)、截水沟等，在主路坡度较大的区域设置截水沟连接植草沟，将雨水引流至低点的下沉式绿地，超量雨水通过溢流口排入雨水管网。

(2)低影响开发理念措施

①下沉式绿地。

景观带绿地率较高，本次设计结合竖向地形，在场地低洼处，避开乔木密集区，设置较为零散的下沉式绿地。下沉式绿地内保留原有乔木位置，绿地下沉做入渗措施，雨水汇流后进入下沉式绿地，多余雨水通过设置的溢流口排入雨水管。下沉深度 20 cm，有效蓄水强度 15 cm，选用耐旱、耐淹、抗盐碱性强的植物，下沉式绿地下渗时间按 12 h 计算。

施工注意要点如下。

a. 下沉式绿地施工时应注意与道路、铺装及绿地高程的衔接，避免垂直下沉的做法。进水口及溢流口周围应铺设卵石，用来过滤树叶、泥草等杂质。

b. 下沉式绿地施工时应调整好绿地、路面、雨水口的竖向关系，即路面高程高于绿地高程，雨水口设置在绿地内，雨水口高于下沉式绿地，低于路面。

c. 下沉式绿地之间采用转输型植草沟连接，植草沟起点高程与前端下沉式绿地溢流口高程一致(高出绿地 15 cm)，植草沟终点位置应高出末端绿地。

d. 下沉式绿地中的雨水口或溢流口距离道路或铺装应大于 20 cm。

e. 若径流污染严重或设施底部渗透面距离季节性最高地下水位、湿陷性黄土层或岩石层小于 1 m，需特殊处理。

②雨水花园。

结合西安市降雨环境等因素的考虑，在设计绿地竖向关系时，有意识地结合从公路到水岸边的退进节奏，逐渐向水岸边降低标高，构建多个可消减雨洪的雨水花园。再通过种植乔灌、花草，形成小型雨水滞留入渗设施，用于收集道路场地的雨水，利用土壤和植物的过滤作用净化雨水，形成收集(含分流)、过滤、储存和释放(利用)为一体的低影响开发雨水系统。

雨水花园运用植物的特性来收集、净化雨水。雨水花园植物品种丰富，以耐水湿的常绿木本植物为主，搭配宿根花卉以及点缀草本花卉，上层点植具有观赏价值的乔、灌木，兼具科普和观赏功能。

③植草沟。

根据实际情况，在一些面积较大或者形状狭长的绿地设置转输型植草沟，转输型植草沟不进行换土处理，雨水通过植被缓冲带进入植草沟，大部分转输至下沉式绿地或生物滞留设施。植草沟的设置应尽量避开乔木及灌木，植草沟断面采用抛物线形状，宽 1.0～1.5 m，深度为 0.15 m，设计坡度小于 4%，宜种植耐旱耐水植物。

施工注意要点如下。

a. 植草沟中心线距离建筑基础应大于 3 m，若小于 3 m，植草沟与建筑物之间应设置防渗膜。

b. 植草沟坡度范围 0.3%～5.0%，适宜坡度为 0.5%～3.0%。当坡度大于 5.0%时，应设置挡水堰，沟长不宜小于 30 m。

c. 植草沟断面形式宜采用抛物线形、三角形和梯形，本工程推荐采用抛物线形，顶面宽度 1.0～1.5 m，深度 15 cm。

d. 植草沟内植物宜选用耐淹耐旱类灌木及草花类植物。

e. 当植草沟长度大于 40 m 时，应每隔 40 m 设置一个雨水口，与排水管网相连接，雨水口高出沟底 10 cm。

f. 植草沟两侧若为路缘石、界石，应每隔 15 m 将立缘石改为平缘石，即设置路缘石开口，便于道路、铺装的雨水汇入植草沟。

g. 植草沟进水口处应设置卵石过滤层，卵石层厚 10 cm，宽度和长度约为 50 cm。

④透水铺装。

透水铺装技术要点如下。

a. 透水铺装坡度不宜大于 2%，否则应设置隔断层。透水铺装结构层包含透水面层、透水找平层、透水基层等。

b. 透水面层的抗压强度、抗折强度、抗磨强度等应符合规定要求。

c. 面层施工前，应根据设计要求进行路面定位及标定高程。铺装时应避免与路缘石出现空隙，如有空隙，应留在建筑物一侧。

3. 竖向设计与场地排水

(1)竖向设计原则

依据现状条件，结合现状植被、管网及其建(构)筑物，合理布置 LID 设施。

(2)场地排水设计原则

场地排水按照道路(广场)→绿地＋LID 设施→溢流式雨水口→市政管网的顺序进行。

(3)施工要求

施工前应认真核对现状高程，如与现状不符，请与设计单位协商。

4. 管道及附属建(构)筑物

在下沉式绿地和生物滞留设施内设置溢流口，采用溢流管与雨水管道相连接，确保超量雨水经溢流管及时排入雨水管网。

(1)溢流口

采用带截污框的渗透性雨水口，排水量为 12 L/s，兼具渗排一体化功能和排水检查井功能，开孔率为 1%～3%，塑料材料及强度应满足《塑料排水检查井应用技术规程》(DB11/T 967—2013)的相关要求。雨水口的可变荷载标准值按汽车荷载等级 A 级计算，雨水口箅子及井圈的使用应符合相关标准的出厂检验要求。雨水口各个方向均可接管，根据工程实际情况现场开设连接管道，标高依设计要求，管道与雨水口连接。截污框开设条状或圆孔状孔洞，开孔面积大于进水管截面积。本次改造采用圆孔状孔洞，其孔径不大于 10 mm。

溢流口可以根据现场情况就近接入雨水口或雨水检查井。

(2)溢流管道

溢流管道采用 DN200HDPE 管，溢流管道坡度依现状地势和接入井标高确定，原则上管道坡度不应小于 1%。

(3)管道基础

混凝土管道采用 120 度砂石基础。

(4)管道连接门

钢筋混凝土排水管道采用橡胶圈承插连接。

(5)沟槽回填

沟槽应分层对称回填、夯实，每层回填高度不大于 0.2 m，在管顶以上 0.5 m 范围内不宜用压路机械压实。回填土的压实系数及回填材质应符合表 8.1 和表 8.2 的要求。

表 8.1　沟槽在路基范围外回填土的压实系数及回填材质

<table>
<tr><th colspan="2" rowspan="2">槽内部位</th><th colspan="2">最低压实度/%</th><th rowspan="2">回填材料</th></tr>
<tr><th>重型击实标准</th><th>轻型击实标准</th></tr>
<tr><td rowspan="2">胸腔部分</td><td>管侧</td><td>87</td><td>90</td><td rowspan="3">石粉或符合要求的原土</td></tr>
<tr><td>管顶以上 500 mm</td><td colspan="2">87±2(轻型)</td></tr>
<tr><td rowspan="2">沟槽在路基范围外</td><td>其余部分</td><td colspan="2">≥90</td></tr>
<tr><td>农田或绿地范围表层 500 mm 范围内</td><td colspan="2">不宜压实、预留沉降量，表面整平</td><td>原土回填，种植土范围采用种植土回填</td></tr>
</table>

表 8.2　沟槽在路基范围内回填土的压实系数及回填材质

<table>
<tr><th colspan="3" rowspan="2">槽内部位</th><th colspan="2">最低压实度/%</th><th rowspan="2">回填材料</th></tr>
<tr><th>重型击实标准</th><th>轻型击实标准</th></tr>
<tr><td rowspan="2">胸腔部分</td><td colspan="2">管侧</td><td>87</td><td>90</td><td rowspan="5">石粉或符合要求的原土</td></tr>
<tr><td colspan="2">管顶以上 250 mm</td><td colspan="2">87±2(轻型)</td></tr>
<tr><td rowspan="3">沟槽在路基范围内</td><td>≤800 mm</td><td>支路</td><td>92</td><td rowspan="3">—</td></tr>
<tr><td>800～1 500 mm</td><td>支路</td><td>91</td></tr>
<tr><td>＞1 500 mm</td><td>支路</td><td>90</td></tr>
</table>

(6)检查井

位于绿化带的雨水检查井，采用 D1000 mm 砖砌圆形雨水检查井(收口式)。

(7)管道沟槽施工要求

施工中土方放置应远离沟槽边 0.8 m 以上；如沟槽挖深加大，应按 1∶0.25 放坡加大沟槽上宽；当沟槽深度大于 2.5 m 时应设拔台，拔台宽度为 0.5 m。若施工中遇到地下水位较高、土质较差或与设计不符的情况，应根据现场实际情况与建设单位及设计部门协商调整沟槽尺寸。

5. 环境保护措施

工程建设期间及建成后，都可能对周边环境造成影响，包括施工运输产生的扬尘、施工机械运行产生的噪声、施工垃圾、施工废水以及施工人员的生活污水等。建设方、施工方及监理方应按相关环境保护法规，采取预防措施，将工程建设期间及建成后对周边环境的影响降至最低。

(1)施工噪声控制措施

施工单位应加强对施工场地的噪声管理，文明施工。尽量使用低噪声机械设备，严格遵守《中华人民共和国环境噪声污染防治法》及相关规定，合理安排施工时间；在敏感区域设置临时声屏障，减少施工噪声对周边群众工作和生活的影响。施工车辆出入地点应尽量远离敏感点，并采取低速行驶、禁止鸣笛等措施。

(2)扬尘控制措施

在施工过程中，作业场地周边应设置连续围挡，高度不低于 2.5 m，并做到坚固美观。施工单位应定期对施工场地进行洒水降尘。洒水次数根据天气状况而定，一般为每天 1～2 次，大风或干燥天气应适当增加洒水频次。

(3)防治水污染措施

施工废油、废液需集中储存、统一处理，严禁乱流乱淌，防止污染水源，破坏环境。施工作业产生的污水必须经过沉淀池沉淀，并经净化处理，符合要求后排放。食堂的废水处理应设置隔油池，定期清理油污，污水经过必要的处理后排入污水管道。施工、生活污水严禁排入水源。施工场地工棚、临建等产生的生活污水须通过临时污水管道等设施排入周边市政污水管网。

(4)地表植被的保护措施

合理规划施工便道及场地，固定行车路线和便道宽度，限制施工人员的活动范围，尽量少扰动地表。施工便道、材料堆放场地等造成的植被破坏，施工结束后需及时进行植被恢复，禁止地表裸露。

8.2　深圳坪山大道综合改造工程(北段)海绵城市建设

8.2.1　工程概况

坪山大道(沙湖路—惠州界)工程是坪山大道全线(21.5 km，自龙岗界至惠州界)的一段，本次北段改造起于丹梓大道，终点至惠州界，接惠州白云一路，总长约 8.8 km。坪山大道主要承担片区内交通服务功能，定位为景观性城市生活主干道。

本次海绵设计方案主要采用人行道透水铺装、绿道透水混凝土及简单型生物滞留设施等海绵设施，以落实海绵城市建设要求。本项目将与已实施的坪山大道综合改造工程(南段)和坪山大道综合改造工程(北段)保持技术标准一致，不设置环保型雨水口。

海绵城市建设中雨水径流及污染物的控制效果受降雨特征、土壤类型、下垫面种类、地面坡度等因素的影响。本项目将结合深圳本地雨型、土壤条件、建成环境，从实际需求、经济适用性等方面出发，合理分区，确定各管控单元的海绵城市建设年径流总量控制率目标。

本项目位于龙岗河下游片区，所在区域为中部雨型，土壤类型为中壤土，适宜海绵城市建设。根据现场踏勘，本项目所在区域沿线主要为公共管理与服务设施用地。

8.2.2　海绵城市建设方案

1. 径流组织

在海绵城市建设方案中，综合道路景观提升、绿化带内设施安装和相关职能部门沟通意见等因素，根据低影响开发理念，在绿化带靠绿道侧设置 1.5 m 宽的生物滞留设施。该设施用于将污染道路红线范围内(不含机动车道和中央绿化带)的雨水，通过渗滤、滞蓄处理后，补充地下水，同时实现径流污染控制、峰值流量消减等功能；车行道路面的雨水则通过道路联合式双箅雨水口进行收集，并排入市政雨水管网。

径流组织如图 8.2 所示。

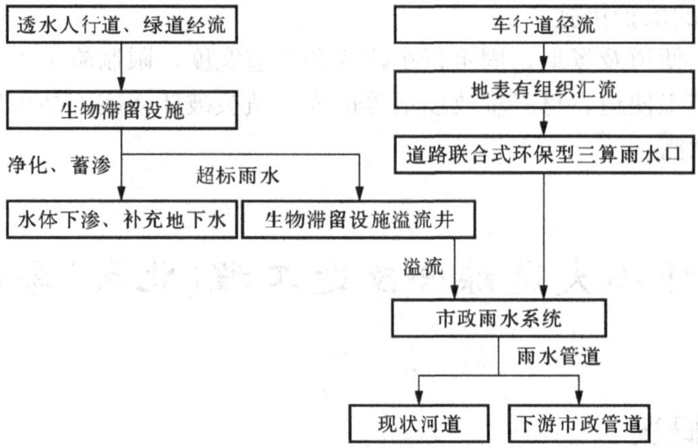

图 8.2 径流组织图

2. 海绵设施布置

(1)人行道及非机动车道

结合海绵城市理念，道路人行道采用透水砖，非机动车道采用透水生态混凝土铺装。人行道透水铺装率大于90%。

(2)绿化带

结合道路横断面设计条件(如图 8.3)，此次设计范围内主要利用两侧绿化带收集道路红线范围内(不含机动车道和中央绿化带)的雨水，采用生物滞留带设计模式。生物滞留带平面示意图如图 8.4 所示，剖面图如图 8.5 所示。

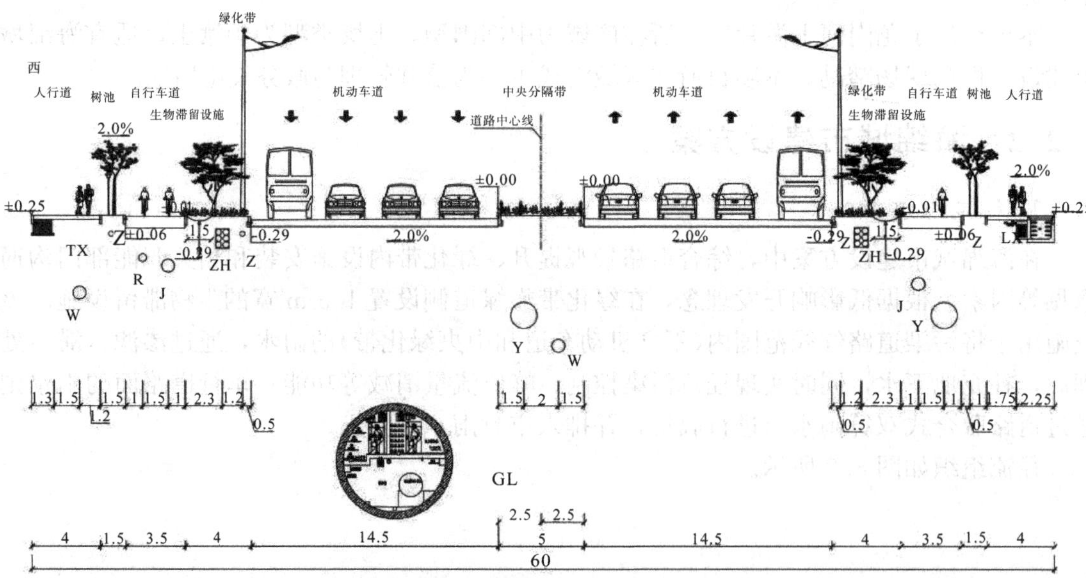

图 8.3 道路横断面海绵体布置位置图

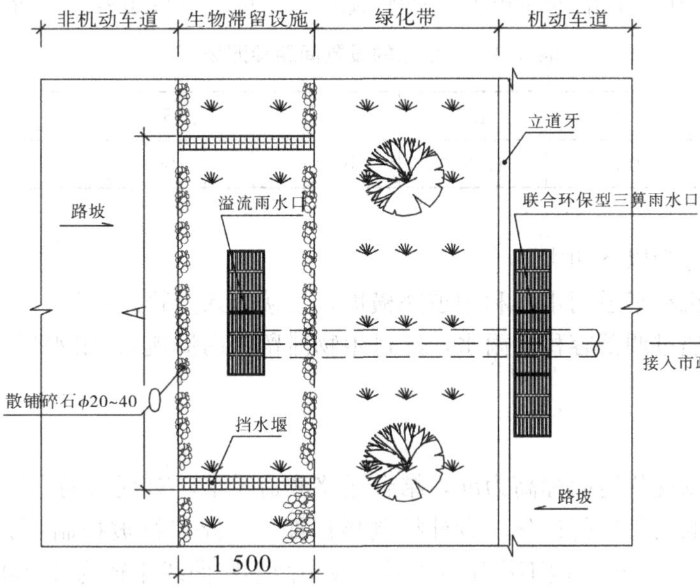

图 8.4　生物滞留带平面示意图

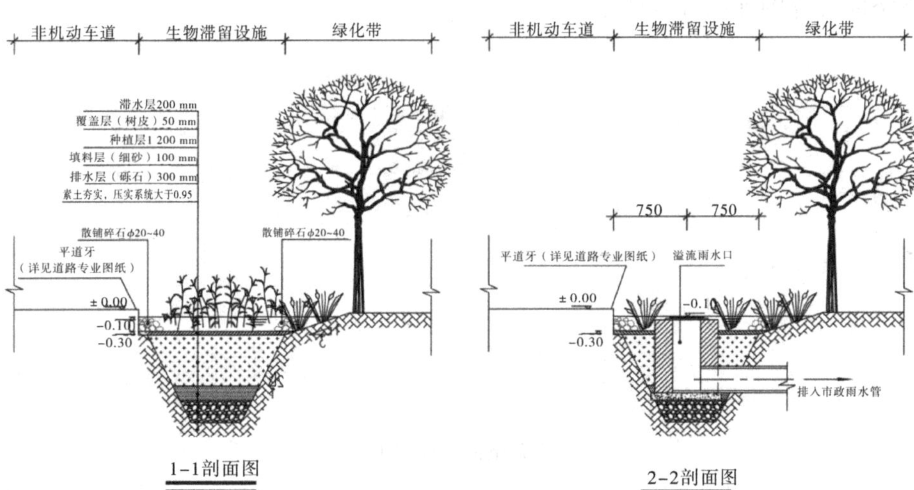

图 8.5　生物滞留带剖面图

非机动车道内的雨水经平道牙径流进入生物滞留设施。当生物滞留设施积水超过 200 mm 时，雨水通过溢流雨水口排入市政雨水系统；当挡水堰间无溢流雨水口时，生物滞留设施内的雨水将漫入下一组生物滞留设施内的雨水口进行溢流。根据道路功能需求，路口范围内径流雨水不宜接入生物滞留设施的，按需要设置雨水口，保证道路范围内无积水。

当道路纵坡 i 小于 1%时，生物滞留设施坡度 i_0 与道路纵坡 i 一致，不设置挡水堰；当道路纵坡 i 大于 1%时，生物滞留设施坡度 i_0 设为 3%，并设置长度与生物滞留设施宽度一致的挡水堰，挡水堰顶标高低于路面 100 mm，其设置间距以挡水堰高度 $H=$

400 mm 为基准，沿生物滞留设施布置。挡水堰的设置间距参照如表 8.3 所示。

表 8.3　挡水堰的设置间距参照表

道路坡度 i/%	1	1.5	2	2.5	3	3.5
长度 A/mm	20 000	13 300	10 000	8 000	6 650	5 700

雨水汇集方式分为以下两类。

①人行道及非机动车道雨水：利用道路横坡，直接流入生物滞留带。

②暴雨径流：超过调蓄容积的雨水，经过生物滞留带内溢流口(雨水口)，排入市政雨水系统。

3. 道路竖向

本次设计基本以现状地面标高为准，结合道路改造需求，对现状的局部平坡路段及坡长不满足规范要求的路段进行优化。设计控制指标如下：路口纵坡控制不大于 3%；路段最大纵坡不大于 5%，最小纵坡不小于 0.3%，最小凸形竖曲线半径为 3 000 m，最小凹形竖曲线半径为 2 200 m；最小竖曲线长度 66.11 m，最小坡长 130 m。各项设计指标均满足《城市道路工程设计规范(2016 年版)》(CJJ 37—2012)的要求。

道路竖向设计图如图 8.6 所示。

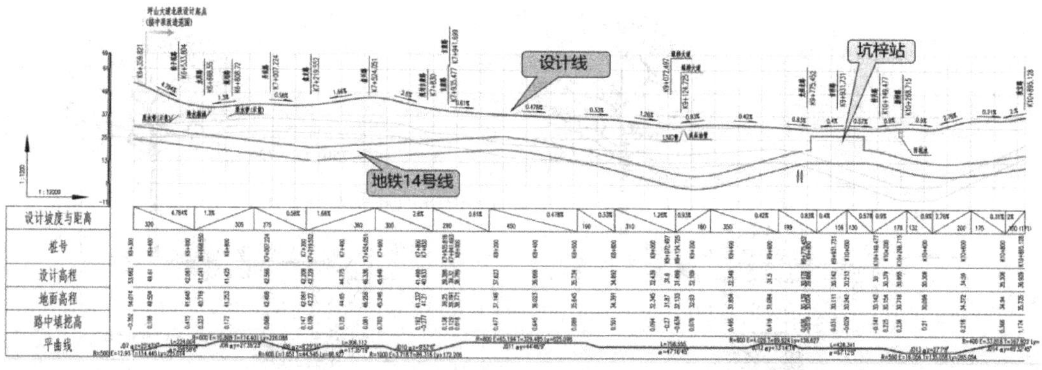

(a) 道路竖向设计图 (一)

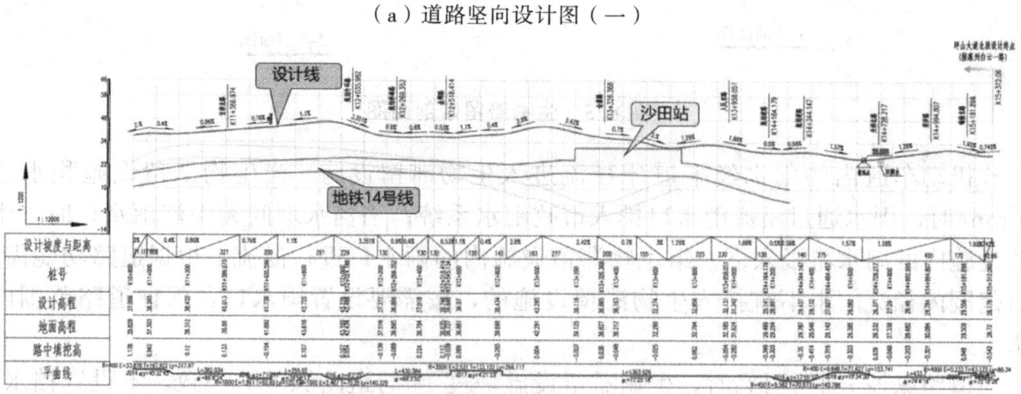

(b) 道路竖向设计图 (二)

图 8.6　道路竖向设计图

8.3　海绵城市建设模式在不同地区的分析

1. 海绵城市建设模式的基本类型

海绵城市建设模式需根据当地降雨特征、水文地质条件、径流污染状况、内涝风险控制要求和雨水资源化利用需求等，大致分为以下 5 类。

(1)建设模式一

水资源缺乏的城市或地区在进行海绵城市建设时，可采用水量平衡分析等方法确定雨水资源化利用。

(2)建设模式二

水资源充沛的城市或地区在进行海绵城市建设时，可侧重径流污染及径流峰值控制。

(3)建设模式三

径流污染较严重的城市或地区在进行海绵城市建设时，可结合水环境容量及径流污染控制，一般将其转换为年径流总量控制率。

(4)建设模式四

水土流失严重和水生态敏感地区在进行海绵城市建设时，宜选取年径流总量控制率作为规划控制目标，尽量减小地块开发对水文循环的破坏。

(5)建设模式五

易涝城市或地区在进行海绵城市建设时，可侧重径流峰值控制。各城市需针对核心问题差异化选择工程措施：

①内涝问题严重的城市或地区在进行海绵城市建设时，重点考虑“滞、蓄、排”等工程措施。

②径流污染较严重的城市或地区在进行海绵城市建设时，重点考虑“净、用”等工程措施。

③水资源缺乏的城市或地区在进行海绵城市建设时应重点考虑“渗、蓄”等工程措施。

④有多种需求的城市或地区，在进行海绵城市建设时，应对不同需求加以综合应用。

只有正确选择海绵城市建设模式，才能根本性地解决城市或地区所需解决的水资源问题和水环境问题，才有利于一个城市或地区建设高效、经济且针对性强的海绵城市。

2. 海绵城市建设模式在不同地区的体现

在海绵城市建设中，由于地形和气候千差万别、各地自然禀赋不一、城建基础不同，应结合实际情况，针对所在城市的基底，因地制宜，制订有针对性的规划和建设方案，尽量提高城市“海绵体”的规模与质量，最大限度地保护原有河湖水系、生态体系，维持城市开发前的自然水文特征。

(1)沿海软土地区

长江三角洲和珠江三角洲地区属于上述模式二和模式五，常年降水充沛，水资源丰富，但可利用的优质水资源匮乏，而且软土地区浅层土是淤泥，淤泥质软土和地下高水位均不利于雨水下渗。如果强行采用下渗模式(如换土等)，将会造成代价高、效果差的局面。此外，在道路设计建设时，如果只简单理解海绵城市理论，选用透水性路面，大气降水直接下渗，那么下渗的雨水将会破坏路基，违背软土地带路基处理原则。因此，在软土区域，应选用快排路面和表层透水路面。

(2)西北地区

西北地区属于上述模式一和模式四，常年降水量少，缺水严重。理论上在海绵城市建设时应以下渗、储存为主，而且当地地质结构也符合渗水条件，但在实际应用中，因气候和地质条件，大气降水蒸发快、水下渗快，出现雨水难以存留的情况。因此，在西北地区实施海绵城市建设时，需要注重水的储集，补给城市用水。

(3)北方地区

北方地区属于上述模式一，严重缺水，而且地质结构符合渗水条件，但地下水急需回补。因此，北方地区在海绵城市建设中需要注重下渗和回补。

(4)城市与郊野的区别

城市和郊野在实施海绵城市建设时也有所区别。城市属于上述模式三，道路交通量大，相应汽车尾气污染存留多，初雨水污染严重。因此城市道路在进行海绵城市建设时，应重点考虑初期雨水污染截流问题；郊野公路除与城市道路建设一样外，一般不设雨污水管，由于郊野公路交通量小，相应汽车尾气污染存留少，所以采用边沟排水，雨水通过植草沟，快排至两侧绿化，通过自然降解污染。

西安高新区中央创新区核心区海绵城市建设方案与深圳坪山大道综合改造工程(北段)海绵城市建设方案的制定明显地体现了南北地区在海绵城市建设着力点上的差异。

《中国环境报》数据显示，西安市多年平均水资源量为 24.1 亿 m^3，人均水资源占有量不足 200 m^3，仅为全省和全国平均水平的 1/5 和 1/10，是一座典型的资源型缺水城市。但西安降雨量集中，降雨强度大、历时短，方便收集，存在雨水资源化利用的潜力。但需注意的是，西安市降雨径流的雨水水质污染较为严重，在这样的水质情况下，若要直接利用，还需要较复杂的水质处理；若直接排放，则会污染地下水，给水体环境带来冲击。

在这种情况下，西安市积极探索再生水循环利用。西安高新区中央创新区核心区海绵城市建设工程在海绵城市的建设方案中采用 LID 理念，通过雨水花园、下沉式绿地、植草沟等形式收集道路雨水，并利用生物滞留措施中的植被层、填料层过滤吸收污染物质，然后下渗收集利用，以达到为城市用水“减负”的目的，符合西北地区海绵城市建设模式一的类型。

与地处西北地区的西安市不同，深圳作为典型的南方沿海城市，地处南部海滨，受东南季风的影响，属典型的亚热带季风气候区。气候温和，光照充足，雨量丰沛，多年平均气温为 22 ℃，多年平均湿度为 79%，多年平均降雨量为 2 073.5 mm，雨量年内分配不均，主要集中在 4～9 月，约占全年雨量的 85%，且汛期降雨强度大，降雨频次高，大部分呈现暴雨，易形成洪涝灾害。一旦暴雨与风暴潮相遇，受潮位顶托作用的影响，低洼地区排水受阻，加大了排洪防涝的负担。

针对上述气候特征，海绵城市建设可利用低影响开发设施实现雨水径流的源头控制，完善市政排水系统、调蓄设施实现雨水中途收集滞蓄，建设抽排泵站、行泄通道等内涝防治系统实现雨水快速排放，有效降低汛期内涝风险，保障城市安全。坪山大道综合改造工程(北段)海绵城市建设方案正是根据坪山区的地域气候特点，侧重对径流峰值的控制和雨水下渗问题的处理，通过采用人行道透水铺装、绿道透水混凝土以及生物滞留设施等海绵建设技术对雨水进行“滞、蓄、排”，从而有效解决城市水环境问题。

3. 南北地域海绵城市建设的对比分析

在深入探讨了西安高新区中央创新区核心区和深圳坪山大道综合改造工程(北段)的海绵城市建设实践后，我们可以清晰地看到，尽管南北地域在地理、气候、水资源状况等方面存在显著的差异，但在海绵城市建设的核心理念与目标上却有着高度的共识与追求。

(1)相同点

①核心理念一致：两地均遵循“渗、滞、蓄、净、用、排”的海绵城市建设原则，致力于构建生态、绿色、可持续的城市水环境。

②生态优先：无论是北方的西安还是南方的深圳，都高度重视生态保护与修复，通过建设雨水花园、下沉式绿地等措施，提升城市绿地的吸水、蓄水、净水能力。

③技术创新：两地均积极采用透水铺装、生物滞留设施等新技术、新材料，提高雨水资源的利用效率和城市防洪排涝能力。

(2)不同点

①水资源状况与利用策略：西安作为典型的资源型缺水城市，其海绵城市建设更注重雨水资源的收集、净化与再利用，以缓解城市用水压力；深圳水资源相对充沛，但降雨集中且强度大，因此更侧重于径流峰值控制，防治城市内涝。

②地质条件与下渗策略：西安地区地质结构利于雨水下渗，但在实际应用中需兼顾水质污染问题，采取适当措施净化雨水；深圳则因软土地区不利于雨水下渗，更多地采用快排路面和表层透水路面，结合生态滞留设施进行雨水管理。

③城市特点与建设重点：西安作为历史文化名城，在海绵城市建设中需兼顾历史风貌保护与城市更新；深圳作为现代化大都市，则更注重城市防洪排涝体系的建设与完善，确保城市安全。

综上所述，南北地域在海绵城市建设中既有共同的追求与挑战，也因地域特征形成了差异化策略。西安高新区中央创新区核心区和深圳坪山大道综合改造工程(北段)的成功实践，不仅为各自地区提供了宝贵的经验与启示，也为全国乃至全球的海绵城市建设提供了有益的参考与借鉴。

参考文献

[1]《市政施工员专业与实操》编写组．市政施工员专业与实操[M]．北京：中国建材工业出版社，2015.

[2]陈健．西北半干湿地区中小尺度集雨型绿地规划设计研究：以西咸新区为例[D]．西安：西安建筑科技大学，2023.

[3]大连九洲建设集团有限公司，北京城乡建设集团有限责任公司．透水砖路面技术规程：CJJ/T 188—2012[S]．北京：中国建筑工业出版社，2013.

[4]邓照华，宋明严，张磊．城市建设与给排水工程[M]．长春：吉林科学技术出版社，2023.

[5]段小妮．海绵城市理念下城市排水管道施工技术研究[J]．江西建材，2023(2)：354－355，358.

[6]范文斌，张鹏颖，黄翠柳．城市给排水工程施工技术研究[M]．长春：吉林科学技术出版社，2022.

[7]冯峰，靳晓颖．海绵城市理念与关键技术[M]．北京：中国水利水电出版社，2019.

[8]傅大宝，姜红．海绵城市理念下植草沟的设计方法研究[J]．中国给水排水，2017，33(20)：70－75.

[9]韩童威，杨刚．海绵城市理论在城市园林中的应用研究[J]．工程建设与设计，2023(8)：55－57.

[10]郝银，王清平，朱玉修．市政工程施工技术与项目安全管理[M]．武汉：华中科技大学出版社，2022.

[11]建设部给水排水产品标准化技术委员会．城市污水再生利用 农田灌溉用水水质：GB 20922—2007[S]．北京：中国标准出版社，2007.

[12]姜玉展．海绵城市理念在城市道路排水施工中的应用[J]．工程建设与设计，2023(22)：25－27.

[13]李梦希．城市道路建设问题研究[M]．北京：九州出版社，2018.

[14]刘金，步兵，张磊，等．海绵化道路抗裂渗水分流层新技术应用[J]．施工技术，2018，47(2)：112－115.

[15]陆峥嵘，郭平．浅谈“因地制宜”建海绵城市：海绵城市建设模式的思考与探索[J]．中国市政工程，2016(4)：28－31，101.

[16]马国鑫，翟晓强，胡永亮，等．基于“海绵城市”建设理念下立体绿化工程施工技术分析[J]．中国建筑装饰装修，2023(18)：154－156.

[17]上海市政工程设计研究总院(集团)有限公司．海绵城市设施施工和验收标准：T/CECS 1278—2023[S]．北京：中国计划出版社，2023.

[18]宋会访．园林规划设计[M]．北京：化学工业出版社，2020.

[19]天津市供水管理处．二次供水工程技术规程：CJJ 140—2010[S]．北京：中国建筑工业出版社，2010.

[20]王超．下沉式绿地施工技术研究[J]．工程建设与设计，2022(8)：166-168.

[21]王辉，马会，童可嘉．浅析海绵城市集雨型绿地设计策略[J]．现代园艺，2024，47(5)：148-149.

[22]吴福琳，朱君霖．基于海绵城市理念下的城市公园景观设计[J]．工程建设与设计，2023(12)：58-60.

[23]吴苇杭．多目标控制下的海绵城市生态植草沟建设研究：以福州市为例[D]．福州：福建农林大学，2022.

[24]熊家晴．海绵城市概论[M]．北京：化学工业出版社，2019.

[25]徐敏，赵世乐，王斌，等．海绵城市视角下市政道路规划设计新思路[J]．工程技术研究，2020，5(23)：202-203.

[26]许贻艺，果治，栾少华．园林规划设计与施工养护管理[M]．长春：吉林科学技术出版社，2022.

[27]叶洁华，许铭宇．生态植草沟在城市绿地中的应用研究[J]．山东林业科技，2018，48(3)：69-72.

[28]云雷，马爱晖，巩向艳．海绵城市理念在园林景观设计中的应用[J]．鞋类工艺与设计，2024，4(6)：167-169.

[29]张岩．海绵城市道路透水人行道路面施工技术要点分析[J]．建筑安全，2022，37(6)：22-24.

[30]赵辉，何帅．“海绵城市”在道路设计城市规划中的应用研究[J]．居业，2023(4)：103-105.

[31]郑永莉，高飞．园林规划设计[M]．北京：化学工业出版社，2020.

[32]中国城镇供水排水协会，北京市自来水集团有限责任公司．城镇供水厂运行、维护及安全技术规程：CJJ 58—2009[S]．北京：中国建筑工业出版社，2010.

[33]中国市政工程协会．中国市政工程海绵城市建设实用技术手册[M]．北京：中国建材工业出版社，2017.

[34]中华人民共和国住房和城乡建设部．给水排水构筑物工程施工及验收规范：GB 50141—2008[S]．北京：中国建筑工业出版社，2009.

[35]周建国，宋广骞，杨海燕．城市道路建设与管理[M]．长春：吉林科学技术出版社，2022.

[36]周云钦，邵晓峰，何栋奎．城市道路规划设计与造价管理[M]．武汉：华中科技大学出版社，2022.

[37]朱剑华．海绵城市理念在城市道路工程中的应用[J]．工程建设与设计，2017(4)：104-105.

[38]朱亚楠．城市规划设计与海绵城市建设研究[M]．北京：北京工业大学出版社，2022.

[39]祝丽思，尹晓静．市政工程计量与计价[M]．北京：北京理工大学出版社，2020.

[40]左洪山．基于海绵城市的市政街道雨污分流综合改造提升实践[J]．云南水力发电，2023，39(1)：36－39.

后　记

城市是人口高度聚集、社会经济高度发达的地区，也是资源环境承载力矛盾最为突出的地方。在城市化快速发展进程中，传统城市化的负面效应逐渐显现，城市内涝、水环境污染、热岛效应、生态退化等成为普遍关注的热点问题。

“海绵城市”作为我国近年来提出并实践的发展概念，既传承了我国古代城镇建设人、水、城和谐统一的精髓和智慧，又借鉴了发达国家现代城市雨水管理的理念和方法。通过加强城市规划建设，耦合“绿-灰-蓝”系统，将灰色设施的可靠性和稳定性、绿色基础设施的多功能性和弹性、城市水体的包容性和可持续性相结合，形成“绿色设施源头控制、灰色设施过程调控、蓝色水体系统治理”的面源污染控制和城市水环境保护的协同机制。这一机制使城市不仅能应对内涝、污染等问题，也能通过健康水循环的建立、生态系统的修复和生态功能的发挥，缓解城市热岛效应，减少大气污染，改善居住条件。

海绵城市建设体现了尊重自然、顺应自然、保护自然的理念，将山水林田湖生命共同体提升到自然规律和系统工程的高度。在多年的努力和实践中，我国诸多城市摸索出了各有侧重的海绵城市建设理念下的市政工程建设模式，然而，在显著的成效之下，建设过程中的技术问题也同样值得深思，比如，设计个性化不足，施工过程管控不够，没有达到设计对坡降、土壤、植被等要求，运维措施不到位，造成设施功能在短时间内丧失，等等。这些都将成为未来海绵城市建设理念下市政工程建设需要攻克的难关。

后 记